高等学校机电类专业“十三五”规划精品教材

机械工程测试技术

JIXIE GONGCHENG CESHI JISHU

主　编　祝志慧　冯耀泽

副主编　梁秀英　文友先　李　敏　彭　妍　吴继春

中国 · 武汉

内 容 简 介

本书根据机械工程相关专业的特点和要求进行编写，主要介绍了与机械工程相关的测试技术的基本概念、基础理论和应用技术。全书围绕测试系统的组成，讲述了常用传感器的原理、测试系统的特性分析、信号分析与处理、信号转换与调理、测试技术在机械工程中的应用、现代集成测试系统及虚拟仪器。本书可作为机械电子工程、机械设计制造及其自动化和其他机械类、非机械类专业的教材，也可作为相关工程技术人员的参考用书。

图书在版编目(CIP)数据

机械工程测试技术/祝志慧，冯耀泽主编. —武汉：华中科技大学出版社，2017.6(2024.1 重印)
ISBN 978-7-5680-2516-4

Ⅰ.①机… Ⅱ.①祝… ②冯… Ⅲ.①机械工程-测试技术-高等学校-教材 Ⅳ.①TG806

中国版本图书馆 CIP 数据核字(2017)第 052688 号

机械工程测试技术
Jixie Gongcheng Ceshi Jishu

祝志慧　冯耀泽　主编

策划编辑：袁　冲(211272956@qq.com)
责任编辑：王　莹
责任校对：何　欢
封面设计：孢　子
责任监印：朱　玢
出版发行：华中科技大学出版社(中国・武汉)　　电话：(027)81321913
武汉市东湖新技术开发区华工科技园　　邮编：430223
录　　排：武汉正风天下文化发展有限公司
印　　刷：武汉邮科印务有限公司
开　　本：787mm×1092mm　1/16
印　　张：12.25
字　　数：311 千字
版　　次：2024 年 1 月第 1 版第 6 次印刷
定　　价：29.00 元

前言

测试技术是检测和处理各种信息，涉及传感器技术、数据处理、仪器仪表、计算机技术等多学科领域的一门综合技术，是信息技术的基础，在科学研究、工业生产、医疗卫生、文化教育等领域都起着相当重要的作用。

随着科学研究与工程测试技术的发展，对各种物理量进行测量与试验的要求越来越广泛，这种状况极大地推动了测试技术的发展。而每一次新的测量理论、测量方法、测试设备的出现，也促进了其他学科与工程技术的发展。因此，测试技术已经成为从事科学研究与工农业生产的技术人员必须掌握的基础知识，被列为机械类专业本科生必修的专业基础课程。

本书着重介绍测试技术的基本原理、方法、系统组成，以及对测试信号的分析和数据处理方法。为了适应今后科学技术的发展，本书强调基础理论和基本知识的重要性，针对机械工程测试与信号的特点，侧重于讲解基础知识与项目设计实例，使读者能够很好地掌握机械工程中对相关信号的测试、分析和处理方面的知识，并能应用所学知识解决实际问题，为进一步学习和研究奠定必要的基础。

全书共 6 章，第 1 章为常用传感器原理，主要阐述了常用传感器的基本原理与应用。第 2 章为测试系统的特性分析，包括测试系统的静态特性和动态特性。第 3 章为信号分析与处理，包括时域分析，频域分析和数字信号的分析与处理。第 4 章为信号转换与调理，包括电桥、调制与解调、滤波器等内容。第 5 章为测试技术在机械工程中的应用，包括应力(应变)、扭矩、流量测试及应用，机械振动测试及应用，位置、位移的测量。第 6 章为现代集成测试系统及虚拟仪器，介绍各种测试仪器的特点及功能。

本书由华中农业大学的祝志慧、冯耀泽担任主编，由华中农业大学的梁秀英，武昌工学院的文友先、李敏、彭妍及湘潭大学的吴继春担任副主编。本书第 1 章由冯耀泽、吴继春编写，第 2 章由李敏编写，第 3 章由彭妍编写，第 4 章由梁秀英编写，第 5 章由祝志慧、文友先编写，第 6 章由祝志慧编写，全书由祝志慧负责统稿。

本书在编写过程中参阅了同行业的专家学者和一些院校的教材、资料和文献，在此向文献作者致以诚挚的谢意。由于编者水平有限，书中难免存在不足之处，承望广大读者批评指正！

编　者

前言

目录

绪　论

测试是人们认识客观世界的手段之一，是科学研究的基本方法。人类所从事的各种活动，几乎都与测试技术息息相关。测试技术属于信息科学的范畴，是实验科学的一部分，也是信息技术的三大支柱技术（测试控制技术、计算机技术和通信技术）之一，主要研究各种物理量的测量原理及测试信号的分析和处理方法。

0.1 测试技术的内容

测试是测量和试验的简称，是为了获取被测对象基本属性与内在运行规律等有用信息，而对被测对象的物理、化学、工程技术等方面的参量、特性进行数值测定的工作，是取得被测对象定性或定量信息的一种基本方法和途径。

信息是客观事物的时间与空间特性，是无所不在、无时不存的。人们为了某些特定的目的，需要从浩如烟海的信息中把有用的部分提取出来，以观测事物某一本质问题。信息通过各种测试手段以“信号”的形式表现出来，供人们观测和分析，所以信号是某一特定信息的载体。

信息、信号、测试与测试系统之间的关系可以表述为：测试的目的是获取信息，信号是信息的载体，测试是通过测试系统得到被测参数的信息并以信号的形式表现出来的技术手段。

从广义的角度来讲，测试技术涉及试验设计、模型试验、传感器、信号加工与处理、误差理论、控制工程、系统辨识和参数估计等内容；从狭义的角度来讲，测试技术是指选定激励方式下，所进行的信号检测、变换、处理、显示、记录及电量输出的数据处理工作。

0.2 测试系统的组成

现代测试技术对非电量的检测多采用电测法,即首先通过传感器将非电量转换为电量,然后经过放大、调理、传输、采集、分析处理等环节,将被测参量以数据或图表的形式显示或记录下来。虽然测试对象不同,所用的检测方法和仪器也不同,但是归纳起来,一个完整的测试系统一般由传感器、信号转换与调理电路、信号分析与处理装置、数据显示与记录仪器等模块组成。测试系统的原理与构成可用图 0.1 所示的框图来描述。

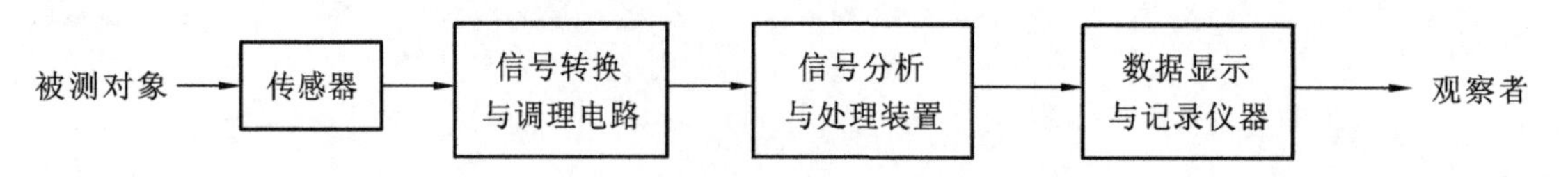

图 0.1 测试系统的原理与构成框图

传感器是测试系统中的第一个环节,用于从被测对象获取有用的信息,并将有用信息转换为适合测量的变量或信号。例如,当采用弹簧秤测量物体受力时,其中的弹簧便是一个传感器或者敏感元件,它将物体所受的力转换成弹簧的变形——位移量。又如,当测量物体的温度时,可采用以水银为媒介的温度计作为传感器,将热量或温度的变化转换成汞柱液位亦即位移的变化。同样,也可以采用热敏电阻来测温,此时温度的变化被转换为电参量——电阻率的变化。再如,在测试物体振动时,可以采用磁电式传感器,将物体振动的位移或振动速度通过电磁感应原理转换成电压变化量。由此可见,对于不同的被测物理量要采用不同的传感器,这些传感器的工作原理所依据的物理反应也是千差万别的。对于一个测试任务来说,首要的一步就是能够有效地从被测对象拾取能用于测试的信息,因此传感器在整个测试系统中的作用十分重要。

信号转换与调理电路对传感器输出的信号做进一步的加工和处理,包括对信号的转换、放大、滤波及一些专门的处理。这是因为从传感器出来的信号通常十分微弱,一般为毫伏级或毫安级,而且往往除有用信号外还夹杂有各种有害的干扰和噪声,因此在做进一步处理之前必须将干扰和噪声滤除掉。另外,传感器输出的信号往往具有光、机、电等多种形式,而对信号的后续处理往往都采取电的方式和手段,因而有时必须把传感器输出的信号进一步转换为适宜于电路处理的电信号。通过信号的调理,最终希望获取便于传输、显示和记录以及可做进一步后续处理的信号。

信号分析与处理装置接收来自信号转换与调理环节的信号,并对其进行各种运算、滤波、分析。例如,进行金属切削机床主电动机功率测试时,主电动机的三相交流输入信号经三相隔离采样电路后,形成三相电流,三相电压信号的共地跟踪电压信号,在单片机控制下由 A/D 转换器对其进行多点同步采样,采样得到的数据由 DSP 器件按电工原理计算出被测信号的三相有功功率(数字量),然后将其输出到显示与记录设备,或通过进一步的分析来实现对金属切削过程的监控。

数据显示和记录仪器将调理和处理过的信号用便于人们观察和分析的介质和手段进行记录或显示。目前,常用的显示方式包括模拟显示、数字显示和图像显示。常用的记录仪有笔式记录仪、高速打印机、绘图仪、数字存储示波器、磁带记录仪等。

图 0.1 所示的各个方框中的环节都是通过传感器以及不同的测试仪器和装置来实现的,它们构成了测试系统的核心部分。但需要注意的是,被测对象和观察者也是测试系统的组成部分。这是因为在用传感器从被测对象获取信号时,被测对象通过不同的连接或耦合方式也对传感器产生了影响和作用;同样,观察者通过自身的行为和方式也直接或间接地影响着系统的传递特性。因此,在评估测试系统的性能时必须考虑这两个因素的影响。

测试系统是用来测试被测信号的,被测信号经系统的加工和处理之后在系统的输出端以不同的形式输出。系统的输出信号应该真实地反映原始被测信号,这样的测试过程被称为"精确测试"或"不失真测试"。如何实现一个精确的或不失真的测试?系统各部分应具备什么样的条件才能实现精确测试?这正是现代测试技术所要研究的一个主要问题。

0.3 测试系统在机械工程中的作用和地位

0.3.1 测试系统在机械工程中的作用

在工程技术领域,测试技术的作用有如下几个方面。

① 通过测量生产过程中的有关工艺参数,对生产过程的运行情况进行监控,使之保持在最佳的工作状态;或者对生产设备在运转过程中的有关技术参数进行测量,并对测试结果进行分析,判断设备的工作状态。

② 将生产过程中各种工艺参数的测量结果与要求的数值进行比较,并且根据偏差的范围要求进行反馈,以对工艺参数进行调整和控制,保证生产过程的要求。

③ 根据对工艺过程参数和设备性能参数测试结果的分析评价,找出存在的问题,并提出改进工艺过程和设备性能的措施。在改进措施实施以后,是否达到了改进的效果,仍需进行测试来分析和评定。这些测试结果是工艺过程参数以及设备性能参数进一步改进设计的基础。

④ 通过测试技术手段研究机械系统的响应特性和系统参数以及进行载荷识别,为机械系统的动态设计提供依据。

0.3.2 测试技术在机械工程中的地位

人类从事的社会生产、经济交往和科学研究活动总是与测试技术息息相关。首先,测试是人类认识客观世界的手段之一,是科学研究的基本方法。科学的基本目的在于客观地描述自然界。科学定律是定量的定律,科学探索离不开测试技术,用定量关系和数学语言来表达科学规律和理论也需要测试技术,验证科学理论和规律的正确性同样需要测试技术。事实上,科学技术领域内,许多新的科学发现与技术发明往往是以测试技术的发展为基础的,可以认为,测试技术能达到的水平,在很大程度上决定了科学技术的发展水平。

同时,测试技术也是工程技术领域中的一项重要技术。工程研究、产品开发、生产监督、质量控制和性能试验等都离不开测试技术。在自动化生产过程中常常需要用多种测试手段来获取多种信息,来监督生产过程和机器的工作状态并达到优化控制的目的。

在广泛应用的自动控制系统中,测试装置已成为控制系统的重要组成部分。在各种现代装备系统的设计制造与运行工作中,测试工作内容已嵌入系统的各部分,并占据关键地位。测试技术已经成为保证现代装备系统的日常监护、故障诊断和有效安全运行不可缺少的重要手段。

0.4 测试系统的发展趋势

伴随着信息技术的飞速发展,现代测试系统在国防工业领域内的地位越来越突出。现代测试系统在装备现代化建设和国民经济持续协调发展过程中均占有重要地位,已经成为装备现代化建设的先行官、国民经济发展的重要基石。

进入 21 世纪,现代测试系统进入“通用、标准、开放、可扩展”的持续发展阶段,在通用化、快速测试、高精度、小型化、平台化、网络化以及测试数据的管理智能化方面均获得深度发展。

0.4.1 测试系统的通用化

纵观测试系统的发展历程,从某种意义上可以说是不断追求通用性的过程。面对复杂多样的测试需求,如何提升测试系统的通用性,达到持续降低测试系统的开发和维护成本的目的,是一直以来困扰测试系统发展的主要方面。测试系统的通用化已经成为测试系统发展的必然趋势,其中涉及的关键技术包括合成仪器技术、公共测试接口标准化技术、以软件为核心的柔性重构技术。

0.4.2 测试系统的快速高精度化

随着信息化的快速发展,被测件的测试需求不仅复杂性显著提高,而且往往需要结合被测件的实际使用,进行快速精确的多功能多参数综合测试评估。提高测试系统的测试效率并进行快速高精度的测试,一直是测试系统的发展目标之一,目前看来,其主要技术热点包括并行测试技术、高速数据通信技术、高精度系统校准技术。

0.4.3 测试系统的小型化

小型化测试设备具有便携、适应性强等特点,一直备受外场测试与现场维护保障的关注。长期以来,对测试系统小型化的需求一直非常迫切。伴随着微电子技术的快速发展,测试系统小型化趋势越来越突出。在国内,仪器设备制造技术已经处于跨越式发展阶段,特别是 PXI、USB 等模块化仪表设备和综合测试仪器的快速发展,极大地减小和降低了仪表设备的体积和生产成本,同时也促进了测试系统的小型化发展。目前,基于 PXI 体系架构的测试系统已经广泛应用,基于综合测试仪器甚至更小型化的便携式或手持式的测试系统也必将出现并进入市场、得到应用。

0.4.4　测试系统的网络化

网络通信技术的快速发展不仅给装备信息化提供了技术支撑，而且为测试系统的组建注入了新的技术活力。近年来，不仅传统的有线以太网技术日益成熟，而且 WiFi、ZigBee、RFID 与蓝牙等各种无线组网技术也被广泛应用，这就使得测试信息的高速传输、高效处理成为可能。基于有线或无线网络的测试系统不受地域分布限制，“以网络为中心”甚至“以云为中心”进行柔性部署，借助高速网络通道提供测试信息服务，突破高速、协同与并行等测试技术瓶颈，具备组建灵活、便携可移动且性价比高等诸多优点，因而得到了快速发展与推广部署。目前，“网络就是测试系统”，测试系统的网络化日趋明显，众多组网测试系统已经在电子装备的生产制造与使用维修过程中得到了推广应用。

0.4.5　测试数据的智能化管理与重用

伴随着测试系统的推广使用，必然会产生大量的测试数据，这其中的诸多数据信息可以作为共用资源或基础支持数据，应用于被测试对象全寿命周期的数据共享与挖掘利用。从这些组织分散、模式多变的测试数据中获取有价值的知识信息，对技术人员和管理人员而言均具有非常重要的意义。从现状来看，用户利用测试系统所收集来的测试数据多数仅仅是形成了测试报表或测试报告。随着测试数据量的逐渐增加以及用户对数据进行分析利用需求的日益迫切，以报表输出为主的传统的数据处理方式很难满足用户对知识信息的获取需求。因此，采用统一的信息格式、规范化的信息交互方式以及标准化的信息接口，借助计算机软件所开展的智能化测试数据管理，越来越受到重视。这样，测试数据的智能化管理与重用也逐渐成为测试系统的发展趋势之一。

当前，测试技术正朝着小型化、通用化、网络化以及测试数据的智能化管理与重用方向发展，测试技术的发展涉及传感器技术、微电子技术、控制技术、计算机技术、信号处理技术、精密机械设计理论等众多技术领域，因此现代科学技术的快速发展为测试技术的进步奠定了坚实的基础，只有不断加强测试技术的研究和开发力度，才能提高我国的测试技术水平，拓宽测试技术的应用领域，不断为我国科学研究和工程技术发展提供技术服务和有力支撑。

(1) 简述一个测试系统的基本组成及各环节的基本功能。

(2) 结合机械工程中的实例，谈谈测试系统所处的地位及作用。

(3) 简述测试系统的发展趋势。

第1章 常用传感器的原理

1.1 概述

工程测量中，通常把作用于被测对象并能按一定方式将其转换成同种或其他量值输出的器件称为传感器。传感器是测量系统的一部分，它把被测对象，如力、位移、温度等物理量转换为易测信号或易传输信号，传送给测试系统的调理环节。因而也可以把传感器理解为能将被测对象转换为与之对应的、易检测、易传输或易处理信号的装置。

1.1.1 组成

通常，传感器是由敏感元件和转换元件组成的(见图 1.1)。敏感元件指传感器中能直接感受被测对象并输出与被测对象成确定关系的其他量(一般为非电量)的部分，如应变式压力传感器的弹性膜片就是敏感元件，它将被测压力转换成弹性膜片的变形。转换元件指传感器中能将敏感元件响应的被测对象转换为适于传输或测量的可输出信号(一般为电信号)的部分，如应变式压力传感器中的应变片就是转换元件，它将弹性膜片在压力作用下的变形转换成应变片电阻值的变化。如果敏感元件直接输出电信号，则这种敏感元件同时也是转换元件，如压电传感器在外力作用下产生电荷输出。

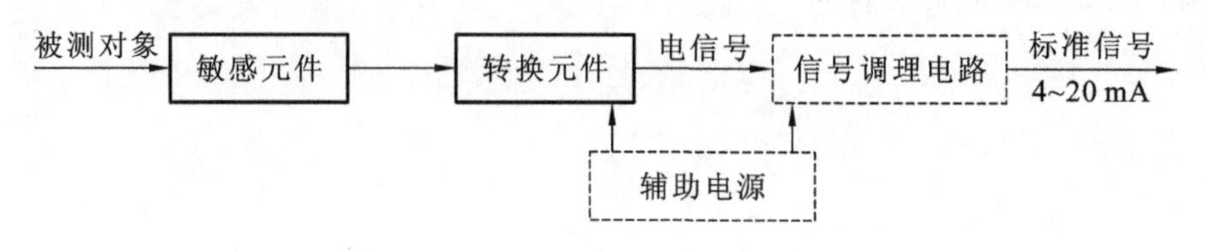

图 1.1　传感器组成框图

由于传感器输出的电信号一般较微弱，而且是非线性的并存在各种误差，为了便于信号的处理，传感器还需要配以适当的信号调理电路，将传感器输出的信号转换成便于传输、处理、显示、记录和控制的有用信号，常用的调理电路有电桥、放大器、振荡器、阻抗变换电路、补偿电路等。由于集成电路技术的发展，信号调理电路集成化后，常与传感器组合在一起，构成可直接输出信号的一体化传感器，这是目前传感器技术的主要趋势。

1.1.2 分类

传感器的种类繁多、原理各异，其检测对象几乎涉及各种参数，往往一种物理量可用多种类型的传感器来测量，而同一种传感器也可测量多种物理量。

传感器有多种分类方法，按被测物理量的不同，可分为位移传感器、力传感器、温度传感器等；按传感器工作原理的不同，可分为机械式传感器、电气式传感器、光学式传感器、流体式传感器等；按信号变换特征可概括分为物性型传感器与结构型传感器；按敏感元件与被测对象之间的能量关系，可分为能量转换型传感器与能量控制型传感器；按输出信号分类，可分为模拟式传感器和数字式传感器等。

物性型传感器是依靠敏感元件材料本身物理性质的变化来实现信号转换的传感器。例如利用石英晶体压电效应的压力测力计、利用水银的热胀冷缩变化的水银温度计。

结构型传感器是依靠传感器结构参数的变化而实现信号转换的。例如，电容式传感器依靠极板间距离或介质变化引起电容量的变化。

能量转换型传感器(亦称无源传感器)的输入能量直接来自被测对象，例如热电偶温度计和弹性压力计等，这种情况下，传感器与被测对象之间的能量交换必将导致被测对象状态发生变化而引起测量误差。

能量控制型传感器(亦称有源传感器)是从外部供给传感器能量并使之工作的，而外部供给能量的变化由被测对象来控制。例如，电阻应变计中电阻接于电桥上，电桥工作能量由外部供给，而由被测对象变化引起电阻变化来控制电桥输出。电阻温度计、电容式测振仪等均属于此种类型。

另一种传感器是以外信号(由辅助能源产生)激励被测对象，传感器获取的信号是被测对象对激励信号的响应，它反映了被测对象的性质或状态。例如，超声波探伤仪、X射线衍射仪、γ射线测厚仪等。

1.1.3 选用原则

如何根据测试目的和实际条件，合理选用传感器，是测试过程中经常会遇到的问题，因此本节就合理选用传感器的一些注意事项进行简要介绍。

1) 灵敏度

一般来讲，传感器灵敏度越高越好。灵敏度越高，传感器所能感知的变化量越小，此时，当被测量稍有微小变化时，传感器就有较大的输出。然而也应考虑到，灵敏度越高，与测量信号无关的外界干扰也越容易混入。这时就要求系统具有高信噪比，即传感器本身噪声小，且不易从外界引入干扰。当被测量是矢量时，要求传感器在该方向灵敏度越高越好，而在其他方向灵敏度越低越好。在测量多维矢量时，还应要求传感器的交叉灵敏度越低越好。

2）响应特性

在所测频率范围内，传感器的响应特性必须满足不失真测量条件。此外，实际传感器的响应总是有一定的延迟，但总希望延迟时间越短越好。一般来讲，利用光电效应、压电效应等的物性型传感器，响应较快，可工作频率范围宽。而结构型，如电感、电容、磁电式传感器等，往往由于结构中的机械系统惯性的限制，其固有频率低，可工作频率较低。特别的，在动态测量中，传感器的响应特性对测量结果有直接影响，在选用时应充分考虑到被测物理量的变化特点（如稳态、瞬变、随机过程等）。

3）线性范围

任何传感器都有一定的线性范围，在线性范围内输出与输入成比例关系。线性范围越宽，则表明传感器的工作量程越大。传感器工作在线性区域内，是保证测量精度的基本条件。例如，机械式传感器中的测力弹性元件，其材料的弹性极限是决定测力量程的基本因素。当超过弹性极限时，测试结果将产生线性误差。

然而，任何传感器都不容易保证其绝对线性，在允许的前提下，可以在其近似线性区域内应用。例如，变隙型电容、电感传感器，均采用在初始间隙附近的近似线性区域内工作。因此选用时必须考虑被测物理量的变化范围，令其线性误差在允许范围以内。

4）可靠性

可靠性是仪器、装置等产品在规定的条件下和时间内完成规定功能的能力，是传感器和一切测量装置的生命。而完成规定的功能是指产品的性能参数（特别是主要性能参数）均处在规定的误差范围内。

为了保证传感器的高可靠性，须事先选用设计、制造良好，使用条件适宜的传感器；使用过程中，应严格规定使用条件，应特别注意工作环境因素（如温度、湿度、灰尘、油污及电磁干扰等）对传感器特性的影响，同时也要充分考虑长时间使用情况下传感器物性参数的改变。

5）精确度

传感器的精确度表示传感器的输出与被测量真值一致的程度。传感器处于测试系统的输入端，其能否真实地反映被测量值，对整个测试系统具有直接影响。然而，在追求传感器精确度的同时，还应考虑到经济性，即应从测试目的出发来选择能满足测试需求的成本适宜的传感器。具体来讲，首先应了解测试目的，判断是定性分析还是定量分析。如果是属于相对比较型的定性试验研究，只需要获得相对比较值即可，无须要求绝对值，那么应要求传感器精密度高。如果是定量分析，必须获得精确量值，则要求传感器有足够高的精确度。例如，为了研究超精密切削机床运动部件的定位精确度、主轴回转运动误差、振动及热变形等，往往要求测量精确度在 0.01～0.1 μm 范围内，欲测得这样的量值，必须采用高精度的传感器。

6）测量方法

传感器在实际条件下的工作方式，例如，接触式与非接触式测量、在线与非在线测量等，也是选用传感器时应考虑的重要因素。工作方式不同，对传感器的要求也不同。

在机械系统中，运动部件的测量（例如回转轴的运动误差、振动、扭力矩的测量），往往需要非接触式测量。因为对部件的接触式测量不仅易造成对被测系统的影响，且有许多实际困难，诸如测量头的磨损、接触状态的变动、信号的采集等，这些问题都不易妥善解决，也易造成测量误差。采用电容式、涡流式等非接触式传感器，则会很方便。

在线测试是与实际情况更接近一致的测试方式，特别是自动化过程的控制与检测系统，必须在现场实时条件下进行检测。实现在线测试是比较困难的，对传感器及测试系统都有一定特殊要求。例如，在加工过程中，若要实现表面粗糙度的检测，以往的光切法、干涉法、触针式轮廓检测法都不能运用，取而代之的是激光检测法。实现在线测试的新型传感器的研制，也是当前测试技术发展的一个方向。

7）其他

选用传感器时除了应充分考虑以上一些因素外，还应尽可能兼顾结构简单、体积小、重量轻、价格便宜、易于维修、易于更换等条件。

1.1.4 发展趋势

一方面，传感器技术在科学研究、工农业生产、日常生活等许多方面发挥着越来越重要的作用；另一方面，人们的应用需求对传感器技术又提出了越来越高的要求，推动着传感器技术不断向前发展。总体来说，传感器技术的发展趋势表现在以下六个方面。

1. 传感器性能的改善

传感器产生的信号多为微弱信号且易掺杂干扰信号，因此可以采用不同技术从原理上放大信号，从统计学的角度对信号进行预处理或者直接采用相关技术抑制各种干扰以及增加传感器稳定性等。这些技术包括差动技术、平均技术、补偿与修正技术、屏蔽、隔离与干扰抑制技术以及稳定性处理等。

2. 开展基础理论研究

对新原理、新材料、新工艺的研究将促成更多品质优良的新型传感器的诞生，如光纤传感器、液晶传感器、以高分子有机材料为敏感元件的压敏传感器、微生物传感器等。各种仿生传感器和检测超高温、超低温、超高压、超高真空等极端参数的新型传感器，也是今后传感器技术研究和发展的重要方向。

3. 传感器的集成化

传感器的集成化分为两种情况：一是具有同样功能的传感器的集成化，即将同一类型的单个传感元件用集成工艺在同一平面排列起来，形成一维的线性传感器，从而使一个点的测量变成一个面的测量，如利用电荷耦合器件形成的固体图像传感器来进行文字或图形识别；二是不同功能的传感器的集成化，即将具有不同功能的传感器一体化，组装成一个器件，从而使一个传感器可以同时测量不同种类的多个参数，常见的如温湿度传感器将温度和湿度的检测功能集成在一起。除了传感器自身的集成化外，还可以把传感器和相应的测量电路集成化，这有助于减少干扰、提高灵敏度和方便使用。

4. 传感器的智能化

传感器与微处理器、模糊理论与知识集成等技术的结合，使传感器不仅具有检测功能，还具有信息处理、逻辑判断、自我诊断以及“思维”等人工智能，这就是传感器的智能化。传感器的智能化表现为它用微处理器作控制单元，利用计算机可编程的特点，使仪表内各个环节自动地协调工作，使传感器兼有检测、判断、数据处理和故障诊断功能，从而将检测技术提高到一个新的水平。

5. 传感器的网络化

随着现场总线技术在测控领域的广泛应用和测控网与信息融合的强烈应用需求，传感器的网络化得以快速发展，主要表现为两个方面：一是其能较好地解决现场总线的多样性问题；二是以 IEEE 802.15.4 (ZigBee)为基础的无线传感器网络技术得以迅速发展，它是物联网发展的关键技术之一，具有以数据为中心、极低的功耗、组网方式灵活、低成本等诸多优点，在众多领域具有广泛的应用前景。

6. 传感器的微型化

随着 MEMS 技术的迅速发展，微传感器得以迅速发展。微传感器利用集成电路工艺和微组装工艺，基于各种物理效应将机械、电子元件集成在一个基片上。与宏传感器相比，微传感器的结构、材料、特性乃至所依据的物理作用原理均可能发生改变，微传感器由于具有体积小、重量轻、功耗低和可靠性高等非常优越的技术指标而被广泛使用。

1.2 能量控制型传感器

能量控制型传感器，也称有源传感器，是由外部供给能量使传感器工作的，并且由被测量来控制外部供给能量的变化。根据敏感元件的不同，可将能量控制型传感器分为电阻式传感器、电容式传感器、电感式传感器等。

1.2.1 电阻式传感器

电阻式传感器种类繁多，应用广泛，常用来测量力、位移、应变、扭矩、加速度等，其基本原理是将被测信号的变化转换成传感元件电阻值的变化，再经过转换电路将电阻值的变化转换成电压信号输出。下面以当前常见的电阻应变式和半导体应变式两种电阻式传感器为例进行介绍。

1. 电阻应变式传感器

电阻应变式传感器的核心元件是电阻应变片。当被测件或弹性敏感元件受到被测量作用时，将产生位移、应力和应变，粘贴在被测件或弹性敏感元件上的电阻应变片就会将应变转换成电阻的变化。这样，通过测量电阻应变片电阻值的变化，可以测得被测量的大小。

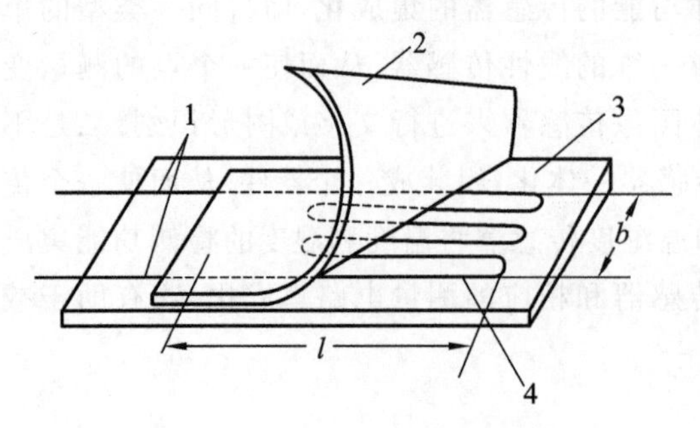

图 1.2 电阻应变片的基本结构

1—引线；2—覆盖层；3—基片；4—电阻丝

1）电阻应变式传感器的结构与分类

图 1.2 所示为一种电阻应变片的结构。电阻

应变片是用直径为0.025 mm、具有高电阻率的电阻丝制成的。为了获得高的阻值，将电阻丝排成栅状，称为敏感栅，并粘在绝缘基片上。敏感栅上面粘贴具有保护作用的覆盖层。电阻丝的两端焊接引线。

根据敏感栅的材料和制造工艺的不同，电阻应变片分为丝式、箔式和膜式三种，如图1.3所示。

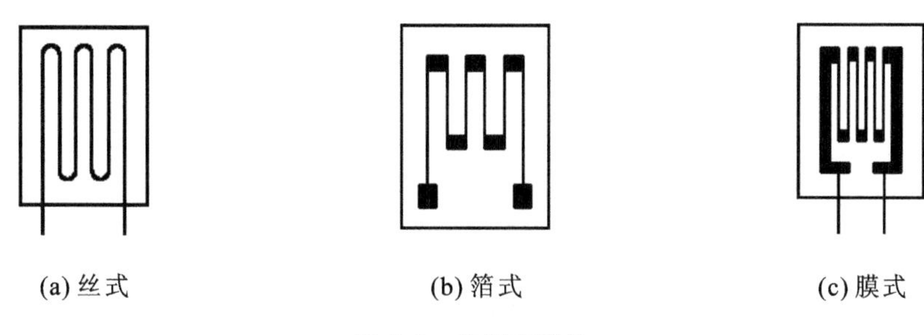

图1.3 电阻应变片

2）电阻应变式传感器的工作原理

金属导体在外力作用下产生机械变形（伸长或缩短）时，其电阻值会随着变形而发生变化，这种现象称为金属的电阻应变效应。以金属丝应变片为例，若金属丝的长度为 l，横截面积为 A，电阻率为 ρ，其未受力时的电阻为 R，根据欧姆定律，有：

$$R=\rho\frac{l}{A} \tag{1-1}$$

当金属丝发生变形时，其长度 l，横截面积 A 及电阻率 ρ 均会发生变化，导致金属丝电阻 R 变化。当各参数以增量 $\mathrm{d}l$，$\mathrm{d}A$ 和 $\mathrm{d}\rho$ 变化时，则所引起的电阻增量为：

$$\mathrm{d}R=\frac{\partial R}{\partial l}\mathrm{d}l+\frac{\partial R}{\partial A}\mathrm{d}A+\frac{\partial R}{\partial \rho}\mathrm{d}\rho \tag{1-2}$$

式中，$A=\pi r^2$，r 为金属丝半径。

将 $A=\pi r^2$ 代入式(1-2)，有：

$$\frac{\mathrm{d}R}{R}=\frac{\mathrm{d}l}{l}-2\frac{\mathrm{d}r}{r}+\frac{\mathrm{d}\rho}{\rho} \tag{1-3}$$

式中，$\frac{\mathrm{d}l}{l}=\varepsilon$ 为金属丝的轴向应变；$\frac{\mathrm{d}r}{r}$ 为金属丝的径向应变。

由材料力学知识可知：

$$\frac{\mathrm{d}r}{r}=-\mu\frac{\mathrm{d}l}{l}=-\mu\varepsilon \tag{1-4}$$

式中，μ 为金属丝材料的泊松比。

将式(1-4)代入式(1-3)，整理得：

$$\frac{\mathrm{d}R}{R}=(1+2\mu)\varepsilon+\frac{\mathrm{d}\rho}{\rho} \tag{1-5}$$

令

$$S_0=\frac{\mathrm{d}R/R}{\varepsilon}=(1+2\mu)+\frac{\mathrm{d}\rho/\rho}{\varepsilon} \tag{1-6}$$

式中，S_0 称为金属丝的灵敏度，其物理意义是单位应变所引起的电阻相对变化。

由式(1-6)可以看出，金属材料的灵敏度受两方面影响：一个是受力后材料的几何尺寸变化所引起的，即 $1+2\mu$ 项；另一个是受力后材料的电阻率变化所引起的，即 $(d\rho/\rho)/\varepsilon$ 项。对于金属材料，$(d\rho/\rho)/\varepsilon$ 项比 $1+2\mu$ 项要小得多。大量实验表明，在金属丝拉伸极限范围内，电阻的相对变化与其所受的轴向应变是成正比的，即 S_0 为常数。于是式(1-5)可以写成：

$$\frac{dR}{R}=S_0\varepsilon \tag{1-7}$$

通常金属电阻丝的灵敏度 S_0 在 1.7～3.6 之间。

3) 电阻应变式传感器的特点

(1) 电阻应变式传感器的优点

电阻应变式传感器具有测量精度高(误差小于 1%)、测量范围广(数个 $\mu\varepsilon$ 到数千 $\mu\varepsilon$)、分辨力高(可达 1 $\mu\varepsilon$)、频率响应特性好(响应时间为$10^{-7}\sim10^{-11}$ s)、尺寸小、重量轻、结构简单等优点。适合动、静态测量，环境适应性强，可在各种恶劣环境下使用。

(2) 电阻应变式传感器的缺点

电阻应变式传感器测大应变时具有较大的非线性，采用半导体电阻应变片时更为显著；信号输出较微弱，故其抗干扰能力较差；测出的是应变片内的平均应变，不能完全显示应力场中应力梯度的变化；应变片的温度系数较大。

尽管应变片存在上述缺点，但可采取一定的补偿措施减小其影响。因此，应变片是非电量电测技术中应用最广泛和最有效的敏感元件之一。

4) 电阻应变式传感器的应用

电阻应变式传感器可直接用来测量应变或应力，以及其他通过转换元件可转换为应变的量，如粘贴于弹性元件上可测力、加速度、位移、压力等。

① 直接测量应变或应力。将应变片粘贴在被测对象的预定部位，可直接测量出被测对象受到的拉压应力、扭矩或弯矩等，为结构设计、应力校核或破坏预测等提供实验数据。

② 间接测量可转换为应变的量。将应变片粘贴于弹性元件上，作为测量力、位移、压力、加速度等物理参数的传感器的敏感元件，在这种情况下，弹性元件得到与被测量成正比的应变，再由应变片转换为电阻的变化，最后由测量电路转换为电信号的变化。

电阻应变片必须粘贴在被测对象或弹性元件上才能工作，粘贴剂和粘贴技术对测量结果有着直接影响。因此，要选择合适的粘贴剂和粘贴方法，要做好粘贴前被测对象表面的清理和粘贴后的固化处理工作，以及防潮处理工作。

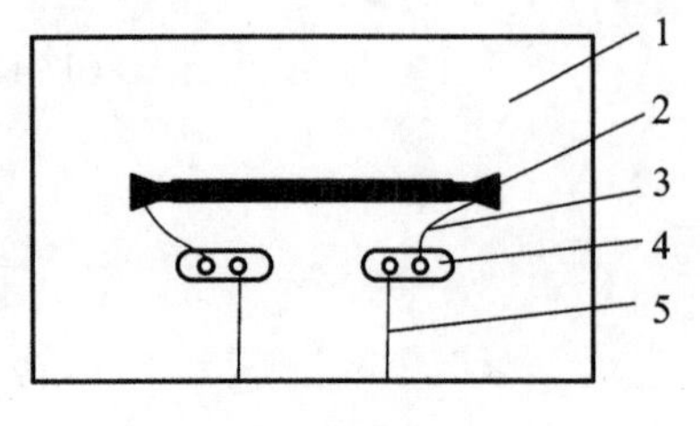

图 1.4 半导体应变片

1—胶膜衬底；2—P-Si；3—内引线；4—焊接板；5—外引线

2. 半导体应变式传感器

半导体应变片最简单的典型结构如图 1.4 所示。半导体应变片的使用方法与电阻应变片的相同，即粘贴在被测物体上，随被测物体的应变其电阻值发生相应变化。电阻应变片与半导体应变片的主要区别在于：前者利用导体形变引起电阻的变化，后者利用半导体电阻率变化引起电阻的变化。

半导体应变片的工作原理是基于半导体材料的压阻效应。所谓压阻效应是指单晶半导体材料在沿某一轴向受到外力作用时，其电阻率发生变化的现象。从半导体的物理特性可知，半导体在压力、温度及光辐射作用下，其电阻率会发生很大的变化。分析表明，单晶半导体在外力作用下，原子点阵排列规律发生变化，可导致载流子迁移率及载流子浓度的变化，从而引起电阻率的变化。

半导体应变片最突出的优点是灵敏度高，这为它的应用提供了有利条件。另外，由于机械滞后小、横向效应小及它本身的体积小等特点，扩大了半导体应变片的使用范围。半导体应变片最大的缺点是温度稳定性差、灵敏度离散度大（由于晶向、杂质等因素的影响）以及在较大应变作用下，非线性误差大等，这些缺点也给其使用带来了不便。

1.2.2 电容式传感器

电容式传感器的敏感元件是电容器，即先将被测量转换为电容量的变化，再由测量电路将电容量的变化转换为电信号输出。

1. 电容式传感器的工作原理

电容式传感器的结构比较简单，其敏感元件实际上就是一个参数可变的电容器，由两个极板和极板间的绝缘介质组成。以平板电容器为例，如果不考虑边缘效应，其电容量计算公式为：

$$C=\frac{\varepsilon A}{\delta} \tag{1-8}$$

式中，ε 为介质的介电常数；A 为有效工作面积，是两平行极板相对覆盖部分的面积（m^2）；δ 为极板间的距离（m）。

式（1-8）表明，影响电容器电容量的参数有三个，即 ε, A, δ。这三个参数都是可以改变的，如果固定其中两个参数，将被测量的变化转换为另一个参数的变化，就可把被测量的变化转换为电容量的变化，再通过测量电路就可转换为电量输出。根据改变参数的不同，电容式传感器可分为变极距型、变面积型和变介质型三种。

2. 变极距型电容式传感器

根据式（1-8），如果两极板的有效工作面积及极板间介质不变，则电容量 C 与极距 δ 成非线性关系，如图 1.5 所示。

当极距有一微小变化量 $d\delta$ 时，引起的电容变化量 dC 为：

$$dC=-\frac{\varepsilon A}{\delta^2}d\delta \tag{1-9}$$

由此可以得到传感器的灵敏度为：

$$S=\frac{dC}{d\delta}=-\frac{\varepsilon A}{\delta^2}=-\frac{C}{\delta} \tag{1-10}$$

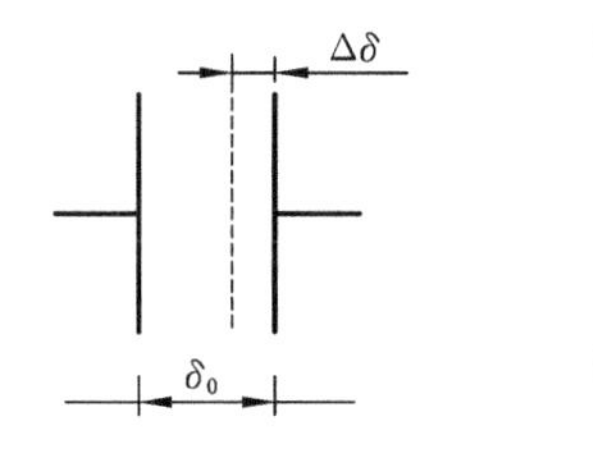

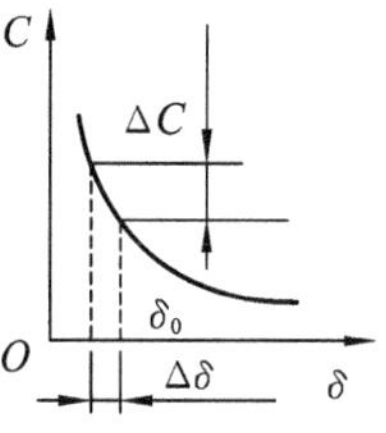

图 1.5 变极距型电容式传感器

可以看出，灵敏度 S 与极距的平方成反比，极距越小，灵敏度越高。显然，由于电容量 C 与极距 δ 成非线性关系，必将引起非线性误差。为了减少这一误差，通常规定传感器在较小的极距变化范围内工作，一般取极距变化范围为 $\Delta\delta/\delta_0\approx 0.1$，此时传感器的灵敏度近似为常数，输出 C 与 δ 成近似线性关系。实际应用中，为了提高传感器的灵敏度、工作范围及克服外界条件（如电源电压、环境温度等）变化对测量精度的影响，常常采用差动式电容传感器。

3. 变面积型电容式传感器

变面积型电容式传感器是在被测参数的作用下变化极板的有效工作面积，从而达到测量目的的传感器。常用的有角位移型和线位移型两种，如图 1.6 所示。

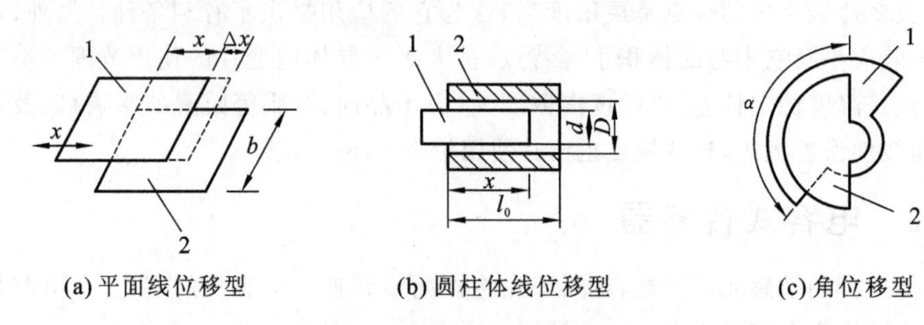

(a) 平面线位移型　(b) 圆柱体线位移型　(c) 角位移型

图 1.6　变面积型电容式传感器

1—动板；2—定板

图 1.6(a)所示为平面线位移型电容传感器。当动板沿 x 方向移动时，覆盖面积发生变化，电容量也随之变化。电容量 C 为：

$$C=\frac{\varepsilon bx}{\delta} \tag{1-11}$$

式中，b 为极板宽度。

灵敏度为：

$$S=\frac{\mathrm{d}C}{\mathrm{d}x}=\frac{\varepsilon b}{\delta}=\text{常数} \tag{1-12}$$

图 1.6(b)所示为圆柱体线位移型电容传感器。动板(内圆柱体)与定板(外圆筒)相互覆盖，当覆盖长度为 x 时，电容量为：

$$C=\frac{2\pi\varepsilon x}{\ln(D/d)} \tag{1-13}$$

式中，D 为外圆筒的直径；d 为内圆柱体的直径。

灵敏度为：

$$S=\frac{\mathrm{d}C}{\mathrm{d}x}=\frac{2\pi\varepsilon}{\ln(D/d)}=\text{常数} \tag{1-14}$$

图 1.6(c)所示为角位移型电容传感器。当动板有一定转角时，与定板之间的相互覆盖面积发生改变，从而导致电容量变化。电容量 C 为：

$$C=\frac{\varepsilon\alpha r^2}{2\delta} \tag{1-15}$$

灵敏度为：

$$S=\frac{\mathrm{d}C}{\mathrm{d}\alpha}=\frac{\varepsilon r^2}{2\delta}=\text{常数} \tag{1-16}$$

4. 变介质型电容式传感器

变介质型电容式传感器是利用介质介电常数的变化将被测量转换成电量变化的传感器，可用来测量电介质的厚度(见图 1.7(a))、位移(见图 1.7(b))和液位(见图 1.7(c))，还可根据极板间介质介电常数随温度、湿度等发生改变的特性来测量温度、湿度等(见图 1.7(d))。

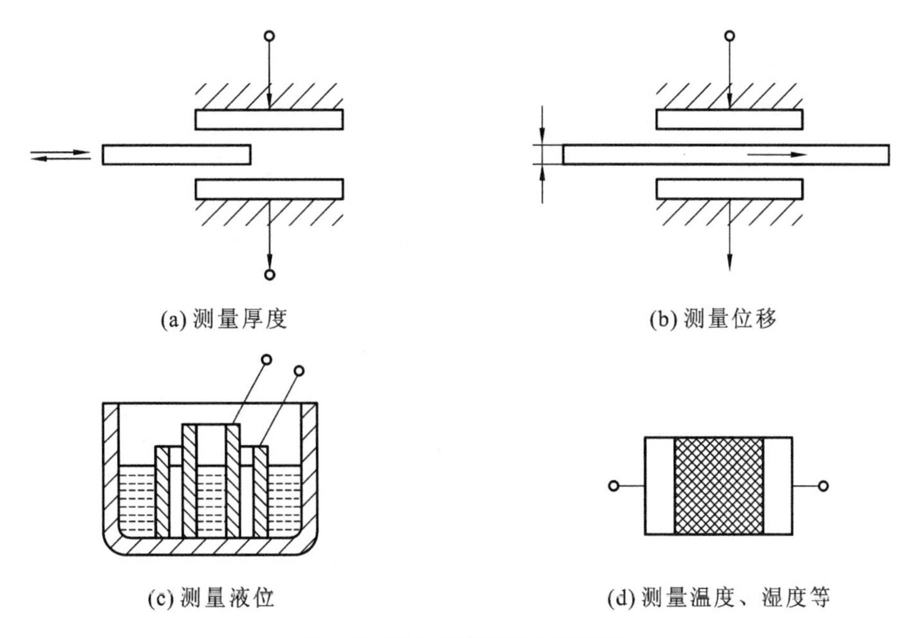

图 1.7　变介质型电容式传感器

5. 电容式传感器的应用

图 1.8 所示为电容式转速传感器的工作原理。图中，齿轮外沿为电容传感器的定极板。当电容器定极板与齿顶相对时，电容量最大，而与齿根相对时，电容量最小。当齿轮转动时，电容量发生周期性变化，通过测量电路转换成脉冲信号，频率计显示的频率代表转速大小。设齿数为 z，频率为 f，则转速 n 为：

$$n=\frac{60f}{z} \tag{1-17}$$

图 1.9 所示为测量金属带材在轧制过程中厚度的电容式测厚仪的工作原理。工作极板与带材之间形成两个电容 C_1，C_2，总电容量为二者之和，即 $C=C_1+C_2$。当金属带材在轧制过程中厚度发生变化时，将引起电容量的变化。通过检测电路，转换并显示出带材的厚度。

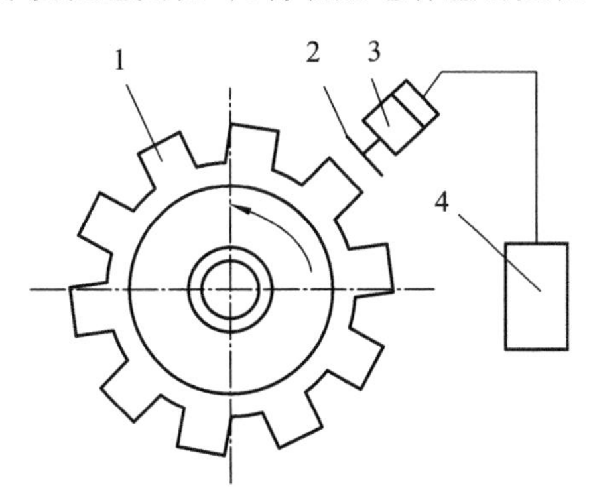

图 1.8　电容式转速传感器的工作原理

1—齿轮；2—定极板；3—电容传感器；4—频率计

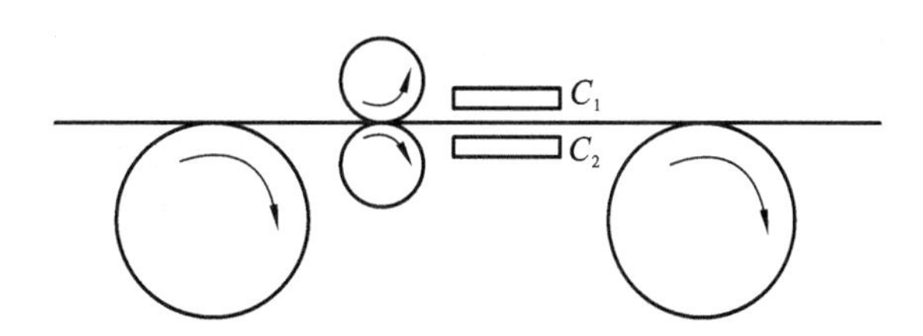

图 1.9　电容式测厚仪的工作原理

1.2.3 电感式传感器

当导体中的电流发生变化时，它周围的磁场就随之变化，并由此产生磁通量的变化。由电磁感应原理可知，处于该变化磁场中的任何导体都会产生感应电动势，该电动势总是阻碍导体中原有电流的变化。导体本身产生感应电动势即自感电动势的现象，称为自感现象；在处于变化磁场中的其他导体中产生感应电动势即互感电动势的现象，称为互感现象。电感系数（自感系数 L 或互感系数 M）可用来描述导体或导体间产生电磁感应现象的能力。电感系数的单位是亨利，简称亨，符号是 H。如果通过导体的电流在 1 s 内改变 1 A 时产生的感应电动势是 1 V，则此时的电感系数就是 1 H。

电感式传感器就是利用电磁感应原理，将被测量（如位移、压力、流量、振动等）转换为自感系数（简称自感）L 或互感系数（简称互感）M 的变化，再由测量电路转换成电压或电流的变化量输出。

电感式传感器一般可分为自感型和互感型两大类。自感型传感器主要有可变磁阻式和高频反射式电涡流两种，互感型传感器主要有差动变压式和低频透射式电涡流两种。

1. 可变磁阻式自感型传感器

可变磁阻式自感型传感器是将被测量转换为线圈敏感元件的磁阻的变化，而磁阻的变化就会导致线圈自感的变化。根据磁阻改变的方式不同，又可将这种传感器分为变气隙式和螺管式。

1）变气隙式自感型传感器

变气隙式自感型传感器如图 1.10 所示，主要由线圈 1、铁芯 2 和衔铁 3 组成，铁芯与衔铁间的气隙长度为 δ。

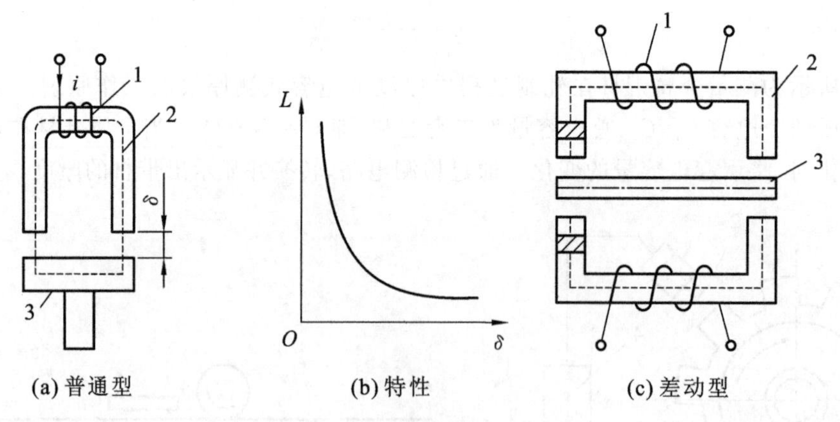

图 1.10 变气隙式自感型传感器

1—线圈；2—铁芯；3—衔铁

线圈自感可按下式计算：

$$L=\frac{W^2}{R_m} \tag{1-18}$$

式中，W 为线圈匝数，R_m 为图中封闭虚线表示的磁路的总磁阻。

若不计磁路损耗且气隙 δ 很小时，则磁路磁阻为：

$$R_m=\frac{l}{\mu A}+\frac{2\delta}{\mu_0 A_0} \tag{1-19}$$

式中，l 为铁芯导磁长度(m)；μ 为铁芯磁导率(H/m)；A 为铁芯导磁截面积(m^2)；δ 为气隙长度(m)；μ_0 为气隙磁导率(H/m)，空气的气隙磁导率为 $4\pi\times10^{-7}$ H/m；A_0 为气隙导磁截面积(m^2)。

与空气气隙磁阻相比，铁芯磁阻一般很小，可忽略不计，于是：

$$R_m\approx\frac{2\delta}{\mu_0 A_0} \tag{1-20}$$

代入式(1-18)则有：

$$L=\frac{W^2\mu_0 A_0}{2\delta} \tag{1-21}$$

式(1-21)表明，影响线圈自感 L 的参数主要有气隙长度 δ、气隙导磁截面积 A_0 及线圈的匝数 W。改变其中的任何一个，就可以改变线圈的自感。但是，由于改变线圈的匝数 W 比较困难，实际应用中，一般只改变线圈的气隙长度 δ、气隙导磁截面积 A_0 来改变自感。

将衔铁和被测物体相连，当被测物体运动而使衔铁上下移动时，气隙长度 δ 将发生变化，从而使线圈自感 L 发生变化。此时，传感器的输出 L 与输入 δ 成非线性关系(见图 1.10(b))，传感器的灵敏度为：

$$S=-\frac{W^2\mu_0 A_0}{2\delta^2} \tag{1-22}$$

可见，传感器的灵敏度 S 不是常数，非线性特性严重；且 δ 越小，传感器灵敏度就越高。为减小非线性误差，通常规定传感器在较小的气隙长度变化范围内工作，气隙长度变化值应小于气隙初始长度的 10%。这种变气隙长度型传感器只适合于微小位移测量，一般为 0.001～1 mm。采用图 1.10(c)所示的差动型传感器，既可以改善传感器的非线性，又可以使传感器的灵敏度提高一倍。

如果被测物体带着衔铁左右移动，输入为位移 x，此时，气隙长度 δ 不变，而气隙导磁截面积 A_0 将随着输入位移 x 发生变化，线圈自感 L 也会发生变化。传感器的输出 L 与输入位移 x 成线性关系。

变气隙式自感型传感器先将被测量转换为线圈与衔铁间气隙的长度或导磁面积的变化，接着转换为线圈磁路磁阻的变化，再转换为线圈电感的变化。

2) 螺管式自感型传感器

螺管式自感型传感器分为单线圈和差动双线圈两种，如图 1.11 所示。

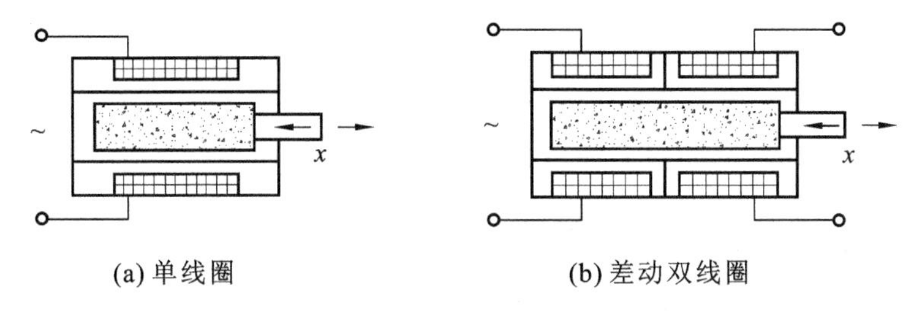

(a) 单线圈　　(b) 差动双线圈

图 1.11　螺管式自感型传感器

图 1.11(a)所示为单线圈螺管式自感型传感器，主要元件为一只螺管线圈和一根圆柱形铁芯。传感器工作时，被测运动物体的位移引起铁芯在线圈中伸入长度的变化，导致线圈磁路磁

阻发生变化，从而引起螺管线圈自感的变化。这种传感器结构简单、制造容易，但灵敏度低，适用于较大位移（数毫米）的测量。

差动双线圈螺管式自感型传感器的原理如图 1.11(b)所示。铁芯在两个线圈中间移动，使两个线圈的自感变化的方向相反，与单线圈螺管式传感器相比，其灵敏度高，线性范围更大。

与变气隙式自感型传感器相比，由于螺管式的气隙大，磁路磁阻大，因此灵敏度要低一些，但测量范围大。

2. 差动变压式互感型传感器

差动变压式互感型传感器又简称为差动变压器，利用电磁感应中的互感现象实现信号的转换。

1）互感现象

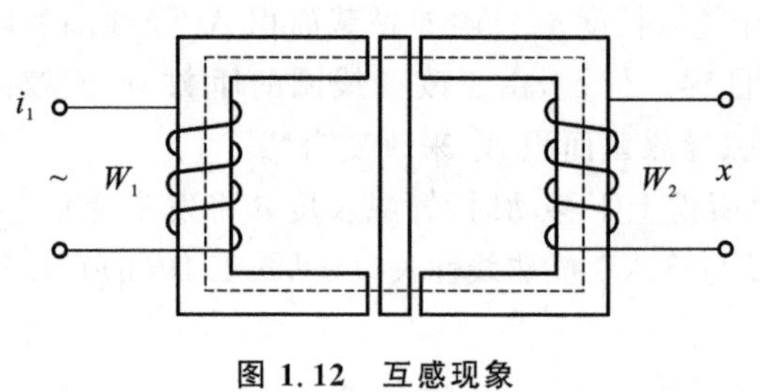

图 1.12　互感现象

如图 1.12 所示的变压器，主要由初级线圈 W_1、次级线圈 W_2、中间衔铁和两个铁芯组成。当初级线圈 W_1 输入交流电流 i_1，使得次级线圈 W_2 上产生感应电动势 e_{12}，这就是互感现象。根据电磁感应原理，产生的感应电动势的大小与电流 i_1 的变化率成正比，即：

$$e_{12}=-M\frac{\mathrm{d}i_1}{\mathrm{d}t} \tag{1-23}$$

式中的比例系数 M 就是两个线圈之间的互感系数，它表明了两线圈之间的耦合程度，其大小与两线圈相对位置及周围介质的导磁能力等因素有关。由于衔铁的导磁能力远大于空气气隙的导磁能力，因此，如果衔铁相对于铁芯产生运动，将会导致两个线圈间的互感系数发生变化。

2）差动变压式互感型传感器的工作原理

差动变压式互感型传感器就是利用互感现象，先将被测位移量转换成线圈互感的变化，再转换为互感电动势。差动变压式互感型传感器结构形式较多，有变气隙式、变面积式和螺管式等，但其工作原理基本一样。螺管式差动变压互感型传感器结构如图 1.13(a)所示，它由初级线圈 W_1、两个次级线圈（W_{2a} 和 W_{2b}）和插入线圈中央的圆柱形活动铁芯等部分组成。设初级线圈与两个次级线圈间的互感系数分别为 M_1，M_2。

当初级线圈 W_1 接稳定交流电源时，根据互感现象，在两个次级线圈 W_{2a} 和 W_{2b} 中便会产生感应电动势 e_a 和 e_b。差动变压互感型传感器中的两个次级线圈反向串联，如果忽略铁损、导磁体磁阻和线圈分布电容，则其等效电路如图 1.13(b)所示，差动变压器的输出 $e=e_b-e_a$。

如果差动变压互感型传感器的结构完全对称，则当活动铁芯处于初始平衡位置即中间位置时，初级线圈与两个次级线圈之间的互感系数 $M_1=M_2$，将有 $e_a=e_b$，此时差动变压互感型传感器的输出电压为零。当活动铁芯向上移动时，由于磁阻的影响，W_{2a} 中的磁通将大于 W_{2b} 中的，使 $M_1>M_2$，因而 e_a 增加，e_b 减小。当 e_a，e_b 随着铁芯位移 x 变化时，e 也必将随 x 变化。铁芯偏离平衡位置越多，即位移 x 越大，传感器的输出 e 也就越大，其输出特性如图 1.13(c)所示。

首先，差动变压互感型传感器的输出电压是交流量，其幅值与铁芯位移成正比。其输出电压如用交流电压表指示，输出值只能反映铁芯位移的大小，而不能反映移动的方向。其次，由于两个次级线圈结构不对称，以及初级线圈的铜损电阻、铁磁材质不均匀、线圈间分布电容等原因，交流电压输出存在一定的零点残余电压（零点漂移），即铁芯处于中间位置时，其输出也不为

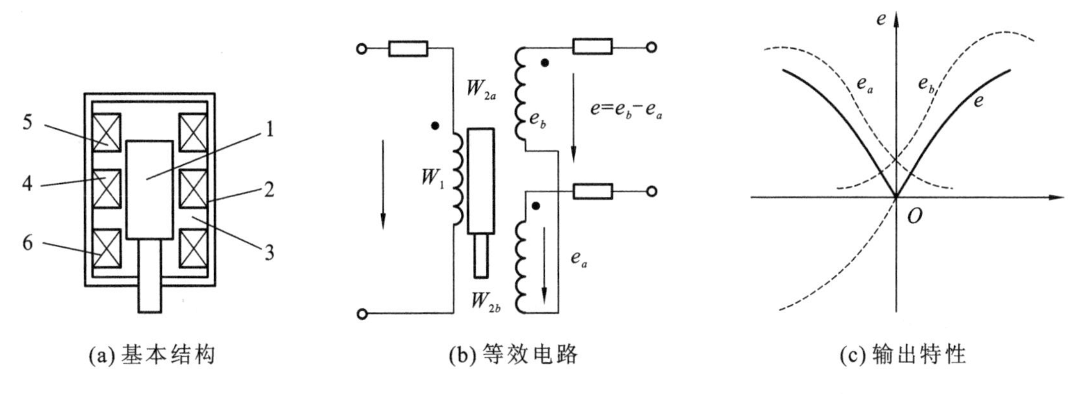

(a) 基本结构　　(b) 等效电路　　(c) 输出特性

图 1.13　螺管式差动变压器

1—活动铁芯；2—导磁外壳；3—骨架；4—初级线圈 W_1；5—次级线圈 W_{2a}；6—次级线圈 W_{2b}

零。零点残余电压一般在几十毫伏以下，在实际使用中，应设法减小，否则将会影响传感器的测量结果。因此，差动变压互感型传感器的后接测量电路，一般采用既能反映铁芯位移的方向，又能补偿零点残余电压的差动直流输出电路。

3）差动变压互感型传感器的特点与应用

差动变压互感型传感器具有精确度高（可达 0.1 μm 数量级）、灵敏度高、线性范围大（可扩大到±250 mm）、结构简单、稳定性好、性能可靠和使用方便等优点，被广泛应用于直线位移的测量。用于动态测量时，其测量频率上限受制于传感器中所包含的机械结构。借助弹性元件可以将压力、重量等物理量转换成位移的变化，故也可用于压力、重量等物理量的测量。

3. 电涡流式传感器

根据法拉第电磁感应定律，处于交变磁场中的块状金属导体内会产生呈涡流状的感应电流，此电流称为电涡流，这种现象称为电涡流效应。

根据电涡流效应制成的传感器称为电涡流式传感器，可分为自感型的高频反射式和互感型的低频透射式两类。

1）高频反射式电涡流传感器

图 1.14 所示为高频反射式电涡流传感器的原理图，其主要由传感器线圈和被测金属板组成。

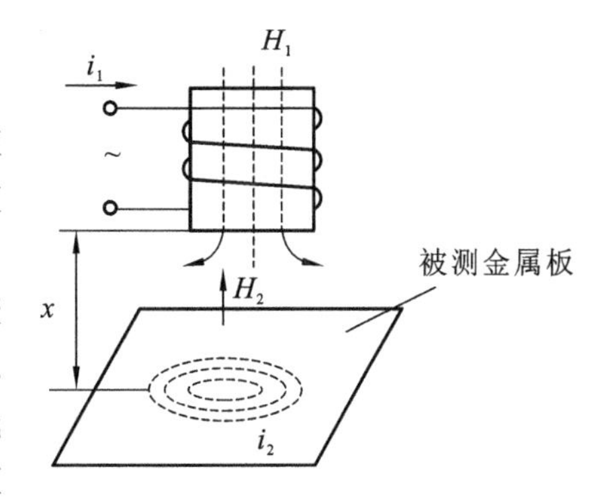

图 1.14　高频反射式电涡流传感器

根据法拉第电磁感应定律，当传感器线圈通正弦交流电 i_1 时，线圈周围空间必然产生正弦交变磁场 H_1，使置于此磁场中的被测金属板产生电涡流 i_2。电涡流 i_2 又产生新的交变磁场 H_2。根据楞次定律，电涡流的交变磁场 H_2 与线圈的交变磁场 H_1 的变化方向相反，H_2 总是抵抗 H_1 的变化，力图削弱磁场 H_1，从而使传感器线圈的自感 L、等效阻抗 Z 等发生变化。影响电涡流效应的参数很多，主要有金属板的电阻率 ρ、磁导率 μ 和几何形状，以及线圈几何参数、线圈中激磁电流频率、线圈与金属板的距离 x 等。如果被测量只引起其中一个参数变化，而其他参数保持不变，那么，传感器

线圈阻抗 Z 就仅仅是这个参数的单值函数。通过与传感器配用的测量电路测出阻抗 Z 的变化量，即可实现对被测量的测量。例如，当 x 改变时，可用于位移、振动测量；当 ρ 或 μ 改变时，可用于材质鉴别或探伤等。

当利用高频反射式电涡流传感器测量位移时，只有在 $x/r_{as} \ll 1$（一般取 0.05～0.15，r_{as} 为传感器线圈的外径）的范围内才能得到较好的线性和较高的灵敏度。

2）低频透射式电涡流传感器

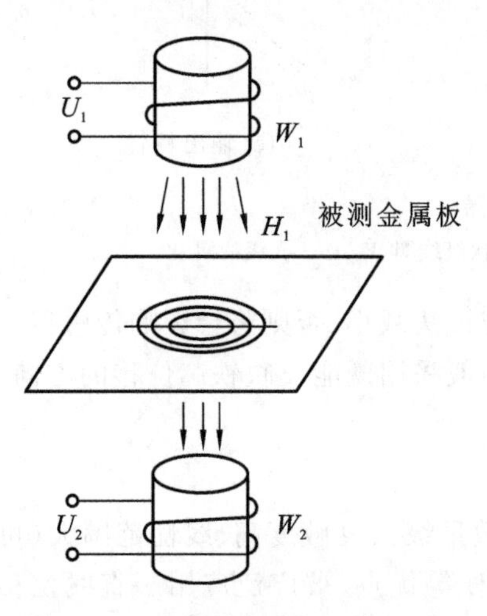

图 1.15　低频透射式电涡流传感器

图 1.15 所示为低频透射式电涡流传感器的工作原理图。在被测金属板的上方设有发射器线圈 W_1，在被测金属板下方设有接收传感器线圈 W_2。当在 W_1 上加低频交流电压 U_1 时，则线圈 W_1 在周围产生交变磁场 H_1。根据电磁感应的互感现象，若两线圈间无金属板，则交变磁场 H_1 直接耦合至线圈 W_2 中，W_2 便产生感应电动势 U_2。

如果将被测金属板放入两线圈之间，则 W_1 线圈产生的交变磁场将在金属板中产生电涡流，该电涡流也会产生一个交变磁场，方向与 H_1 相反，从而使磁场 H_1 的能量受到损耗，到达 W_2 的磁场将减弱，使 W_2 产生的感应电动势 U_2 下降。金属板越厚，电涡流造成的磁场损失就越大，感应电动势 U_2 就越小。因此，可根据感应电动势 U_2 的大小得知被测金属板的厚度。透射式电涡流厚度传感器的测量范围可达 1～100 mm，分辨力为 0.1 μm，线性度为 1%。

3）电涡流式传感器的特点和应用

电涡流式传感器最大的特点是能对位移、厚度、表面温度、速度、应力、材料损伤等进行非接触式连续测量，同时还具有结构简单、体积小、灵敏度高、频率响应宽、不受油污等介质影响的特点，应用极其广泛。

1.3 能量转换型传感器

1.3.1 磁电式传感器

磁电式传感器又称感应传感器，是一种将机械能转换为电能的能量转换型传感器，不需要外部电源供电，电路简单，性能稳定，输出阻抗小，具有一定的频率响应范围，适用于测量振动、转速、扭矩等，但这种传感器的尺寸和质量都较大。

根据法拉第电磁感应定律可知，对于一个匝数为 W 的线圈，当穿过该线圈的磁通 Φ 发生变化时，其感应电动势为：

$$e=-W\frac{\mathrm{d}\Phi}{\mathrm{d}t} \tag{1-24}$$

可见,线圈感应电动势的大小,取决于匝数和穿过线圈的磁通变化率。磁通变化率与磁场强度、磁路磁阻、线圈的运动速度有关,故若改变其中任意一个因素,都会改变线圈的感应电动势。按结构的不同,磁电式传感器可分为动圈式与磁阻式。

磁电式传感器可以直接输出感应电动势信号,且磁电式传感器通常具有较高的灵敏度,所以不需要高增益放大器。但磁电式传感器只用于测量动态量,可以直接测量振动物体的线速度或旋转体的角速度。如果在其测量电路中接入积分电路($x=\int v\mathrm{d}t$)或微分电路($a=\mathrm{d}v/\mathrm{d}t$),那么还可以测量位移或加速度。图 1.16 所示是磁电式传感器的一般测量电路框图。

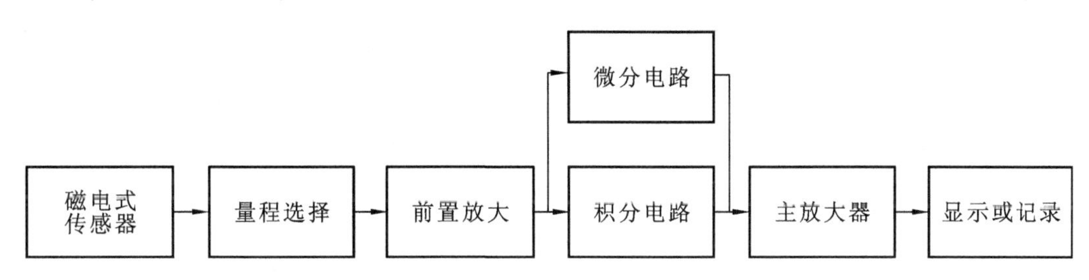

图 1.16　磁电式传感器的一般测量电路框图

1. 动圈式磁电感应传感器

动圈式磁电感应传感器又可分为线速度型与角速度型。图 1.17(a)所示为线速度型传感器的工作原理。在永久磁铁产生的直流磁场内,放置一个可动线圈,当线圈在磁场中作直线运动时,它所产生的感应电动势为:

$$e=WBlv\sin\theta$$

式中,B 为磁场的磁感应强度,l 表示单匝线圈的有效长度,W 表示线圈匝数,v 表示线圈与磁场的相对运动速度,θ 表示线圈运动方向与磁场方向的夹角。

图 1.17(b)所示是角速度型传感器的工作原理,线圈在磁场中转动时产生的感应电动势为:

$$e=kWBA\omega \tag{1-25}$$

式中,ω 为角速度,A 为单匝线圈的截面积,k 为与结构有关的系数,一般 $k<1$。

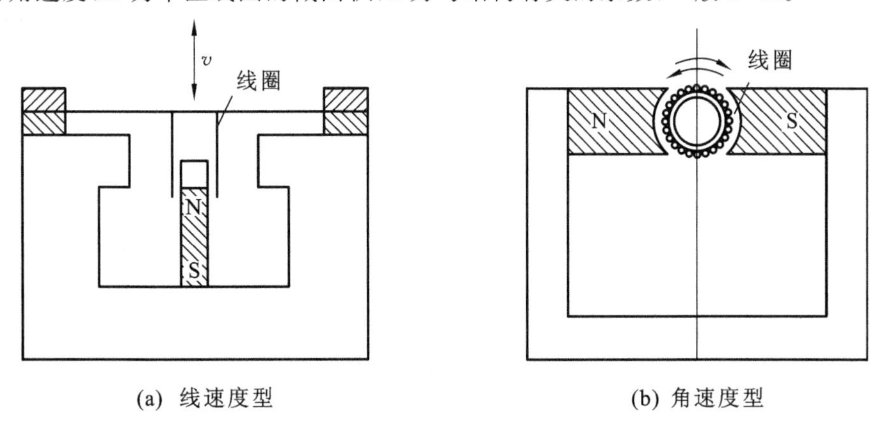

(a) 线速度型　　(b) 角速度型

图 1.17　动圈式磁电感应传感器的工作原理

式(1-25)表明,当传感器结构一定时,W,B,A 均为常数,感应电动势 e 与线圈相对磁场的角速度成正比,这种传感器可用于转速测量。

2. 磁阻式磁电感应传感器

磁阻式磁电感应传感器的线圈与磁铁彼此无相对运动,由运动的物体(导磁材料)来改变电路的磁阻,引起磁力线增强或减弱,使线圈产生感应电动势。这种传感器由永久磁铁及缠绕其上的线圈组成。图 1.18(a)所示为用传感器测量旋转体的频数。当旋转体旋转时,齿的凸凹引起磁阻变化,使磁通量变化,线圈中感应交流电动势的频率等于测量的齿数与转速的乘积。磁阻式磁电感应传感器使用简便,结构简单,在不同场合还可用来测量转速(见图 1.18(b))、偏心量(见图 1.18(c))、振动(见图 1.18(d))等。

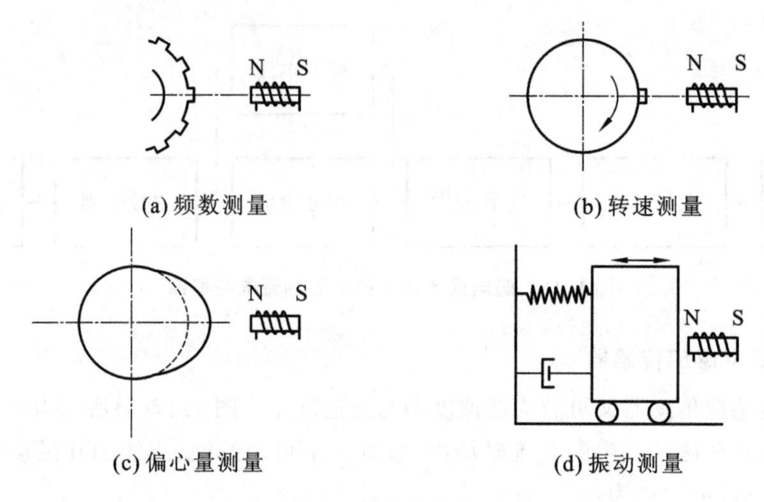

(a) 频数测量　(b) 转速测量　(c) 偏心量测量　(d) 振动测量

图 1.18　磁阻式磁电感应传感器原理与应用实例

1.3.2　压电式传感器

压电式传感器是一种可逆转换器,既可以将机械能转换为电能,又可以将电能转换为机械能,它是基于某些物质的压电效应而工作的。压电式传感器的特点是结构简单、体积小、重量轻、工作频带宽、灵敏度高、信噪比高、工作可靠、测量范围广等。

压电式传感器的用途:与力相关的动态参数测试,如动态力、机械冲击、振动等的测试,它可以把加速度、压力、位移、温度等许多非电量转换为电量。

1. 压电效应及压电材料

1) 压电效应

压电式传感器是以某些介质的压电效应作为工作基础的。所谓压电效应,就是对某些电介质沿一定方向施以外力使其变形时,其内部将产生极化而使其表面出现电荷集聚的现象,也称为正压电效应。由于某些介质材料具有压电效应,在其受力的作用而变形时,在两个表面上可产生符号相反的电荷,在外力去除后又重新恢复到不带电状态,使机械能转变为电能。

在研究压电材料时还发现一种现象:当在片状压电材料的两个电极面上加交流电压时,压电片将产生机械振动,即压电片在电极方向上产生伸缩变形,压电材料的这种现象称为电致伸缩效应,也称为逆压电效应。逆压电效应是将电能转变为机械能。逆压电效应说明压电效应具有可逆性。

2）压电材料

自然界中的大多数晶体都具有压电效应，但十分微弱。石英晶体的压电效应早在1680年即被发现，1948年则制作出第一个石英传感器。在石英晶体的压电效应被发现之后，一系列的单晶、多晶陶瓷材料和近些年发展起来的有机高分子聚合材料，也都被发现具有相当强的压电效应。

（1）石英晶体（单晶体）

石英晶体的化学成分是SiO_2，是单晶结构，理想形状的六角锥体，如图1.19(a)所示。石英晶体是各向异性材料，不同晶向具有不同的物理特性，用x，y，z轴来描述。

z轴：通过锥体顶端的轴线，是纵向轴，称为光轴，沿该方向受力不会产生压电效应。

x轴：经过六面体的棱线并垂直于z轴的轴，称为电轴（压电效应只在该轴的两个表面产生电荷聚集），沿该方向受力产生的压电效应称为“纵向压电效应”。

y轴：与x，z轴同时垂直的轴，称为机械轴（该方向只产生机械变形，不会出现电荷聚集），沿该方向受力产生的压电效应称为“横向压电效应”，轴定义如图1.19(b)所示。

图1.19(c)所示为从晶体上沿y轴方向切下的一块晶片，其压电效应形式可以根据不同方向的受力情况而定。

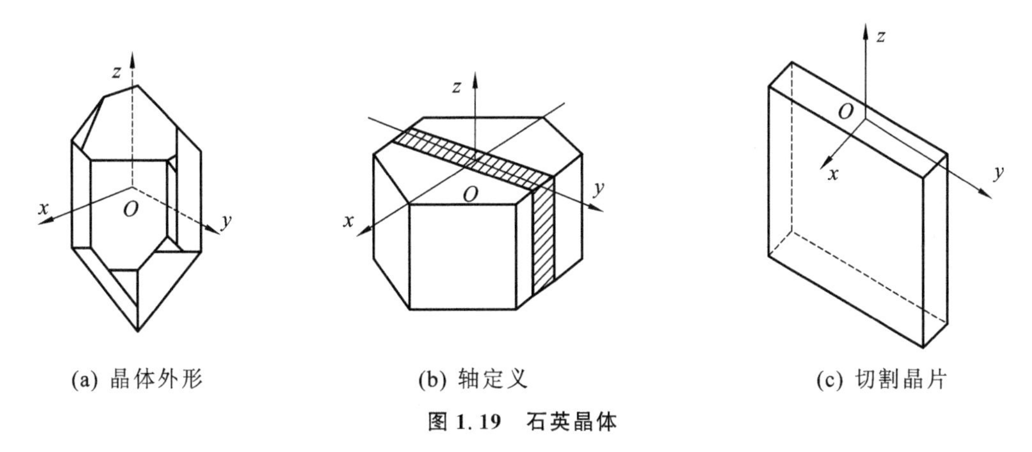

(a) 晶体外形　　(b) 轴定义　　(c) 切割晶片

图1.19　石英晶体

（2）压电陶瓷（多晶体）

压电陶瓷是人工制造的多晶体压电材料，其内部的晶粒有一定的极化方向，在无外电场作用下，晶粒杂乱分布，它们的极化效应被相互抵消，因此压电陶瓷此时呈中性，即原始的压电陶瓷不具有压电特性，如图1.20(a)所示。

当在压电陶瓷上施加外加电场时，晶粒的极化方向发生转动，趋向于按照外电场方向排列，从而使材料整体得到极化。外电场越强，极化程度越高，让外电场强度大到使材料极化达到饱和程度，即所有晶粒的极化方向都与外电场的方向一致，此时，去掉外加电场，材料整体的极化方向基本不变，即出现剩余极化，这时的材料就具有了压电特性，如图1.20(b)所示。由此可见，压电陶瓷要具有压电效应，需要外电场和压力的共同作用，此时，当陶瓷材料受到外力作用时，晶粒发生移动，将导致在垂直于极化方向（即外电场方向）的平面上出现极化电荷，电荷量的大小与外力成正比关系。

压电陶瓷的压电系数比石英晶体的大得多（即压电效应更明显），因此用它做成的压电式传

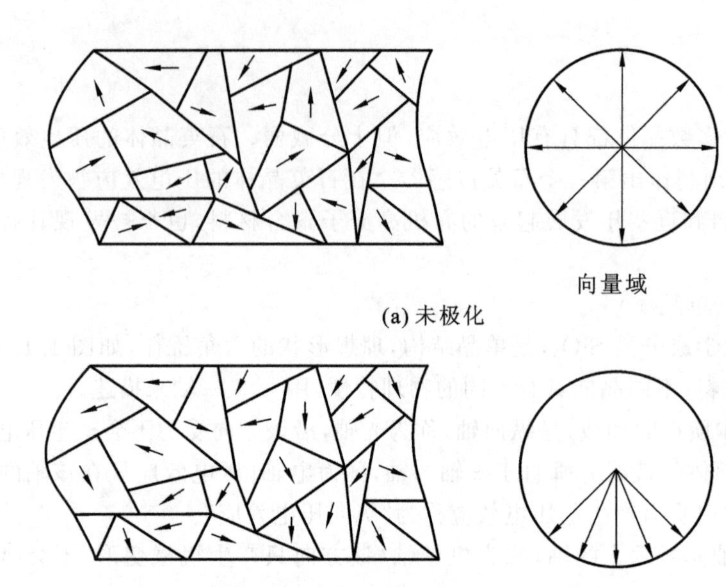

(a) 未极化

(b) 已极化

图 1.20　压电陶瓷

感器的灵敏度较高，但其稳定性、机械强度等方面不如石英传感器。

压电陶瓷材料有许多种，最早被发现的是钛酸钡（$BaTiO_3$），现在最常用的是锆钛酸铅（$PbZrO_3$-$PbTiO_3$，简称 PZT，即 Pb、Zr、Ti 三个元素符号的首字母组合）等，前者工作温度较低（最高 70 ℃），后者工作温度较高，且具有良好的压电性，得到了广泛应用。

（3）压电高分子材料

高分子材料属于有机分子半结晶或结晶聚合物，其压电效应较复杂，不仅要考虑晶格中均匀的内应变对压电效应的贡献，还要考虑高分子材料存在非均匀内应变时所产生的各种高次效应以及同整个体系平均变形无关的电荷位移而表现出来的压电特性。

目前已发现的压电系数最高、且已进行应用开发的压电高分子材料是聚偏二氟乙烯，其压电效应可采用类似铁电体的机理来解释。这种聚合物中碳原子的个数为奇数，经过机械滚压和拉伸制作成薄膜之后，带负电的氟离子和带正电的氢离子分别对应排列在薄膜的上下两边，形成微晶偶极矩结构，经过一定时间的外电场和温度联合作用后，晶体内部的偶极矩进一步旋转定向，形成垂直于薄膜平面的碳-氟偶极矩固定结构。正是由于这种固定取向后的极化和外力作用时的剩余极化的变化，引起了压电效应。

压电高分子材料可以通过降低材料的密度和介电常数，增加材料的柔性，使其压电性能较单向陶瓷的有所改善。

2. 压电式传感器的测量

压电式传感器本身的内阻抗很高，而输出能量较少，因此它的测量电路通常需要接入一个高输入阻抗前置放大器，放大器的作用一是把高输出阻抗变换为低输出阻抗；二是放大传感器输出的微弱信号。压电式传感器的输出可以是电压信号，也可以是电荷信号，因此前置放大器也有两种形式：电压放大器和电荷放大器。目前，电荷放大器使用得较多，并常在其内增加低通滤波、灵敏度适配和加速度（或速度或位移）输出选择功能。

1）电压放大器（阻抗变换器）

图 1.21 所示为电压放大器的等效电路。

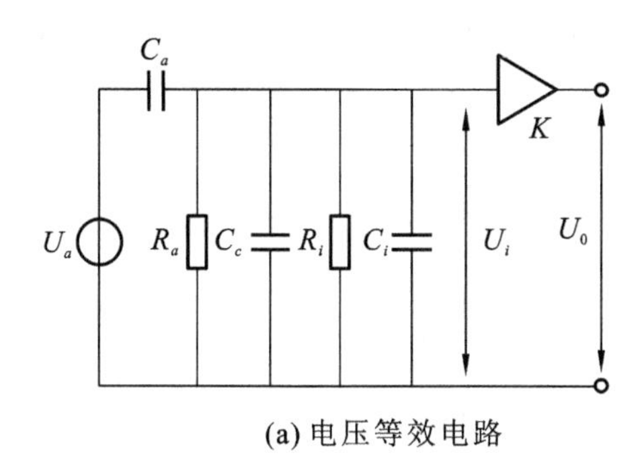

(a) 电压等效电路

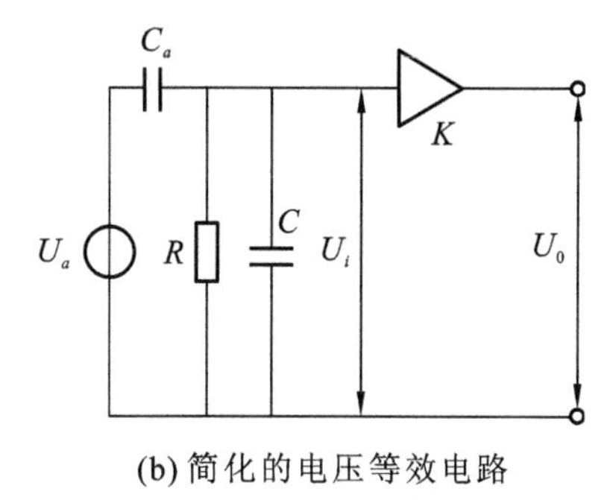

(b) 简化的电压等效电路

图 1.21　电压放大器输入端等效电路

在图 1.21(b)中，电阻 $R=R_aR_i/(R_a+R_i)$，电容 $C=C_c+C_i$，而 $U_a=q/C_a$，若压电元件受正弦力 $f=F_m\sin\omega t$ 的作用，则其电压为：

$$U_a=\frac{dF_m}{C_a}\sin\omega t=U_m\sin\omega t \tag{1-26}$$

式中，U_m 为压电元件的输出电压幅值，$U_m=dF_m/C_a$；d 为电压系数。

由此可得放大器输入端电压 $\dot{U}_i$ 的复数形式为：

$$\dot{U}_i=df\,\frac{\mathrm{j}\omega R}{1+\mathrm{j}\omega R(C_a+C)} \tag{1-27}$$

$\dot{U}_i$ 的幅值 $\dot{U}_{im}$ 为：

$$\dot{U}_{im}(\omega)=\frac{dF_m\omega R}{\sqrt{1+\omega^2R^2\ (C_a+C_c+C_i)^2}} \tag{1-28}$$

输入电压和作用力之间的相位差为：

$$\varphi(\omega)=\frac{\pi}{2}-\arctan[\omega(C_a+C_c+C_i)R] \tag{1-29}$$

在理想情况下，传感器的 R_a 与前置放大器的输入电阻 R_i 都为无限大，即 $\omega R(C_a+C_c+C_i)\gg 1$，那么由式(1-28)可知，理想情况下的输入电压幅值 U_{im} 为：

$$U_{im}=\frac{dF_m}{C_a+C_c+C_i} \tag{1-30}$$

式(1-30)表明前置放大器的输入电压 U_{im} 与频率无关，一般在 $\omega/\omega_0>3$ 时，就可以认为 U_{im} 与 ω 无关，ω_0 表示测量电路时间常数的倒数，即：

$$\omega_0=\frac{1}{(C_a+C_c+C_i)R} \tag{1-31}$$

这表明压电式传感器有很好的高频响应，但是当作用于压电元件的力为静态力（$\omega=0$）时，前置放大器的输出电压等于零，这是因为电荷会通过放大器的输入电阻和传感器本身的漏电阻漏掉。因此，压电式传感器不能用于静态力的测量。

当 $\omega R(C_a+C_c+C_i)\gg 1$ 时，放大器的输入电压 U_{im} 如式(1-30)所示，式中的 C_c 为连接电缆电容，当电缆长度改变时，C_c 也将改变，因而 U_{im} 也随之改变。因此，压电式传感器与前置放大器之间的连接电缆不能随意更换，否则将引入测量误差。

2）电荷放大器

电荷放大器常作为压电式传感器的输入电路，由一个反馈电容 C_f 和高增益运算放大器构成。由于运算放大器的输入阻抗极高，放大器输入端几乎没有分流，因此可略去并联电阻 R_a 和 R_i。

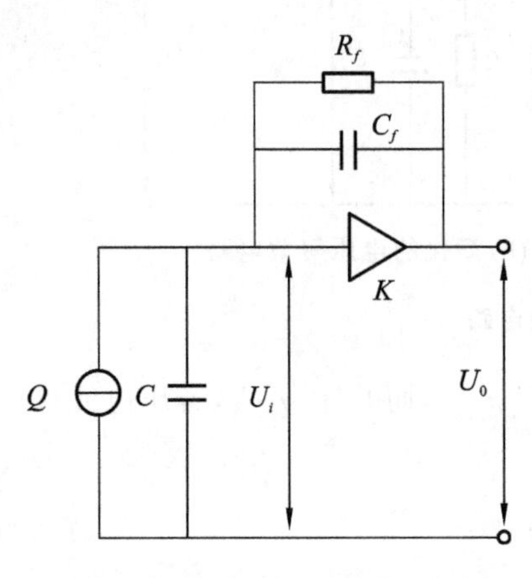

图 1.22　电荷放大器输入端等效电路

电荷放大器可用图 1.22 所示的电路来等效，图中的 K 为运算放大器增益。其输出电压为：

$$U_0 = -\frac{Q}{C_f} \tag{1-32}$$

式(1-32)中，U_0 为电荷放大器的输出电压，U_0 只取决于输入电荷与反馈电容 C_f，与电缆电容 C_c 无关，且与 Q 成正比，这是电荷放大器的最大特点。为了得到必要的测量精度，要求反馈电容 C_f 的温度和时间稳定性都很好，在实际电路中，考虑到不同的量程等因素，C_f 的电容量通常做成可选择的，其范围一般为 100～10 000 pF。

3. 压电式传感器的应用

压电式传感器常用来测量应力、压力、振动的加速度，也用于声、超声波和声发射等的测量，其优点是频带宽、灵敏度高、信噪比大、结构简单、工作可靠且体积小重量轻；其缺点是某些压电材料会受到潮湿环境的影响，而且输出的直流响应差，需要采用高输入阻抗电路或电荷放大器来克服这一缺点。压电式传感器有两种形式：一种是采用膜片式弹性元件，如图 1.23 所示，通过膜片承压面积将压力转换为力，膜片中间有凸台，凸台背面放置压电片，力通过凸台作用于压电片上，使之产生相应的电荷量；另一种如图 1.24 所示，是利用活塞的承压面承受压力，并使活塞所受的力通过在活塞另一端的顶杆作用在压电片上，测得此作用力便可推算出活塞所受的压力。

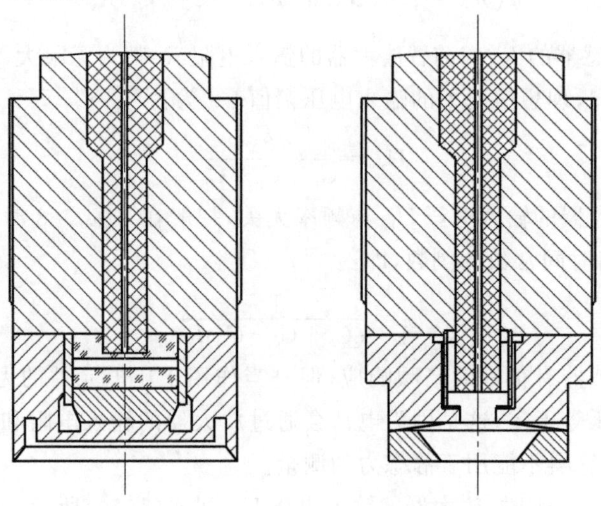

图 1.23　膜片式压电测压传感器结构图

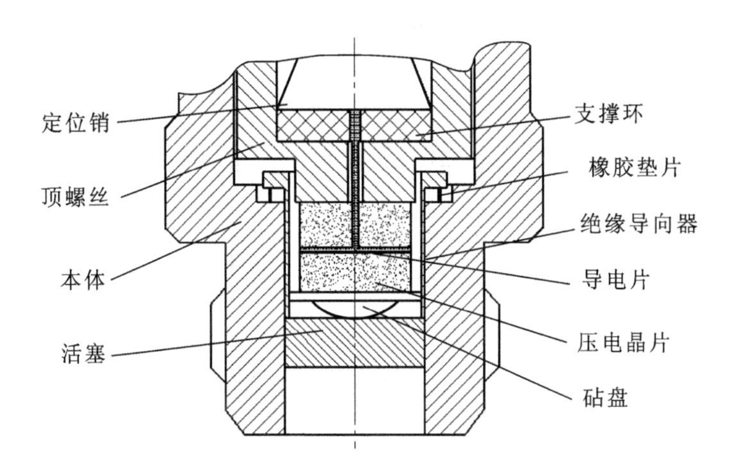

图 1.24　活塞式压电传感器结构图

1）压电式测力传感器

压电式测力传感器可分为单向力、双向力和三向力传感器。图 1.25 所示是压电式单向测力传感器的结构图，它主要由石英晶片、绝缘套、电极、上盖和外壳等部分组成。上盖为传力元件，受到力的作用后产生弹性变形，将作用力传递到压电元件上，其变形厚度为 0.1～0.5 mm（由所测力大小决定）；绝缘套起到绝缘与定位的作用；基座作为支撑及外壳，其内外表面与晶片、电极、上盖内表面的平行度和表面粗糙度都有极严格的要求。这种结构的单向测力传感器质量轻（仅 10 g），固有频率高（50～60 kHz），最大可测 500 N 的动态力，分辨力达到 3～10 N。

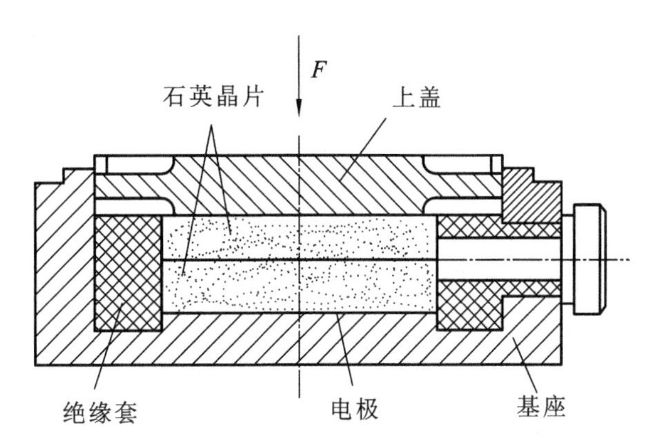

图 1.25　压电式单向测力传感器结构图

2）压电式加速度传感器

图 1.26 所示是一种压电式加速度传感器的结构图，它主要由压电元件、质量块、预压弹簧、基座和外壳等部分组成。整个部件装在外壳内，并由螺栓加以固定。

当加速度传感器和被测物一起受到惯性力的作用时，压电元件会受到质量块惯性力的作用，根据牛顿第二定律 $F=ma$，此惯性力是加速度的函数。此时惯性力 F 作用于压电元件上，因而产生电荷 q，当传感器选定后，m 为常数，则传感器输出电荷为

$$q=d_{11}F=d_{11}ma \tag{1-33}$$

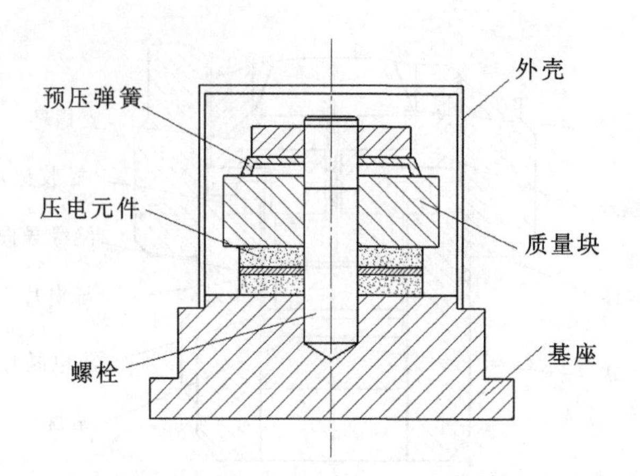

图 1.26　压电式加速度传感器结构图

电荷 q 与加速度 a 成正比。因此，测得加速度传感器输出的电荷便可知加速度的大小。输出电量由传感器的输出端引出，输入到前置放大器后就可以用普通的测量仪器测出试件的加速度。如要测量试件的振动速度或位移，可考虑在放大器后加入适当的积分电路。

3）压电式压力传感器

图 1.27 所示是膜片式压电压力传感器中比较常见的一种结构。当承压膜片两侧的压力存在压差时，膜片变形，导致膜片对压电晶体的压力发生变化，进而使得压电晶体的输出信号发生变化。由于膜片的质量很小，而压电晶体的刚度又很大，所以传感器有很高的固有频率。这种结构的压力传感器有较高的灵敏度和分辨力，体积也比较小。缺点是压电元件的预压缩应力是通过拧紧壳体施加的，这使得膜片向外凸出，导致传感器的线性度和动态性能变差。当环境温度变化使膜片变形时，压电元件预压缩应力将会变化从而使输出不稳定。

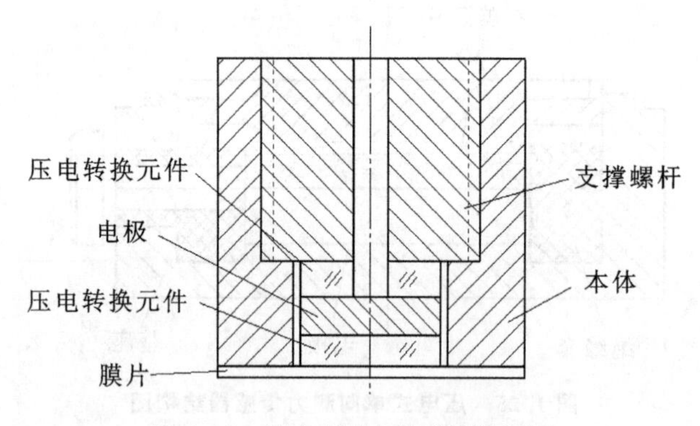

图 1.27　压电式压力传感器结构图

4）压电式振动传感器

压电式传感器的工作原理是可逆的，施加电压于压电晶片，压电晶片便产生压缩，所以压电晶片可以反过来做“驱动器”。例如对压电晶片施加交变电压，则压电晶片可作为振动源，用于高频振动台、超声波发生器、扬声器以及精密的微动装置。

环境温度、湿度的变化和压电材料本身的时效，都会引起压电常数的变化，导致传感器灵敏度的变化。因此，经常校准压电式传感器是十分必要的。

1.3.3 热电式传感器

热电式传感器是把被测量(主要是温度)转换为电量变化的一种装置,其变换是基于金属的热电效应的,按照变换方式的不同,可分为热电偶传感器和热电阻传感器。

1. 热电偶传感器

1) 工作原理

热电偶传感器有许多优点,使得这种古老的传感器至今仍在测温领域有着广泛的应用。

把两种不同的导体或半导体连接成图 1.28 所示的闭合回路,如果将它的两个接点分别置于温度为 T 及 T_0 的热源中,则在该回路中就会产生热电动势,这种现象称为热电效应。

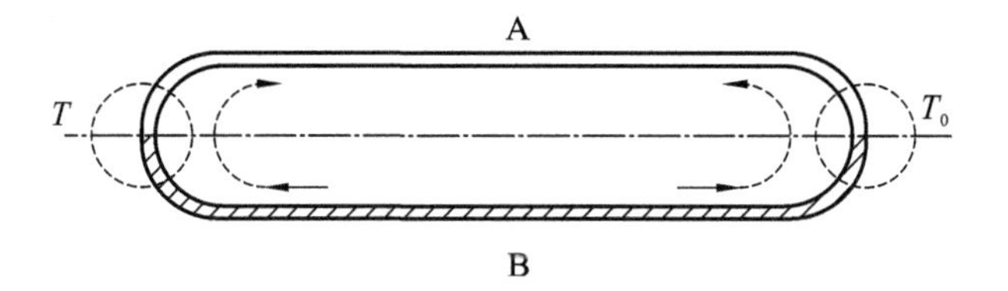

图 1.28 热电偶回路

在图 1.28 所示的热电偶回路中,所产生的热电动势由接触电动势和温差电动势两部分组成。温差电动势是在同一导体的两端因其温度不同而产生的一种热电动势。由于高温端(T)的电子能量比低温端(T_0)的电子能量大,故由高温端运动到低温端的电子数较由低温端运动到高温端的电子数多,使得高温端带正电,而低温端带负电,从而在导体两端形成一个电势差,即温差电动势。

热电偶回路有如下特点。

① 若组成热电偶回路的两种导体材料相同,则无论两接点温度如何,热电偶回路中的总电动势为零;

② 若热电偶两接点温度相同,则尽管导体 A、B 的材料不同,热电偶回路中的总热电动势也为零;

③ 热电偶 A-B 的热电动势与导体材料 A、B 的中间温度无关,只与接点温度有关;

④ 热电偶 A-B 在接点温度为 T_1,T_3 时的热电动势,等于热电偶在接点温度为 T_1,T_2 和 T_2,T_3 时的热电动势总和,T_2 为中间温度;

⑤ 在热电偶回路中接入第三种材料的导体,只要第三种导体的两端温度相同,第三种导体的温度不会影响热电偶的热电动势,这个性质称为中间导体定律。

从实用观点来看,中间导体定律很重要。利用这个性质,我们才可以在回路中引入各种仪表、连接导线等,而不必担心会对热电动势有影响,而且也允许采用任意的焊接方法来焊接热电偶。同时应用这一性质还可以采用开路热电偶对液态金属和金属壁面进行温度测量(见图 1.29),只要保证两热电极 A、B 接入处温度一致,则不会影响整个回路的总热电动势。

当温度为 T_1,T_2 时,用导体 A、B 组成的热电偶的热电动势等于 A-C 热电偶和 C-B 热电偶的热电动势之和,即:

$$E_{AB}(T_1,T_2)=E_{AC}(T_1,T_2)+E_{CB}(T_1,T_2) \tag{1-34}$$

导体 C 称为标准电极(一般由铂制成),故把这一性质称为标准电极定律。

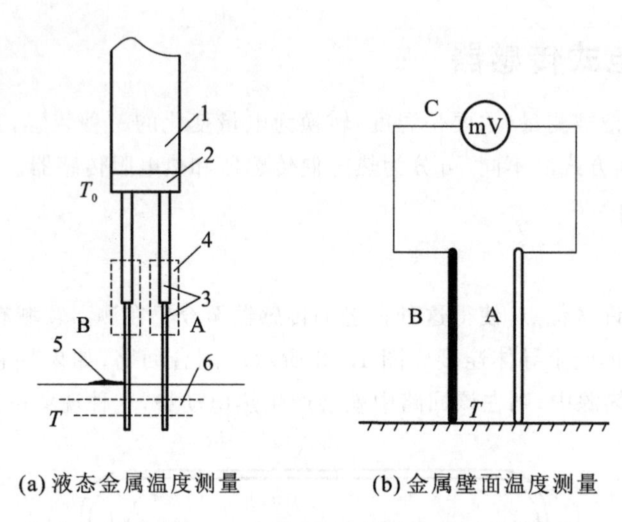

图 1.29　开路热电偶的使用

1—保护管；2—绝缘物；3—热电偶；4—连接管；5—渣；6—熔融金属

2）热电偶分类

目前，在我国被广泛使用的热电偶有以下几种。

① 铂-铂铑热电偶，由 ϕ0.5 mm 的纯铂丝和同直径的铂铑丝制成，用符号 LB 表示。LB 热电偶在氧化性或中性介质中使用具有较高的物理、化学稳定性。其主要缺点是热电动势较弱；在高温时易受还原性气体和金属蒸气的侵害而变质；铂铑丝中的铑分子在长期使用后因受高温作用而产生挥发现象，使铂丝受到污染而变质，从而引起热电偶特性变化，失去准确性；LB 热电偶的材料系贵重金属，成本较高。

② 镍铬-镍硅（镍铬-镍铝）热电偶，由镍铬合金和镍硅（镍铝）合金制成，用符号 EU 表示。EU 热电偶具有复制性好、热电动势大、线性好、价格便宜等优点。虽然测量精度偏低，但能够满足大多数工业测量的要求，是工业测量中最常用的热电偶之一。

③ 镍铬-考铜热电偶，由镍铬合金与考铜合金制成，用符号 EA 表示。EA 热电偶的特点是热电灵敏度高、价格便宜，但测温范围低且窄，考铜合金易受氧化而变质。

④ 铂铑 30-铂铑 6 热电偶，性能稳定、精度高，适于在氧化性或中性介质中使用。以铂铑 30 丝为正极，铂铑 6 丝为负极，它产生的热电动势极小，因此冷端在 40 ℃以下时，对热电动势可不必修正。

综上所述，各种热电偶都具有不同的优缺点，因此在选用时应根据测温范围、测温状态和介质情况综合考虑。在测量时，为使热电偶与被测温度间成单值函数关系，需要一些特定的处理手段或补偿使热电偶冷端的温度保持恒定。

2. 热电阻传感器

利用电阻随温度变化的特点制成的传感器叫热电阻传感器，它主要用于测定温度和与温度有关的参数，按热电阻的性质来分，可分为金属热电阻和半导体热电阻两大类，前者通常简称为热电阻，后者简称为热敏电阻。

热电阻是由电阻体、绝缘套管和接线盒等主要部件组成的，其中，电阻体是热电阻的主要部分。电阻体的种类主要有铂电阻、铜电阻和其他新型热电阻。铂电阻的特点是精度高、稳定性好、性能可靠。铂在氧化性介质中，特别是在高温下的物理、化学性质都非常稳定；但是，在还原性介质中，特别是在高温下很容易被从氧化物中还原出来的蒸气所污染，使得铂丝变脆，并改变其电阻与温度间的关系。铂丝是贵重金属，在一些测量精度要求不高且温度较低的场合，一般采用铜电阻，其测量温度范围为－50～150 ℃。铜电阻具有线性度好、电阻温度系数高以及价格便宜等优点，但其缺点是电阻率小，在制成一定阻值的电阻时，与铂材料相比，铜电阻丝要细，导致其机械强度不高，或者由于增加电阻丝的长度使得电阻体积增大。

近年来，随着低温技术的发展，一些新型热电阻得到应用，如铟电阻、锰电阻和碳电阻。

1.4 光电传感器

光电传感器是一种将光信号转换成电信号的装置，它具有结构简单、性能可靠、精度高、反应快等优点，在现代测量和自动控制系统中应用非常广泛。

1.4.1 光电器件

1. 工作原理

光电器件是构成光电传感器最主要的部件。光电器件工作的物理基础是光电效应。所谓光电效应是指用光照射某一物体时(即光子与物体发生能量交换时)所产生的电效应。光电效应分为外光电效应和内光电效应两大类。

1) 外光电效应

一束光是由一束以光速运动的粒子流组成的，这些粒子称为光子。光子具有能量，每个光子具有的能量 E 由下式确定：

$$E=hv \tag{1-35}$$

式中，h 为普朗克常数，$h=6.626\times10^{-34}$ J·s；v 为光的频率(s^{-1})。

光照射物体，可以看成是一连串具有一定能量的光子轰击物体，当物体中的电子吸收的入射光子能量超过逸出功 A_0 时，电子就会逸出物体表面，产生光电子发射，超过部分的能量表现为逸出电子的动能。根据能量守恒定律有：

$$hv=\frac{1}{2}mv_0^2+A_0 \tag{1-36}$$

式中，m 为电子质量；v_0 为电子的逸出速度。

在光辐射作用下，物体内的电子逸出物体表面向外发射的现象称为外光电效应，向外发射的电子叫光电子。基于外光电效应的光电器件有光电管、光电倍增器等。

2) 内光电效应

在光线作用下，物体的导电性能发生变化或产生电动势的效应称为内光电效应。内光电效应可分为光电导效应和光生伏特效应两类。

在光线作用下，半导体材料吸收了入射光子能量，若光子能量大于或等于半导体材料的禁带宽度，就激发出电子-空穴对，使载流子浓度增加，半导体的导电性能增加，阻值降低，这种现象称为光电导效应。光敏电阻就是基于这种效应的光电器件。

在光线的作用下能够使物体产生一定方向的电动势的现象称为光生伏特效应，基于该效应的光电器件有光电池。

2. 光电元件

1) 真空光电管(光电管)

光电管主要有两种结构形式(见图 1.30)。图 1.30(a)中光电管的光电阴极 K 由半圆筒形金属片制成，用于在光照射下发射电子。阳极 A 为位于阴极轴心的一根金属丝，用于接收阴极发射的电子。阴极和阳极被封装于一个真空的玻璃罩内。

光电管的特性主要取决于光电阴极材料，不同的阴极材料对不同波长的辐射有不同的灵敏度。表征光电阴极材料特性的主要参数是它的频谱灵敏度、红限和逸出功。

真空光电管的光电特性是指在恒定工作电压和入射光频率成分条件下，光电管接收的入射光通量 Φ 与其输出光电流 I_Φ 之间的比例关系(见图 1.31)。图 1.31 中给出了两种光电阴极的真空光电管的光电特性。其中氧铯光电阴极的光电管在很宽的入射光通量范围内都具有良好的线性度，因而氧铯光电管在光电测量中获得更广泛的应用。

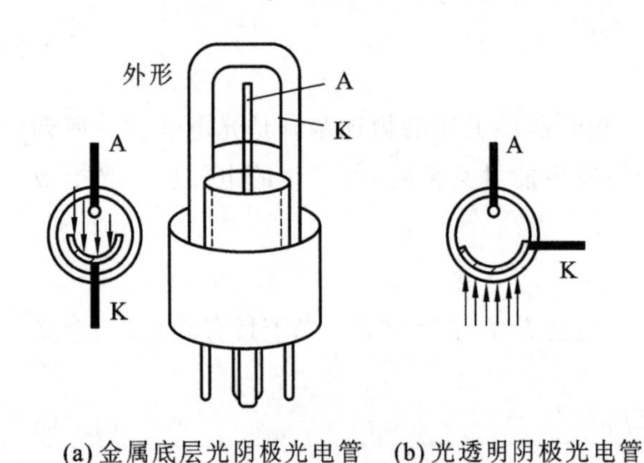

(a) 金属底层光阴极光电管　(b) 光透明阴极光电管

图 1.30　光电管的结构形式

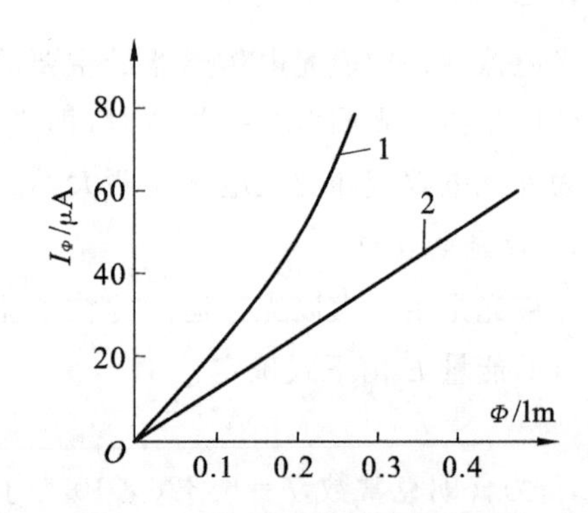

图 1.31　真空光电管的光电特性

1—锑铯光电阴极的光电管；2—氧铯光电阴极的光电管

光电管的伏安特性是光电管的另一个重要性能指标，指在恒定的入射光的频率和强度条件下，光电管的光电流与阳极电压之间的关系。光通量一定时，当阳极电压增加时，管电流趋于饱和，光电管的工作点一般选在该区域中。

2) 光电倍增管

光电倍增管在光电阴极和阳极之间装了若干个“倍增极”，或叫“次阴极”，倍增极上涂有在电子轰击下能反射更多电子的材料，倍增极的形状和位置设计成正好可使前一级倍增极反射的电子继续轰击后一级倍增极，在每个倍增极间依次增大加速电压，如图 1.32(a)所示。设每个倍增极的倍增率为 δ(一个电子能轰击产生出 δ 个次级电子)，若有 n 次阴极，则总的光电流倍增系

数 $M=(C\delta)^n$（C 为各次阴极电子收集率），即光电倍增管阳极电流 I 与阴极电流 I_0 之间满足关系 $I=I_0M=I_0(C\delta)^n$，倍增系数与所加电压有关。常用的光电倍增管的基本电路如图 1.32(b)所示，各倍增极电压由电阻分压获得，流经负载电阻 R_A 的放大电流造成的压降，给出输出电压。一般阳极与阴极之间的电压为 1000～2000 V，两个相邻倍增极的电位差为 50～100 V。电压越稳定越好，以减少由倍增系数的波动引起的测量误差。由于光电倍增管的灵敏度高，所以适合在微弱光下使用，但不能接受强光刺激，否则易被损坏。

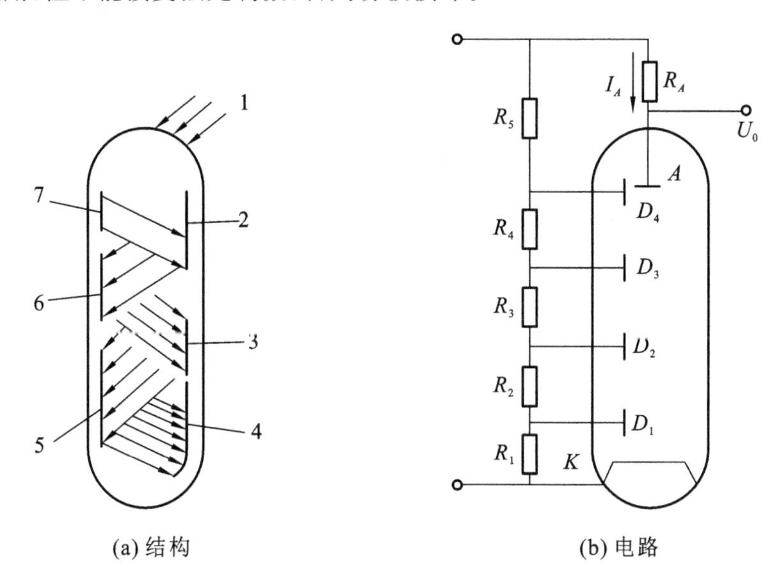

图 1.32　光电倍增管的结构及电路

1—入射光；2—第一倍增极；3—第三倍增极；4—阳极；5—第四倍增极；6—第二倍增极；7—阴极

3）光敏电阻

（1）光敏电阻的结构与工作原理

光敏电阻又称光导管，几乎都是用半导体材料制成的。光敏电阻没有极性，是纯粹的电阻器件，使用时既可加直流电压，也可加交流电压。无光照时，光敏电阻的阻值（暗电阻）很大，电路中的电流（暗电流）很小。当光敏电阻受到一定波长范围的光照时，它的阻值（亮电阻）急剧减小，电路中的电流迅速增大。一般希望暗电阻越大越好，亮电阻越小越好，即光敏电阻的灵敏度高。光敏电阻的实际暗电阻值一般在兆欧量级，亮电阻值在几千欧以下。

光敏电阻的结构很简单，图 1.33(a)所示为金属封装的硫化镉光敏电阻的结构图。在玻璃底板上均匀地涂上一层薄薄的半导体物质，称为光导层。半导体的两端装有金属电极，金属电极与引出线端相连接，光敏电阻就通过引出线端接入电路。为了防止周围介质的影响，在半导体光导层上覆盖了一层漆膜，漆膜的成分应可使漆膜在光导层最敏感的波长范围内透射率最大。为了提高灵敏度，光敏电阻的电极一般采用梳状图案，如图 1.33(b)所示。图 1.33(c)所示为光敏电阻的接线图。

（2）光敏电阻的主要参数

光敏电阻的主要参数包括暗电流、亮电流和光电流。

① 暗电流：光敏电阻在不受光照时的阻值称为暗电阻，此时流过的电流称为暗电流。

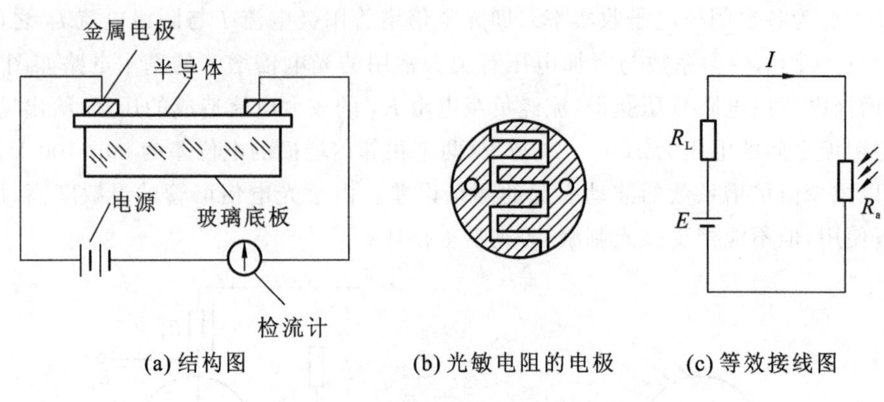

(a) 结构图　　(b) 光敏电阻的电极　　(c) 等效接线图

图 1.33　金属封装硫化镉光敏电阻

② 亮电流：光敏电阻在受光照射时的电阻称为亮电阻，此时流过的电流称为亮电流。

③ 光电流：亮电流与暗电流之差称为光电流。

(3) 光敏电阻的基本特性

① 伏安特性。

在一定光照度下，流过光敏电阻的光电流与光敏电阻两端的电压的关系称为光敏电阻的伏安特性。当给定偏压时，光照度越大，光电流也越大。而在一定的光照度下，所加电压越大，光电流也越大，且无饱和现象。但电压实际上受到光敏电阻额定功率、额定电压的限制，因此不可能无限增加。如图 1.34 所示为硫化镉光敏电阻的伏安特性。

② 光照特性。

光敏电阻的光照特性用以描述光电流 I 和光通量 Φ 之间的关系，不同材料光敏电阻的光照特性是不同的，绝大多数光敏电阻的光照特性是非线性的。如图 1.35 所示为硫化镉光敏电阻的光照特性。

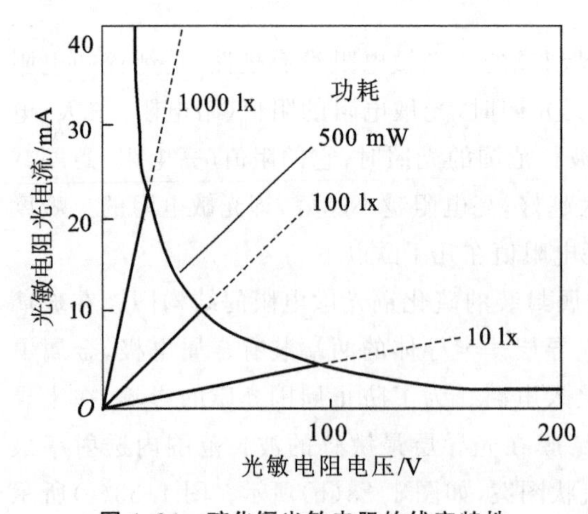

图 1.34　硫化镉光敏电阻的伏安特性

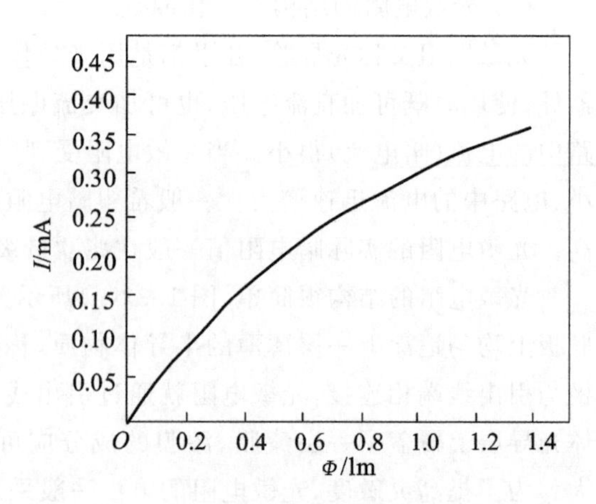

图 1.35　硫化镉光敏电阻的光照特性

③ 光谱特性。

对于不同波长的入射光，光敏电阻的相对灵敏度是不一样的。光敏电阻的光谱与材料性质、制造工艺有关。如硫化镉光敏电阻随着掺杂铜的浓度的增加其光谱峰值从 500 nm 移至 640 nm；

而硫化铅光敏电阻则随着材料的厚度减小其峰值朝短波方向移动。因此在选用光敏电阻时，应当把元件与光源结合起来考虑，才能获得所希望的效果。

④ 频率特性。

实验证明，光敏电阻的光电流不能随着光强改变而立刻变化，即光敏电阻产生的光电流有一定的惰性，这种惰性通常用时间常数表示。大多数光敏电阻的时间常数都较大，这是它们的缺点之一。不同材料的光敏电阻具有不同的时间常数（毫秒数量级），因此它们的频率特性也就各不相同。如图 1.36 所示为硫化镉和硫化铅光敏电阻的频率特性，比较起来，硫化铅光敏电阻的使用频率范围较大。

⑤ 温度特性。

与其他半导体材料相同，光敏电阻的光学与化学性质也受温度影响。温度升高时，暗电流和灵敏度下降。温度的变化影响光敏电阻的光谱特性。因此为提高光敏电阻对较长波长光照（如远、近红外光）的灵敏度，要采取降温措施。

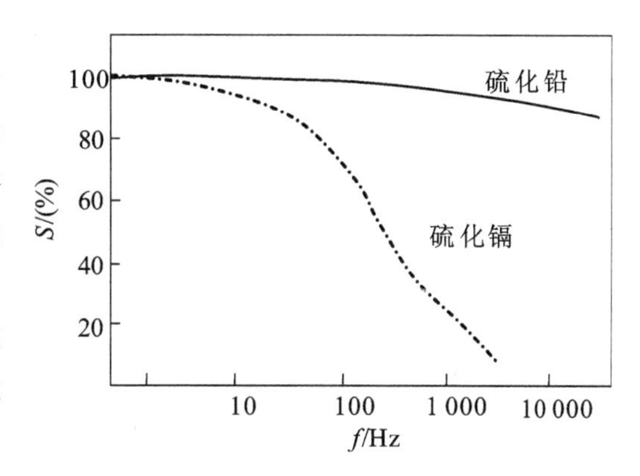

图 1.36 硫化镉和硫化铅光敏电阻的频率特性

光敏电阻具有光谱特性好、允许的光电流大、灵敏度高、使用寿命长、体积小等优点，因此应用广泛。此外，许多光敏电阻对红外线敏感，适合在红外线光谱区工作。光敏电阻的缺点是型号相同的光敏电阻参数参差不齐，并且由于光照特性的非线性，不适宜于测量要求线性的场合，常用于开关式光电信号的传感元件。

4）光敏晶体管

（1）光敏晶体管的结构和工作原理

光敏晶体管分为光敏二极管和光敏晶体管，其结构原理分别如图 1.37、图 1.38 所示。光敏二极管的 PN 结安装在管子顶部，可直接接受光照，在电路中一般处于反向工作状态。在无光照时，暗电流很小。当有光照时，光子打在 PN 结附近，从而在 PN 结附近产生电子-空穴对，它们在内电场作用下作定向运动，形成光电流。光电流随着光照度的增加而增加。因此在无光照时，光敏二极管处于截止状态，当有光照时，二极管导通。

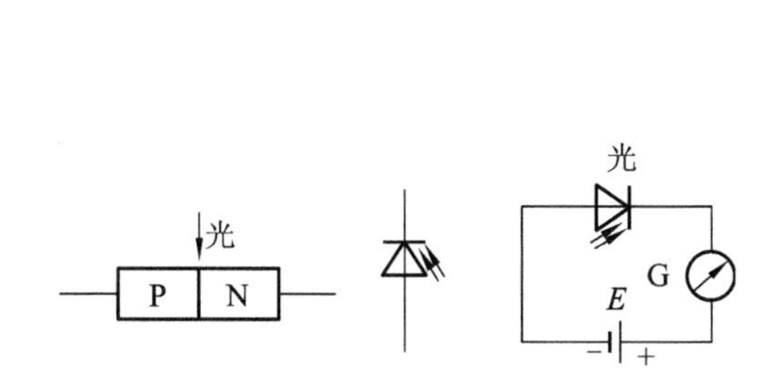

图 1.37 光敏二极管的符号和连接

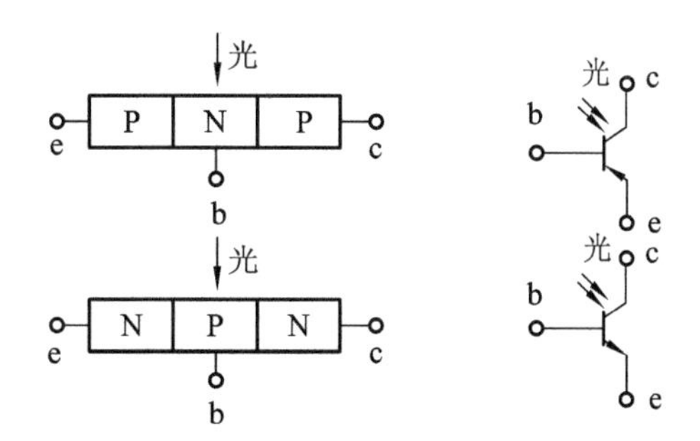

图 1.38 光敏晶体管的符号和连接

光敏晶体管有 NPN 型和 PNP 型两种，结构与一般晶体三极管相似。由于光敏晶体管是由光致导通，因此它的发射极通常做得很小，以扩大光的照射面积。当光照到三极管的PN结附近时，在PN结附近有电子-空穴对产生，它们在内电场作用下作定向运动，形成光电流，这样使PN结的反向电流大大增加。由于光照发射极所产生的光电流相当于晶体管的基极电流，因此集电极的电流为光电流的β倍，因此光敏晶体管的灵敏度比光敏二极管的灵敏度高。

(2) 光敏晶体管的基本特性

① 光照特性。

光敏二极管特性曲线的线性度要好于光敏晶体管的，这与三极管的放大特性有关。

② 伏安特性。

在不同光照度下，光敏二极管和光敏晶体管的伏安特性曲线跟一般晶体管在不同基极电流时的输出特性一样，并且光敏晶体管的光电流比相同管型的二极管的光电流大数百倍。由于光敏二极管的光生伏特效应，光敏二极管即使在零偏压时仍有光电流输出。

③ 光谱特性。

当入射波长增加时，光敏晶体管的相对灵敏度均下降，这是由于光子能量太小，不足以激发电子-空穴对。而当入射波长太短时，灵敏度也会下降，这是由于光子在半导体表面附近激发的电子-空穴对不能到达PN结。

④ 温度特性。

光敏晶体管的暗电流受温度变化的影响较大，而输出电流受温度变化的影响较小。使用时应考虑温度因素的影响，采取补偿措施。

⑤ 响应时间。

光敏晶体管的输出与光照之间有一定的响应时间，一般锗管的响应时间为2×10^{-4} s左右，硅管的为1×10^{-5} s左右。

1.4.2 红外传感

1. 红外辐射

红外辐射俗称红外线，是一种人眼看不见的光线。自然界中的任何物体只要其温度高于绝对零度(−273.15 ℃)，都将以电磁波形式向外辐射能量，即热辐射。物体温度越高，辐射出的能量越多，波长越短。从紫外线到红外线辐射的热效应逐渐增大，而热效应最大的为红外线。红外线传感器中主要应用波长为0.8～40 μm的红外线。红外线具有和可见光一样的性质：沿直线传播；服从反射定律和折射定律；有干涉、衍射、偏振现象；具有散射、吸收特性。

1) 基尔霍夫定律

物体向周围发射红外辐射时，同时也吸收周围物体发射的红外辐射能，物体在一定温度下与外界的辐射处于热平衡时，在单位时间内从单位面积发射出的辐射能(即发射本领)E_R为：

$$E_R=\sigma E_0 \tag{1-37}$$

式中，σ为物体的吸收系数；E_0为常数，指绝对黑体在相同条件下的发射本领。

2) 斯忒潘-波尔兹曼定律

物体温度越高，向外辐射的能量越多，在单位时间内其单位面积辐射的总能量E_R为：

$$E_R=\sigma\varepsilon T^4 \tag{1-38}$$

式中，T为物体的绝对温度(K)；σ为斯忒潘-波尔兹曼常数，$\sigma=5.67\times10^{-8}$ W/(m^2·K^4)；ε为

辐射率，对黑体 $\varepsilon=1$，一般物体的 $\varepsilon<1$。

3）维恩位移定律

红外辐射的电磁波中，包含各种波长，其辐射能谱峰值波长 λ_m 与物体自身的温度 T 成反比，即：

$$\lambda_m=2898/T \tag{1-39}$$

从上式可知，随着温度 T 的升高，其峰值波长向短波方向移动；在温度不很高（如 2000 K）的情况下，其峰值辐射波长 λ_m 在红外区域。

图 1.39 所示给出黑体的辐射能量按波长和温度的分布曲线，一般物体的热辐射特性与此相似。

2．红外探测器

红外探测器是能将红外辐射能转换成电信号的光敏器件，也称红外器件或红外传感器，它是红外检测系统的关键部件，它的性能好坏将直接影响系统性能的优劣。因此，选择合适的、性能好的红外探测器，对于红外检测系统是十分重要的。

常用的红外探测器有热探测器和光子探测器两大类。

1）热探测器

热探测器是利用红外辐射引起探测元件的温度变化，进而测定所吸收的红外辐射量的，通常有热电偶型、热敏电阻型、气动型、热释电型等。

（1）热电偶型

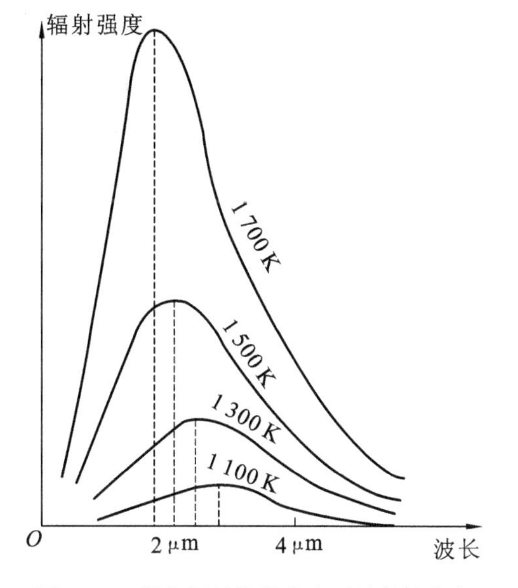

图 1.39　黑体辐射通量密度对波长的分布

将热电偶探测器置于环境温度下，将接点涂上黑层置于辐射中，可根据产生的热电动势来测量入射辐射功率的大小，这种热电偶多用半导体测量。

为了提高热电偶探测器的探测率，通常采用热电堆型，如图 1.40 所示，其结构由数对热电偶以串联形式相接，冷端彼此靠近且被分别屏蔽起来，热端分离但相连接构成热电偶，用来接收辐射能。热电堆可由银-铋或锰-康铜等金属材料制成块状热电堆；也可以用真空镀膜和光刻技术制成薄膜热电堆，常用材料为锑和铋。热电堆探测器的探测率约为 1×10^{9} cm · $\mathrm{Hz}^{1/2}$/W，响应时间从数毫秒到数十毫秒。

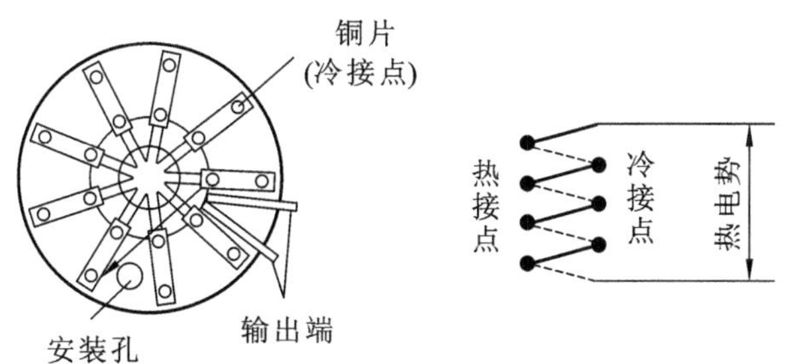

图 1.40　热电堆探测器

(2) 气动型

气动探测器是利用气体吸收红外辐射后，温度升高、体积增大的特性来反映红外辐射的强弱的，其结构原理如图 1.41 所示。红外辐射通过透镜 11、红外窗口 2 照射到吸收薄膜 3 上，此薄膜将吸收的能量传送到气室 4 内，气体温度升高，气压增大，致使柔性镜 5 膨胀。在气室的另一边，来自光源 8 的可见光通过透镜 12、栅状光阑 6、反射镜 9 透射到光电管 10 上。当柔性镜因气体压力增大移动时，栅状图像与栅状光阑发生相对移动，使落在光电管上的光通量发生变化，光电管的输出信号反映了红外辐射的强弱。

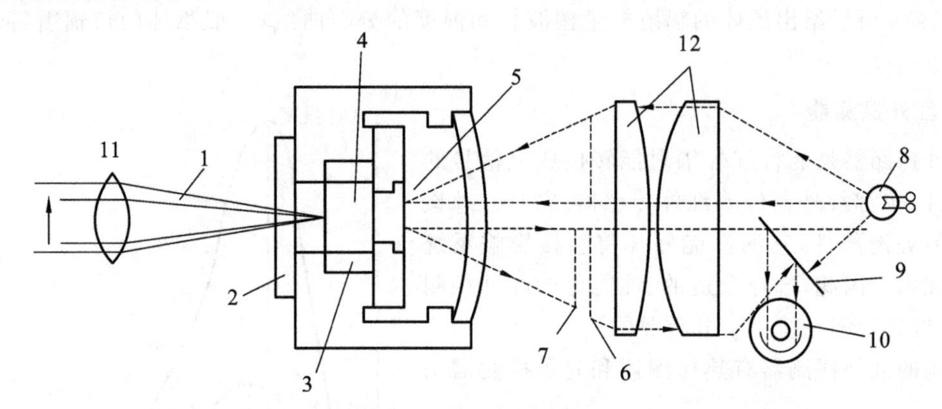

图 1.41　气动探测器

1—红外辐射；2—红外窗口；3—吸收薄膜；4—气室；5—柔性镜；6—光阑；7—光栅图像；8—可见光源；9—反射镜；10—光电管；11—红外透镜；12—光学透镜

气动探测器的光谱响应波段很宽，从可见光到微波，其探测率约为 1×10^{10} cm · $Hz^{1/2}$/W，响应时间为 15 ms，一般用于实验室内，作为其他红外器件的标定基准。

(3) 热释电型

热释电探测器的工作原理是基于物质的热释电效应。某些晶体(如硫酸三甘钛、铌酸锶钡、钽酸锂等)是具有极化现象的铁电极，在适当外电场作用下，这种晶体可以转变为均匀极化单畴状态。晶体在红外辐射下，由于温度升高，引起极化强度下降，即表面电荷减少，这相当于释放一部分电荷，此现象被称为热释电效应。通常沿某一特定方向，将热释电晶体切割为薄片，再在垂直于极化方向的两端面镀以透明电极，并用负载电阻将电极连接。在红外辐射下，负载电阻两端就有信号输出，输出信号的大小取决于晶体温度的变化，从而反映出红外辐射的强弱。通常对红外辐射进行调制，使恒定的辐射变成交变的辐射，不断引起探测器的温度变化，导致热释电产生，并输出交变信号。

热释电探测器的技术指标包括响应波段：1～38 μm；探测率：(3～5)$\times10^{2}$ cm · $Hz^{1/2}$/W；响应时间：10^{-2} s；工作温度：300 K。

热释电探测器一般用于测温仪、光谱仪及红外摄像等。

2) 光子探测器

光子探测器的工作原理是基于半导体材料的光电效应，一般有光电、光电导及光生伏特等探测器。制造光子探测器的材料有硫化铅、锑化铟、碲镉汞等。由于光子探测器是利用入射光子直接与束缚电子相互作用，所以灵敏度高、响应速度快，又因为光子能量与波长有关，所以光子探测器只对具有足够能量的光子响应，存在对光谱响应的选择性。光子探测器通常在低温条件下工作，因此需要制冷设备。光子探测器的性能指标一般包括响应波段：2～4 μm；探测率：(0.1～5)×10^{10} cm・$Hz^{1/2}$/W；响应时间：10^{-5} s；工作温度：70～300 K。

光子探测器一般用于测温仪、航空扫描仪、热像仪等。

3. 红外测试应用

1）辐射温度计

运用斯忒潘-波尔兹曼定律可进行辐射温度测量。如图 1.42 所示为辐射温度计原理图。

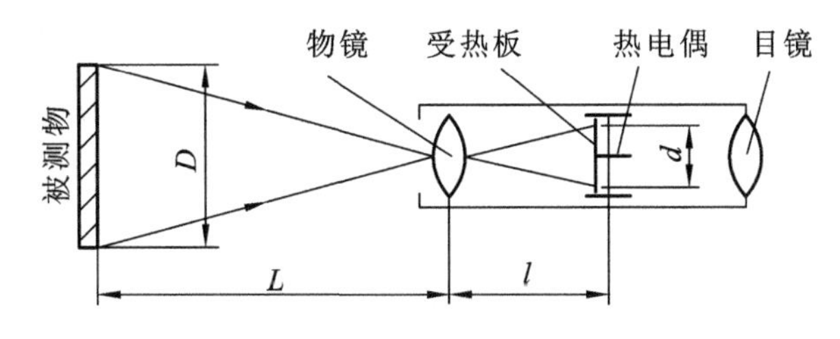

图 1.42　辐射温度计原理图

图 1.42 中被测物的辐射线经物镜聚焦在受热板——人造黑体上，该人造黑体通常为涂黑的铂片，吸热后温度升高，该温度便被装在受热板上的热敏电阻或热电偶测到。被测物通常是灰体，若以黑体辐射作为基准来标定，则已知被测物的黑度值后，可求出被测物的温度。假定灰体辐射的总能量全部被黑体所吸收，则它们的总能量相等，即：

$$\varepsilon\sigma T^4=\sigma T_0{}^4 \tag{1-40}$$

式中，ε 为比辐射率(非黑体辐射度/黑体辐射度)；T 为被测物体热力学温度(K)；T_0 为黑体热力学温度(K)；σ 为斯忒潘-波尔兹曼常数。

辐射温度计一般用于 800 ℃以上的高温测量。

2）红外测温仪

如图 1.43 所示为红外测温装置原理框图，图中被测物的热辐射经光学系统聚焦在光栅盘上，经光栅盘调制成一定频率的光能入射到热敏电阻传感器上，热敏电阻接在电桥的一个桥臂上，辐射信号经电桥转换为交流电信号输出，经放大后进行显示或记录。光栅盘是两块扇形的光栅片，一块为定片，另一块为动片。动片受光栅调制电路控制，按一定的频率双向转动，实现开(光通过)、关(光不通过)，将入射光调制成具有一定频率的辐射信号作用于光敏传感器上。这种红外测温装置的测温范围为 0～700 ℃，时间常数为 4～8 ms。

3）红外热像仪

红外热像仪的作用是将人的肉眼看不见的红外热图形转换成可见光进行处理和显示，这种技术称为红外热成像技术。现代的红外热像仪大都配备计算机系统对图像进行分析处理，并可将图像储存或打印输出。

红外热像仪分主动式和被动式两种。主动式红外热像仪采用红外辐射源照射被测物，然后接受被测物体反射的红外辐射图像。被动式红外热像仪则利用被测物体自身的红外辐射来摄

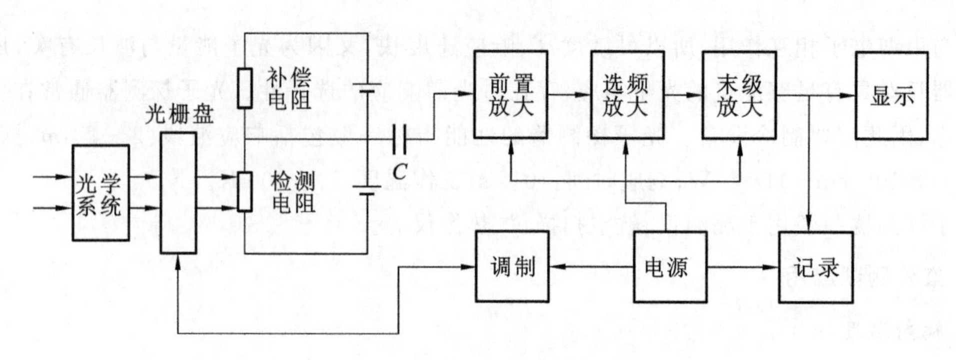

图 1.43　红外测温装置原理框图

取物体的热辐射图像,这种装置即为通常所说的红外热像仪。

红外热像仪的工作原理如图 1.44 所示,热像仪的光学系统将辐射线收集起来经过滤波处理之后,将景物热图像聚焦在探测器上。光学机械扫描镜包括两个扫描镜组,一个垂直扫描,一个水平扫描,扫描器位于光学系统和探测器之间。通过扫描器摆动实现对景物进行逐点扫描,从而收集到物体温度的空间分布情况。然后由探测器将光学系统逐点扫描所依次搜集的景物温度空间分布信息,变换为按时间排列的电信号,经过信号处理之后,由显示器显示出可见图像。

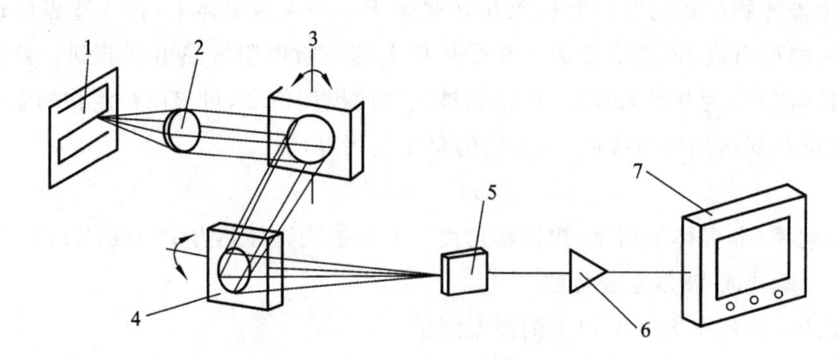

图 1.44　红外热像仪原理示意图

1—探测器在物体空间投影;2—光学系统;3—水平扫描器;4—垂直扫描器;5—探测器;6—信号处理器;7—视频显示

红外热像仪无须外部红外光源,使用方便,能精确地摄取反映被测物温差信息的热图像,因此已成为红外技术的一个重要发展方向。

红外热像仪及红外热像技术在工业上已获得广泛应用,如对机器工作中因温度升高使零部件产生热变形的检测、电子电路的热分布检测、超音速风洞中的温度检测等。

红外热像技术还被广泛用于无损检测的探测。对不同的材料如金属、陶瓷、塑料、多层纤维板等的裂痕、气孔、异质、截面异变等缺陷均可方便地探查。在电力工业中,热像仪被用来检查电力设备,尤其是电缆线等的温升现象,从而可及时发现故障并进行报警。在石油、化工、冶金工业中,热像仪也被用来进行安全监控。由于在这些工业的生产线上,许多设备的温度都要高于环境温度,利用红外热像仪便可正确地获取有关加热炉、反应塔、耐火材料、保温材料等的温度变化情况;同时也能提供沉淀物、堵塞、热漏及管道腐蚀等方面的信息,为维修和安全生产提供条件和保障。

1.5 半导体传感器

1.5.1 霍尔传感器

霍尔传感器是一种基于霍尔效应的磁电传感器。用半导体材料制成的霍尔传感器具有对磁场灵敏度高、结构简单、使用方便等特点，广泛应用于测量直线位移、角位移与压力等物理量。

1. 霍尔效应与霍尔元件

霍尔元件是一种半导体磁电转换元件，一般由锗(Ge)、锑化铟(InSb)、砷化铟(InAs)等半导体材料制成，它是利用霍尔效应进行工作的。如图1.45(a)所示，将霍尔元件置于磁场中，如果在引线a、b端通以电流I，那么在c、d端就会出现电位差e_H，这种现象称为霍尔效应。

霍尔效应的产生是运动电荷受磁场力作用的结果。如图1.45(b)所示，假设薄片为N型半导体，磁感应强度为B的磁场其方向垂直于薄片，在薄片左、右两端通以控制电流I，那么半导体中的载流子(电子)将沿着与电流I相反的方向运动。由于外磁场B的作用，使电子受到磁场力F_L(洛伦兹力)而发生偏转，结果在半导体的后端面上电子积累带负电，前端面缺少电子而带正电，前、后端面间形成电场，该电场产生的电场力F_E阻止电子继续偏转。当F_E与F_L相等时，电子积累达到动态平衡，这时在半导体前、后两端面间(即垂直于电流和磁场方向)的电场称为霍尔电场，相应的电动势称为霍尔电动势e_H，表示为：

$$e_H = K_H I B \sin\alpha \tag{1-41}$$

式中，K_H为霍尔常数，与载流材料的物理性质和几何尺寸有关，表示在单位磁感应强度和单位控制电流下霍尔电动势的大小；α为电流与磁场方向的夹角。

可见，如果改变B或I，或者二者同时改变，就可以改变霍尔电动势的大小。运用这一特性，可将被测量转换为电压量的变化。

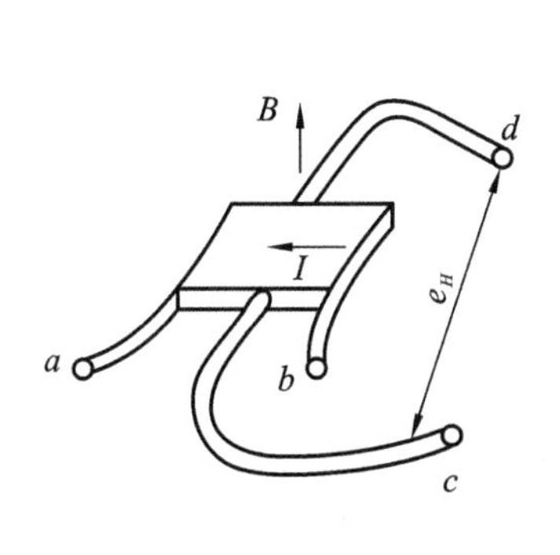

(a) 结构

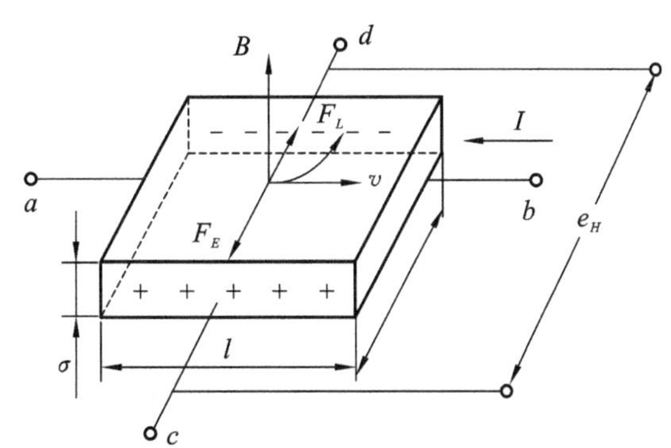

(b) 霍尔效应原理

图1.45 霍尔元件及霍尔效应原理

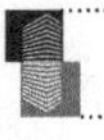

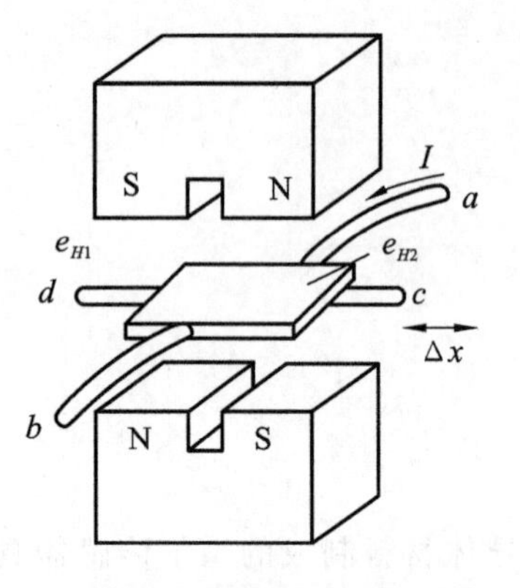

图 1.46　霍尔效应位移传感器的工作原理

2. 霍尔传感器的应用

如图 1.46 所示为一种霍尔效应位移传感器的工作原理。将霍尔元件置于磁场中，左半部分磁场方向向上，右半部分磁场方向向下，从 a 端通入电流 I，根据霍尔效应，左半部分产生霍尔电动势 e_{H1}，右半部分产生相反方向的霍尔电动势 e_{H2}。因此，c、d 两端电动势为 $e_{H1}-e_{H2}$。如果霍尔元件在初始位置，$e_{H1}=e_{H2}$，则输出为零。当改变磁极系统与霍尔元件的相对位置时，可由输出电压的变化反映出位移量。

如图 1.47 所示为一种利用霍尔元件检测钢丝绳断丝的工作原理。图中，永久磁铁使钢丝绳局部磁化，当钢丝绳中有断丝时，断口处出现漏磁场，霍尔元件通过此磁场时将获得一个脉动电压信号，此信号经放大、滤波、A/D 转换后，经计算机分析可识别出断丝根数和位置。目前，这项技术已成功用于矿井提升钢丝绳的断丝检测，获得了良好的效果。

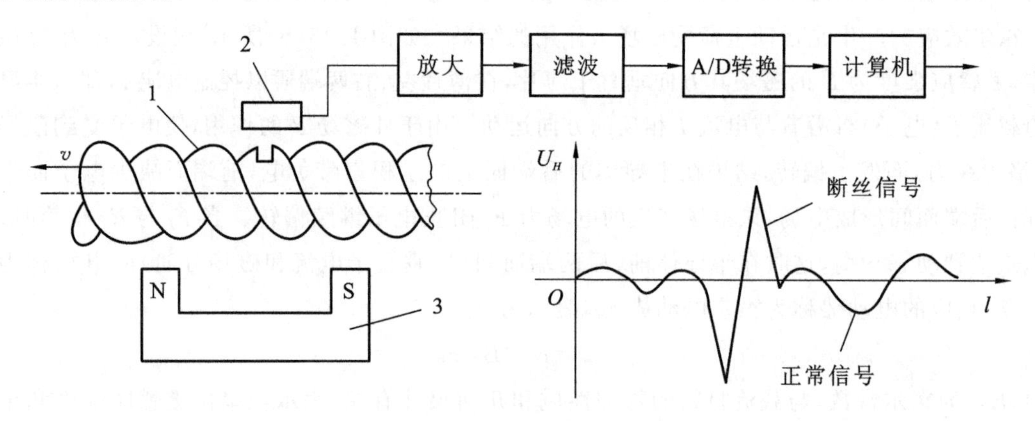

图 1.47　钢丝绳断丝检测原理

1—钢丝绳；2—霍尔元件；3—永久磁铁

1.5.2　气敏传感器

1. 气敏传感器的分类

气敏传感器是一种将检测到的气体成分和浓度转换为电信号的传感器，主要有半导体气敏传感器、接触燃烧式气敏传感器和电化学气敏传感器等几种。由于半导体气敏传感器具有灵敏度高、响应快、使用寿命长和成本低等优点，应用很广泛，因此本节将着重介绍半导体气敏传感器。

根据变换原理的不同，半导体气敏传感器可分为电阻式和非电阻式两种，目前使用的大多为电阻式。电阻式半导体气敏传感器的敏感元件是用金属氧化物半导体材料制作而成，它利用其电阻值随被测气体浓度改变而变化的特性来实现检测。非电阻式气敏传感器以一种半导体器件作为敏感元件，利用其电特性（如气敏二极管的伏安特性或场效应管的电容-电压特性）随被测气体浓度变化而变化来进行检测。

2. 电阻式半导体气敏元件的工作原理

电阻式半导体气敏元件使用的金属氧化物半导体可分为N型半导体(如SnO_2,Fe_2O_3,ZnO等)和P型半导体(如CoO,PbO,Cu_2O,NiO等)。

当电阻式半导体气敏元件的表面吸附有被测气体时,由于双方接收电子的能力不同,气敏元件表面的导电电子比例就会发生变化,从而使气敏元件的电阻值随被测气体浓度的变化而变化。这种变化是可逆的,故气敏元件可重复使用。通过对气敏元件加热可以加速这种变化。

如图1.48所示为SnO_2气敏元件吸附被测气体时的阻值变化曲线。当气敏元件在洁净的空气中开始通电加热时,其阻值先急剧下降,然后又上升,经4 min后达到稳定状态,这段时间为初始稳定时间。气敏元件达到初始稳定状态后才可用于气体检测,其电阻值会随着被测气体的浓度变化而变化。气敏元件电阻的变化规律与被测气体的性质和气敏元件的材料有关。

对N型的SnO_2气敏元件来说,如果被测气体是氧化性气体(如O_2和NO_x),被吸附的气体分子从气敏元件得到电子,使N型气敏元件的电子载流子减少,因而电阻值增大;如果被测气体为还原性气体(如H_2,CO等),气体分子向气敏元件释放电子,使N型气敏元件中的电子载流子增多,因而电阻值下降。如果是P型气敏元件,其阻值变化规律与N型气敏元件的相反。

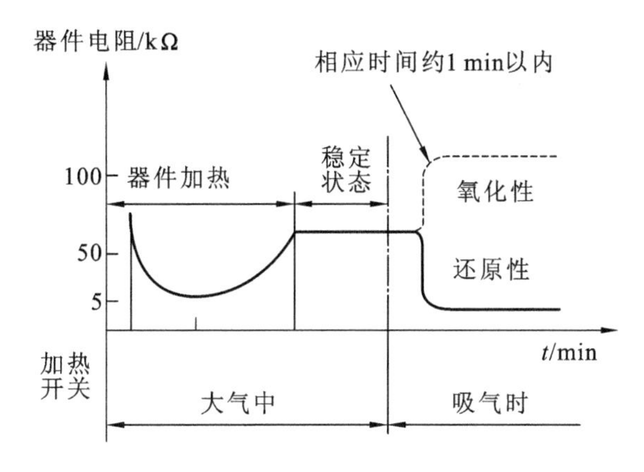

图1.48 SnO_2气敏元件的阻值变化特性

3. 气敏传感器的应用

气敏传感器广泛应用于防灾报警方面,如可用于液化石油气、天然气、城市煤气、煤矿瓦斯及有毒气体等方面的测量,生活中则可用于烹调装置、探测酒精浓度等方面。如SnO_2气敏元件可用来测量甲烷、一氧化碳、氢气、乙醇、硫化氢等可燃性气体;而Fe_2O_3气敏元件对甲烷和异丁烷气体都非常敏感,但对水蒸气和乙醚气体不敏感,因此,Fe_2O_3气敏传感器比较适合用作家用可燃气体报警器。

1.5.3 湿敏传感器

湿度的检测已广泛用于工业、农业、国防、科技等各个领域，湿度不仅关系着工业产品的质量，而且是环境条件的重要指标。湿度是指大气中的水蒸气含量，通常采用绝对湿度和相对湿度两种方法表示。绝对湿度是指在一定温度和压力条件下，每单位体积的混合气体中所含水蒸气的含量，单位为 g/m^3，一般用符号 AH 表示。相对湿度是指气体的绝对湿度与同一温度下达到饱和状态的绝对湿度之比，一般用符号% RH 表示。相对湿度给出的是大气的潮湿程度，是一个无量纲的量。在实际生活中多使用相对湿度这一概念。

湿敏传感器是能够感受外界湿度变化，并通过器件材料的物理或化学性质变化，将湿度转化成有用信号的器件。湿度检测比其他物理量的检测显得更困难，这首先是因为空气中水蒸气的含量要比其他气体的含量少得多；另外，液态水会使一些高分子材料和电解质材料溶解，一部分水分子电离后与溶入水中的空气中的杂质结合成酸或碱，使湿敏材料不同程度地受到腐蚀和老化，从而丧失其原有的性质；再者，湿度信息的传递必须靠水与湿敏传感器直接接触来完成，因此湿敏传感器只能直接暴露于待测环境中，不能密封。通常，对湿敏传感器有下列要求：在各种气体环境下的稳定性好、响应时间短、寿命长、有互换性、耐污染、受温度影响小等。微型化、集成化及廉价是湿敏传感器的发展方向。

1. 湿度的测量方法

1）通过测定露点求湿度

将具有某湿度值的气体在保持一定压力的条件下进行冷却，这时包含在气体中的水蒸气饱和凝缩进而结成露，此时的温度称为露点。如果预先知道露点，则从饱和水蒸气压表中就能查出该露点下的水蒸气压，从而求出绝对湿度或相对湿度。

露点计有两种，一种是冷却式露点计，另一种是加热式露点计。冷却式露点计是把压力一定的气体进行冷却，通过检测是否结露来求露点的露点计；加热式露点计是通过氯化物水溶液的水蒸气压与温度、浓度的关系来求露点的露点计。

2）绝对测湿法

绝对测湿法是指设法吸收试样气体所含水蒸气，然后再测出水蒸气的质量，从而测量得到绝对湿度。

3）利用湿度可引起物质电特性变化的性质来测量湿度

利用湿度可引起物质电特性变化的性质测量湿度，有以下几种方法。

① 按毛长伸长来衡量湿度的毛发湿度记法。

② 利用干湿球温度计运用热力学原理的相对湿度测量法。

近年来相继开发出基于不同工作原理的湿敏传感器，主要分为两大类：水分子亲和力型、非水分子亲和力型。水分子有较大的偶极矩，因而易于附着并渗入固体表面内。利用此现象而制成的湿敏传感器称为水分子亲和力型湿敏传感器；另一类湿敏传感器与水分子亲和力毫无关系，称为非水分子亲和力型湿敏传感器。下面介绍一些已发展得比较成熟的几类湿敏传感器。

2. 氯化锂湿敏电阻

氯化锂湿敏电阻是利用吸湿性盐类潮解导致离子导电率发生变化而制成的测湿元件，它由引线、基片、感湿层与金电极组成，如图 1.49 所示。

由图 1.50 可知，在 50%～80%相对湿度范围内，电阻与湿度的变化成线性关系。为了扩大湿度测量的线性范围，可以将多个氯化锂（LiCl）含量不同的器件组合使用，如将测量范围分别为（10%～20%）RH、（20%～40%）RH、（40%～70%）RH、（70%～90%）RH 和（80%～99%）RH 的五种器件配合使用，这样就可自动完成信号转换，进行整个湿度范围的测量了。

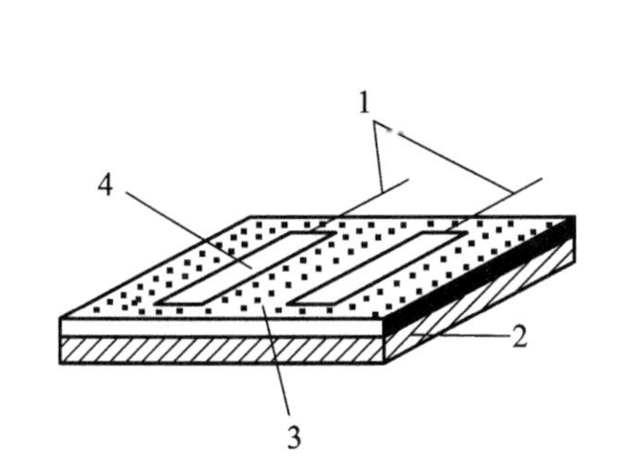

图 1.49 氯化锂湿敏电阻的结构示意图

1—引线；2—基片；3—感湿层；4—金电极

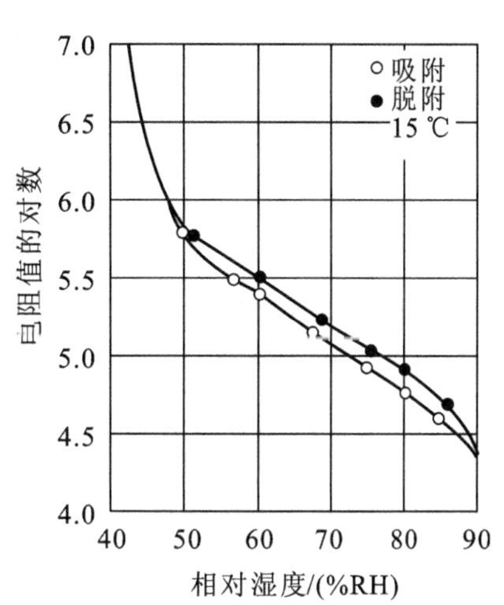

图 1.50 氯化锂湿敏电阻的电阻-湿度特性曲线

氯化锂湿敏电阻的优点是滞后小，不受测试环境风速影响，检测精度高达±5%，但其耐热性差，不能用于露点以下的测量，且器件的重复性不理想，使用寿命短。

3. 半导体陶瓷湿敏电阻

通常，将两种以上的金属氧化物半导体材料混合烧结可制成多孔陶瓷。这些多孔陶瓷有 $ZnO\text{-}LiO_2\text{-}V_2O_5$、$Si\text{-}Na_2O\text{-}V_2O_5$、$TiO_2\text{-}MgO\text{-}Cr_2O_3$、$Fe_3O_4$ 等，前三种材料的电阻率随湿度增加而下降，因此称为负特性湿敏半导体陶瓷，最后一种的电阻率随湿度增加而增大，因此称为正特性湿敏半导体陶瓷（以下简称半导体陶瓷为半导瓷）。

1）正特性湿敏半导瓷的导电机理

当水分子附着在半导瓷的表面使表面电动势变负时，会导致其表面层的电子浓度下降，但这不足以使表面层的空穴浓度增加到出现反型的程度，此时仍以电子导电为主。于是，表面电阻将由于电子浓度下降而增大。也就是说，正特性湿敏半导瓷材料的表面电阻将随湿度的增大而加大。如果对某一种半导瓷，它的晶粒间的电阻并不比晶粒内的电阻大很多，那么表面层电阻的加大对总电阻并不起多大作用。不过，通常湿敏半导瓷材料都是多孔的，表面层电阻占的比例很大，因此表面层电阻的升高，必将引起总阻值的明显升高。但是由于晶体内部仍然存在低阻之路，所以正特性湿敏半导瓷的总电阻值的升高没有负特性湿敏半导瓷的阻值的下降那么明显。如图 1.51 所示为 Fe_3O_4 正特性半导瓷湿敏电阻阻值与湿度的关系曲线。

从图 1.51 与图 1.52 可以看出，当相对湿度从 0% RH 变化到 100% RH 时，负特性湿敏半导瓷的阻值均下降 3 个数量级，而正特性湿敏半导瓷的阻值只增大了约一倍。

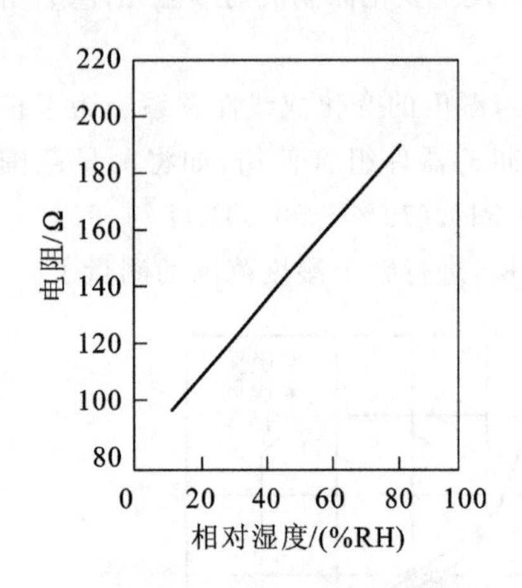

图 1.51 Fe_3O_4 **正特性半导瓷湿敏电阻阻值与湿度的关系**

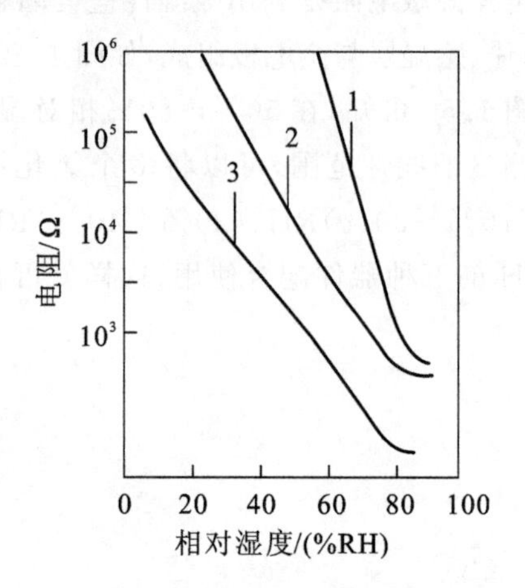

图 1.52 几种半导瓷的湿敏负特性

1—$ZnO\text{-}LiO_2\text{-}V_2O_5$；2—$Si\text{-}Na_2O\text{-}V_2O_5$；3—$TiO_2\text{-}MgO\text{-}Cr_2O_3$

2）负特性湿敏半导瓷的导电机理

由于水分子中的氢原子具有很强的正电场，所以当水在半导瓷表面吸附时，就有可能从半导瓷表面俘获电子，使半导瓷表面带负电。如果该半导瓷是 P 型半导体，则由于水分子吸附使表面电动势下降，并将吸引更多的空穴到达其表面层，于是其表面层的电阻下降。如果该半导瓷为 N 型，则由于水分子的附着仍然会使表面电动势下降，如果表面电动势下降较多，不仅会使表面层的电子耗尽，同时还会吸引更多的空穴达到表面层，这样就有可能使到达表面层的空穴浓度大于电子浓度，出现所谓的表面反型层，这些空穴称为反型载流子，它们同样可以在表面迁移而表现出电导特性。因此，由于水分子的吸附，也使得 N 型半导瓷材料的表面电阻下降。由此可见，不论是 N 型还是 P 型半导瓷，其电阻率都随湿度的增加而下降。如图 1.52 所示为几种半导瓷的湿敏负特性。

4. 湿敏传感器的应用

下面以汽车挡风玻璃自动去湿装置为例介绍湿敏传感器的应用。

1）结构

汽车挡风玻璃自动去湿装置的结构及原理如图 1.53 所示。图中的 R_s 为嵌在挡风玻璃上的加热电阻丝，H 为结露感湿元件，T_1、T_2 接成施密特触发器。T_2 的集成负载为继电器 K 的线圈，T_1 的基极电路电阻有 R_1、R_2 和湿敏元件 H 的等效电阻 R_P。HL 为灯泡，E_c、加热丝 R_s 构成加热回路。

2）工作原理

调整 R_1、R_2 使常温下 T_1 导通，T_2 截止，此时继电器 K 断开，即图 1.53 中继电器接通Ⅰ位。当阴雨天时，室内相对湿度增大而使湿敏元件 H 的阻值 R_P 下降到某一特定值时，R_2 和 R_P 并联的电阻值小到不足以维持 T_1 导通，此时 T_1 截止，T_2 导通，继电器 K 吸合，即图中的继电器接通Ⅱ位，则小灯泡 HL 点亮，加热电阻丝 R_s 通电，挡风玻璃被加热以驱散湿气。当湿度减小到

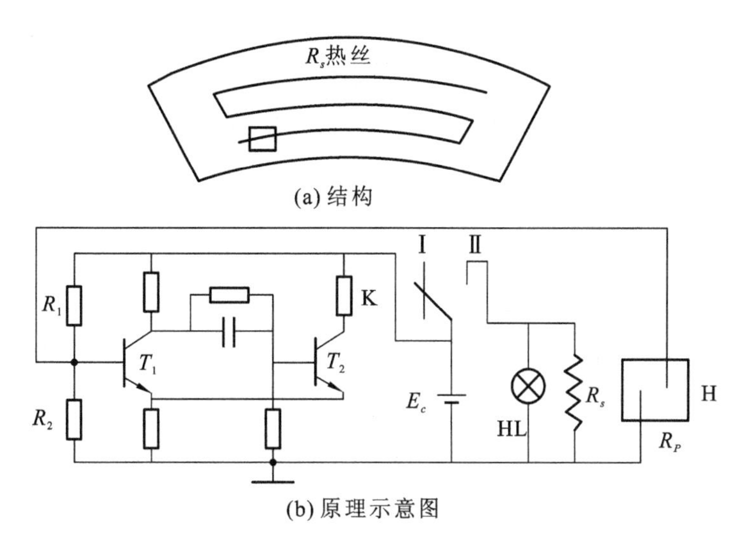

图 1.53 汽车挡风玻璃自动去湿装置的结构及原理示意图

一定程度时，湿敏元件 H 的阻值 R_P 升高，施密特触发器又翻转到初始状态，小灯泡 HL 熄灭，电阻丝停止加热，从而实现了自动去湿控制。

1.6 新型传感器

新型传感器是相对于传统传感器而言，随着技术的发展和时间的推移，于近年新出现的一类传感器。新型传感器在智能化、多功能化、综合性、集成化、网络化等方面具有区别于传统传感器的明显特征。本节主要介绍智能传感器、模糊传感器、微传感器与网络传感器四种新型传感器。

1.6.1 智能传感器

随着计算机技术和仪器仪表技术等的快速发展，智能传感器作为一种新型传感器发展起来。智能传感器是基于人工智能、信息处理技术实现的具有分析、判断、量程自动转换以及漂移、非线性和频率响应等自动补偿，对环境影响量的自适应、自学习以及超限报警、故障诊断等功能的传感器。与传统的传感器相比，智能传感器将传感器检测信息的功能与微处理器的信息处理功能有机地结合起来，充分利用微处理器进行数据分析及处理，并能对内部工作过程进行调节和控制，从而具有了一定的人工智能，弥补了传统传感器性能的不足，使采集的数据质量得以提高。值得指出的是，目前这类传感器的智能化程度尚处在初级阶段，即数据处理层次的低级智能，已具有自补偿、自诊断、自学习、数据处理、存储记忆、双向通信、数字输出等功能。智能传感器的最高目标是接近或达到人类的智能水平，能够像人一样通过在实践中不断地改善，确定最佳测量方案，得到最理想的测量结果。

通常，智能传感器由传感单元、微处理器和信号处理电路等封装在同一壳体内组成，输出方式常采用 RS-232 或 RS-422 等串行输出，或采用 IEEE—488 标准总线并行输出。智能传感器实际上是一个最小的微机系统，其中作为控制核心的微处理器通常采用单片机，其基本结构如图 1.54 所示。

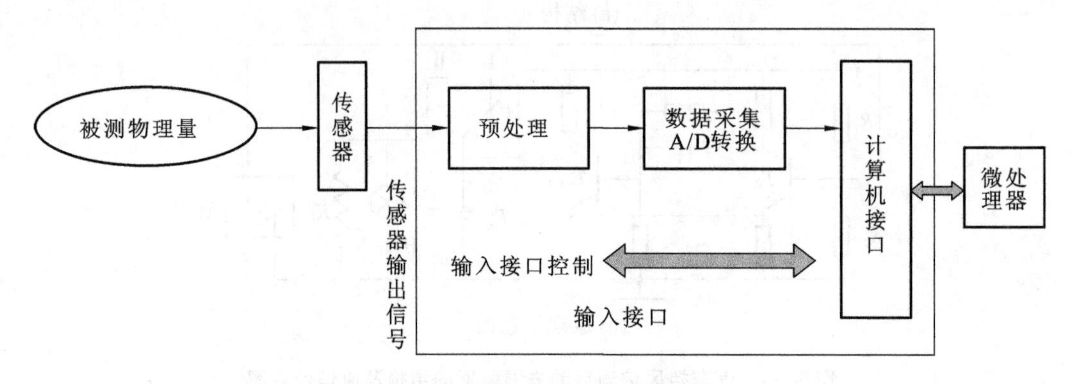

图 1.54　智能传感器基本结构框图

1. 智能传感器的特点

与传统传感器相比，智能传感器有以下特点。

1）精度高

智能传感器可通过自动校零去除误差；与标准参考基准实时对比以自动进行整体系统标定；自动进行整体系统的非线性等系统误差的校正；通过对采集的大量数据的统计处理以消除偶然误差的影响等，这些功能保证了智能传感器有较高的测量精度。

2）高可靠性和高稳定性

智能传感器能自动补偿因工作条件与环境参数变化引起的系统特性漂移，如温度变化引起的零点漂移和灵敏度漂移；当被测参数变化后能自动改换量程；实时自动进行系统的自我检验，分析、判断所采集数据的合理性，并给出异常情况的应急处理（报警或故障提示），这些功能保证了智能传感器具有较高的可靠性和稳定性。

3）高信噪比和高分辨力

由于智能传感器具有数据存储、记忆与信息处理功能，它通过软件进行数字滤波、数据分析等处理，可以去除输入数据中的噪声，从而将有用信号提取出来；通过数据融合、神经网络技术，可以消除多参数状态下交叉灵敏度的影响，从而保证在多参数状态下对特定参数测量的分辨能力，故智能传感器具有很高的信噪比与分辨力。

4）自适应性强

由于智能传感器具有判断、分析与处理功能，它能根据系统状态决策各部分的供电情况、优化与上位机的数据传输速率，并保证系统在最佳低功耗状态工作，因此智能传感器表现出良好的自适应性。

5）性价比高

智能传感器所具有的上述高性能，通过与微处理器相结合，采用低价的集成电路工艺和芯片以及强大的软件来实现，所以智能传感器一般具有高性价比。

2. 智能传感器的设计

下面以智能压力传感器的设计为例，介绍智能传感器的简要设计思路。

1）智能压力传感器的结构设计

智能压力传感器由半导体力敏元件（制作力敏元件时，同时制作两只温敏二极管）、放大器、转换开关、双积分 A/D 转换器、单片机、接口电路、IEEE—488 标准接口、存储器和部分外围电路组成，如图 1.55 所示。

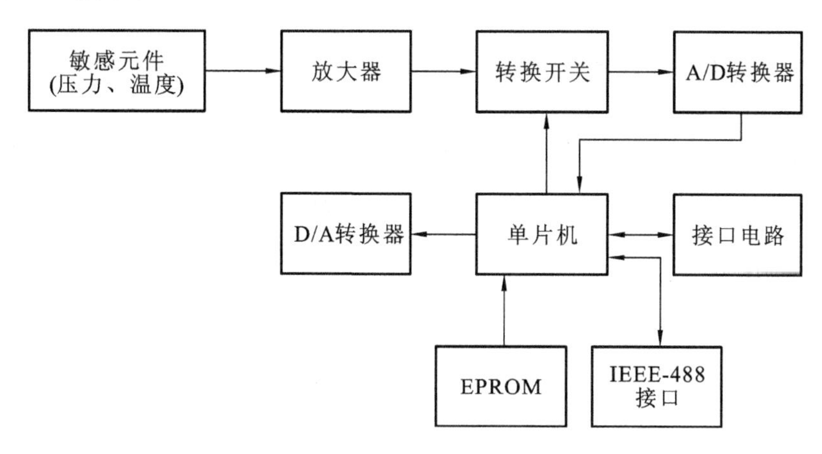

图 1.55　智能压力传感器组成框图

敏感元件测到的压力、温度两组信号经放大后进入二选一模拟开关，在事先编制好并存储在 EPROM 中的程序的控制下，分时进入 A/D 转换器，转换后的数字量送入单片机进行分析、运算、处理，处理结果可经 D/A 转换后直接输出模拟量，对某些系统进行控制。智能压力传感器可由 IEEE—488 接口以标准接口总线与其他智能仪器互联，也可以通过接口电路与普通外设如打印机、显示器、记录仪等连接。

2）敏感元器件设计

利用集成电路工艺，根据圆形平膜片上各点应力分布，在半导体圆形基片上扩散出四个电阻，同时生成两个温敏二极管。这四个电阻通常接成电桥形式，使输出信号与测量压力成正比，并将阻值增加的两个电阻对接，阻值减小的两个电阻对接，使电桥的灵敏度最大。

3）传感器工艺设计

传感器中的微处理器采用 MCS-51 系列 8031 单片机，它通过锁存器 74LS373 等与外部存储器 EPROM 相连，可选用 2716(2 KB×8)、2732(4 KB×8)、2764(8 KB×8)等不同芯片作为存储器，用来存放控制程序、修正值、数据等。其他电路（放大器、A/D、D/A、IEEE—488 标准接口、接口电路等）可合理分布在不同的模板上，组装进一个壳体中。注意连线要尽量短，模拟电路与数字电路要彻底分开，各个模板电源应分别滤波。为减小体积，其他电路应尽可能利用可编程器件(PLD)及其集成电路工艺中的焊接、封装等技术把这些电路的芯片做在基座上，构成混合集成信号处理电路。

4）软件设计

用 8031 单片机构成的智能压力传感器软件有控制程序、数据处理程序及辅助程序。智能传感器的重要特点之一是多功能。多功能一般可用两种方式执行，一是用户通过键盘发出所选功能的指令；另一种是自动方式，由内部功能控制程序协调已编制好的数据采集与处理程序进行工作，或通过 IEEE 488 总线接收外部远控向智能传感器发出控制指令。智能传感器还有自校正、跟踪、越限报警、输出打印、键盘、显示、D/A 转换等电路及接口。

1.6.2　智能传感器的应用实例

1. ST-3000 系列智能压力传感器

如图 1.56 所示为 ST-3000 系列智能压力传感器的结构图，它是由检测和变送两部分组成的。被测量的压力通过隔离的膜片作用于扩散电阻上，引起阻值变化。扩散电阻直接在惠斯顿电桥中，电桥的输出正比于被测压力。在硅片上制成两个辅助传感器，分别检测静压力与温度。由于采用接近于理想弹性体的单晶硅材料，使得传感器的长期稳定性良好。在同一个芯片上检测的差压、静压和温度三个信号，经多路开关分时地接到 A/D 转换器中进行 A/D 转换。数字量送到变送部分。

变送部分由微处理器、ROM、PROM、RAM、EEPROM、D/A 转换器、I/O 接口组成。微处理器负责处理 A/D 转换器送来的数字信号，从而使传感器的性能指标大大提高。存储在 ROM 中的主程序控制传感器工作的全过程。传感器的型号、输入输出特性、量程可设定范围等都存储在 PROM 中。

设定的数据通过导线传到传感器内，存储在 RAM 中。电可擦可编程只读存储器 EEPROM 作为 RAM 后备存储器，RAM 中的数据可随时存入 EEPROM 中，不会因突然断电而丢失数据。恢复供电后，EEPROM 可以自动地将数据送到 RAM 中，使传感器继续保持原来的工作状态，这样可以省掉备用电源。

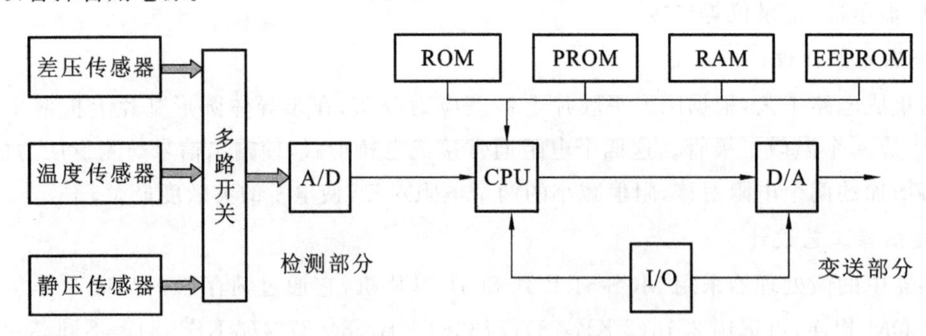

图 1.56　ST-3000 系列智能压力传感器原理框图

现场通信器发出的通信脉冲信号叠加在传感器输出的电流信号上。

数字输入输出(I/O)接口一方面将来自现场通信器的脉冲从信号中分离出来，送到 CPU 中去；另一方面将设定的传感器数据、自诊断结果、测量结果等送到现场通信器中显示。

2. 固体图像传感器

固体图像传感器是现代获取视觉信息的一种基础器件，它能实现信息的获取、转换和视觉功能的扩展(即光谱拓宽、灵敏度范围扩大),能给出直观、真实、层次最多、内容最全的可视图像信息。

目前固体图像传感器主要有三种类型:第一种是电荷耦合器件(CCD);第二种是MOS图像传感器,又称为自扫描电二极管阵列(SSPA);第三种是电荷注入器件(CID)。由于传感器智能化及集成化的要求,使得固体图像传感器有三维集成的发展趋势,比如在同一硅片上,用超大规模集成电路工艺制作三维结构的智能传感器。

如图1.57所示为具有三层结构的三维集成智能图像传感器的结构图,它可以提取待测物体的轮廓图,它的第一层为光电转换面阵,由第一层输出的信号并行进入第二层电流型MOS模拟信号调理电路,输出的模拟信号再进入第三层转换成二进制数并存储在存储器中,与第三层相连的是信号(放大)单元。信号读出单元的作用是通过地址译码读取存储器中的信号信息。该传感器采用了新颖的并行信号传送及处理技术,第一层到第二层以及第二层到第三层均采用并行信号传送,这样就大大提高了信号处理能力,可以实现高速的图像信息处理。当然,这种信号并行传输要求第二层和第三层电路也排成相应的面阵形式。该图像传感器的面阵为500×500的像元矩阵,每个像元相应的电路需要79个晶体管,故整个图像传感器大约包含2×10^7个晶体管,从超大规模集成电路的角度看,实现这个三维集成的图像传感器是可行的。

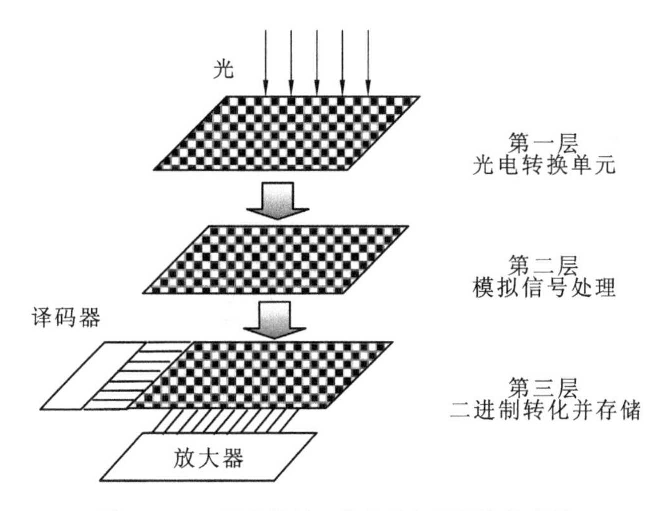

图1.57 三层结构的三维集成智能图像传感器

1.6.3 模糊传感器

传统的传感器是数值传感器,它将被测量映射到实数集中,用数据描述被测量的状态,即对被测量对象进行定量描述。但由于被测对象的多样性、被分析问题的复杂性和直接获取信息的困难性等原因,有些信息无法用数值描述或者用数值描述很困难,如产品质量的“优”“合格”“不合格”,温度控制的“高”“低”以及衣服的“脏”“干净”等这些描述都具有模糊性。

出现于20世纪80年代末,近年来迅速发展起来的模糊传感器是在传统数据监测的基础上,经过模糊推理和知识合成,以模拟人类自然语言符号的产生及处理。模糊传感器的智能之处在于:它可以模拟人类感知的全过程,核心在于知识性,知识的最大特点在于其模糊性,它不仅具有一般智能传感器的优点和功能，并且能够根据测量任务的要求进行学习推理。另外，模糊传感器还具有与上级系统交互信息的能力，以及自我管理和调节的功能。模糊理论应用于测量中的主要理念是将人们在测量过程中积累的对测量系统及测量环境的知识和经验融合到测量结果中，使测量结果更接近人的思维。

模糊传感器由硬件和软件两部分构成。模糊传感器的突出特点是其具有丰富强大的软件功能。模糊传感器与一般基于计算机的智能传感器的根本区别在于它具有实现学习功能的单元和符号产生、处理单元，能够实现专家指导下的学习和符号的推理和合成，从而使模糊传感器具有可训练性。经过学习与训练，使得模糊传感器能适应不同测量环境和测量任务的要求。

1. 模糊传感器的概念

目前，模糊传感器尚无严格统一的定义，但一般认为模糊传感器是以数值测量为基础，并能产生和处理相关的测量符号信息的装置，即模糊传感器是在经典传感器数值测量的基础上经过模糊推理与知识集成，以自然语言符号的描述形式输出的传感器。具体地说，将被测量值的范围划分为若干个区间，利用模糊理论判断被测量值的区间，并用区间中值或相应符号进行表示，这一过程称为模糊化。对多参数进行综合评价测试时，需要将多个被测量值的相应符号进行组合模糊判断，最终得出结果。模糊传感器的一般结构如图 1.58 所示。信息的符号表示即符号信息系统是研究模糊传感器的核心与基石。

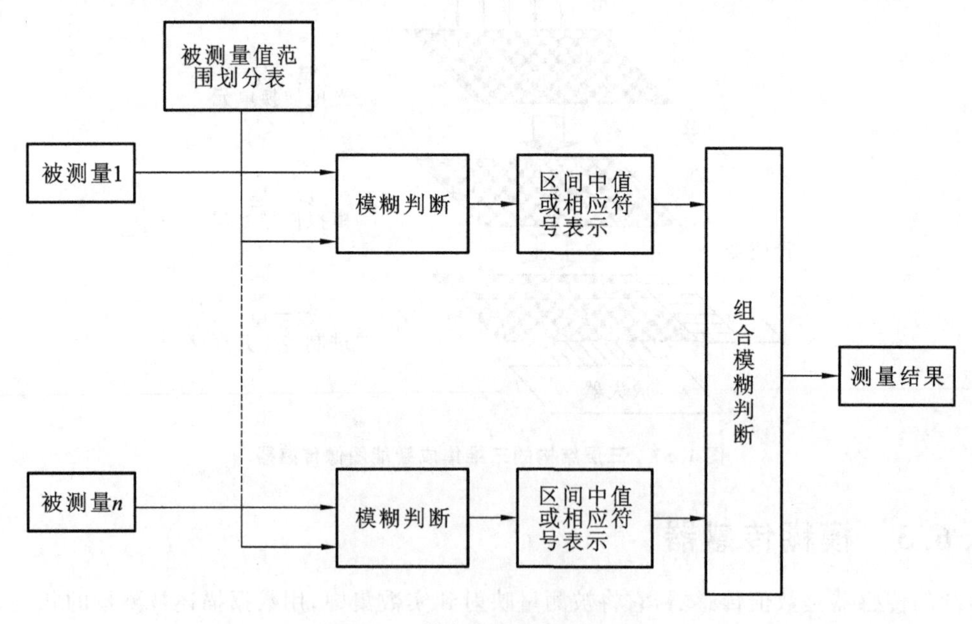

图 1.58 模糊传感器的一般结构

2. 模糊传感器的基本功能

模糊传感器作为一种智能传感器，具有智能传感器的基本功能，即学习、推理、联想、感知和通信功能。

1）学习功能

模糊传感器最特殊和重要的功能是学习功能。人类知识集成的实现、测量结果的高级逻辑表达等都是通过学习功能完成的。能够根据测量任务的要求学习有关知识是模糊传感器与传统传感器的重要差别。模糊传感器的学习功能是通过有导师学习算法和无导师自学习算法实现的。

2）推理联想功能

模糊传感器可分为一维传感器和多维传感器。一维传感器当接受外界刺激时，可以通过训练时的记忆联想得到符号化测量结果。多维传感器接受多个外界刺激时，可通过人类知识的集成进行推理，实现时空信息整合与多传感器信息融合以及复合概念的符号化结果表示。推理联想功能需要通过推理机构和知识库来实现。

3）感知功能

模糊传感器与一般传感器一样可以感知由传感元件确定的被测量，但根本区别在于前者不仅可输出数值量，而且可以输出语言符号量。因此，模糊传感器必须具有数值-符号转换能力。

4）通信功能

传感器通常作为大系统中的子系统工作，因此模糊传感器应该与上级系统进行信息交换，因而通信功能是模糊传感器的基本功能。

3. 模糊传感器的结构

模糊传感器的逻辑结构与其在逻辑上要完成的功能相适应，模糊传感器的简化逻辑结构框图如图1.59所示。一般来说，模糊传感器从逻辑上可分为转换部分、符号处理与通信部分；从功能上看，有信号调理与转换层、数值-符号转换层、符号处理层、有导师学习层和通信层。这些功能有机地集成在一起，完成数值-符号转换功能。

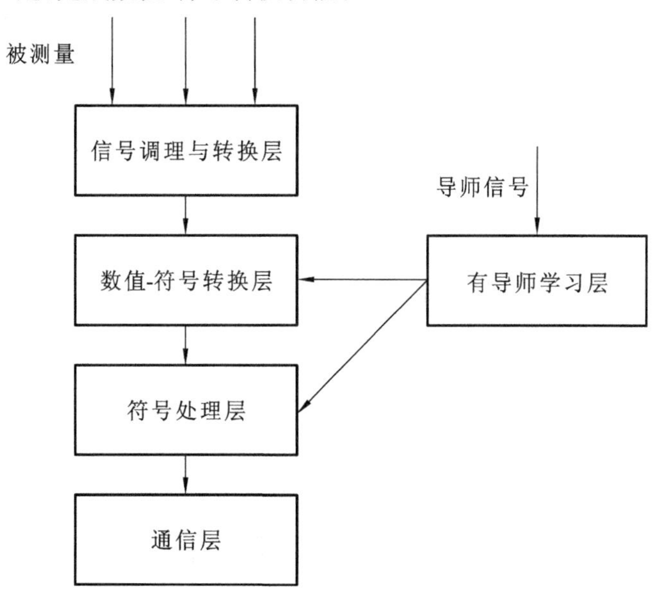

图1.59　模糊传感器的基本逻辑

与模糊传感器逻辑功能相对应，一种典型的模糊传感器的物理结构如图 1.60 所示。由图 1.60 可知，模糊传感器是以计算机为核心，以传统测量为基础，采用软件实现符号的生成和处理，在硬件支持下可实现有导师学习功能，通过通信单元实现与外部的通信。

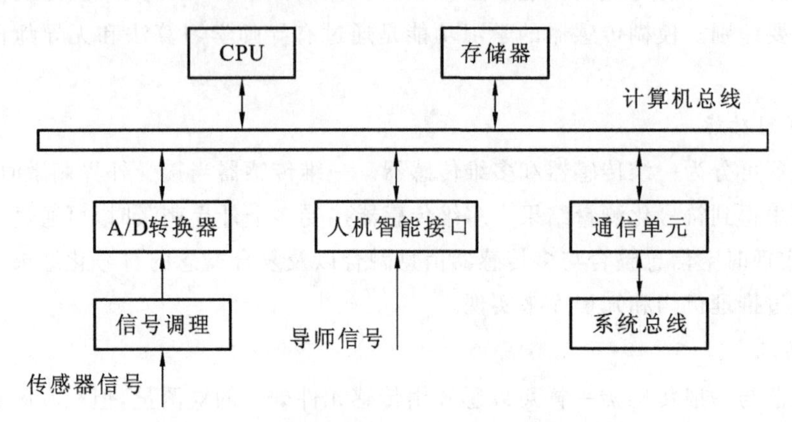

图 1.60　模糊传感器的基本物理结构

4. 典型模糊传感器举例

目前，模糊传感器已广泛应用，如洗衣机中的衣物量检测、水位检测、水的浑浊度检测，电饭煲中的水、米量检测等。另外，模糊距离传感器、模糊温度传感器、模糊舒适度传感器及模糊色彩传感器等设备也已出现。

下面以模糊温度传感器为例，介绍模糊传感器的设计过程和实现方案。该模糊温度传感器采用热敏电阻为敏感元件，以单片机为核心构成硬件平台，以多级映射原理与简单的线性划分生成语言概念为软件支撑。

模糊温度传感器是由温度敏感元件、信号调理单元、A/D 转换器及典型的单片机系统组成的，如图 1.61 所示。单片机系统采用 Intel 8279 芯片作为键盘、显示器和导师信号的接口。模糊温度传感器是以传统数值测量为基础，输出有数值与符号两种形式，可以采用较低测量准确度的器件，为此，敏感元件采用热敏电阻。

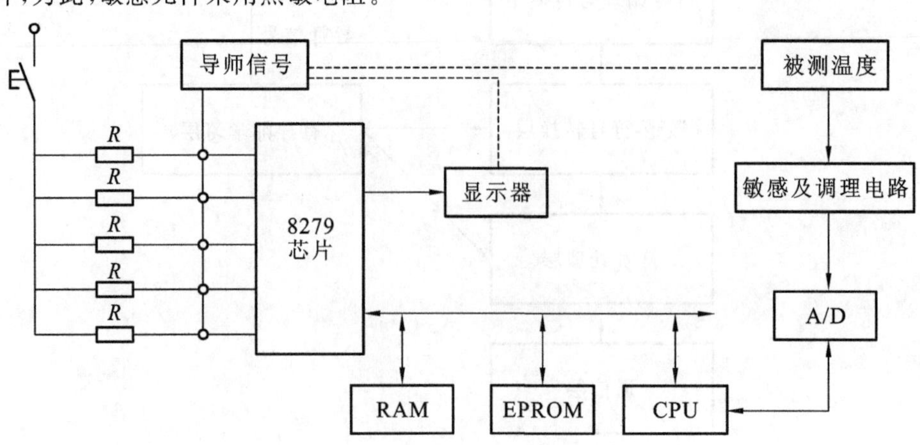

图 1.61　模糊温度传感器原理图

1.6.4 微传感器

微传感器的诞生依赖于微机电系统(micro electro mechanical system,MEMS)技术的发展。MEMS概念来源于美国物理学家、诺贝尔奖获得者 Richard P. Feynman 在 1959 年提出的微型机械的设想,是当今高科技发展的热点之一。

如图 1.62 所示,完整的 MEMS 是由微传感器、微执行器、信号处理和控制电路、通信接口和电源等部件组成的一体化的微型器件系统,其目标是把信息的获取、处理和执行集成在一起,组成具有多功能的微型系统,从而大幅度地提高系统的自动化、智能化和可靠性水平。MEMS的突出特点是微型化,涉及电子、机械、材料、制造、控制、物理、化学、生物等多学科技术,其中,大量应用的各种材料的特征和加工制作方法在微米或纳米尺度下具有特殊性,不能完全照搬传统的材料理论和研究方法,在器件制作工艺和技术上也与传统大器件(宏传感器)的制作存在许多不同。

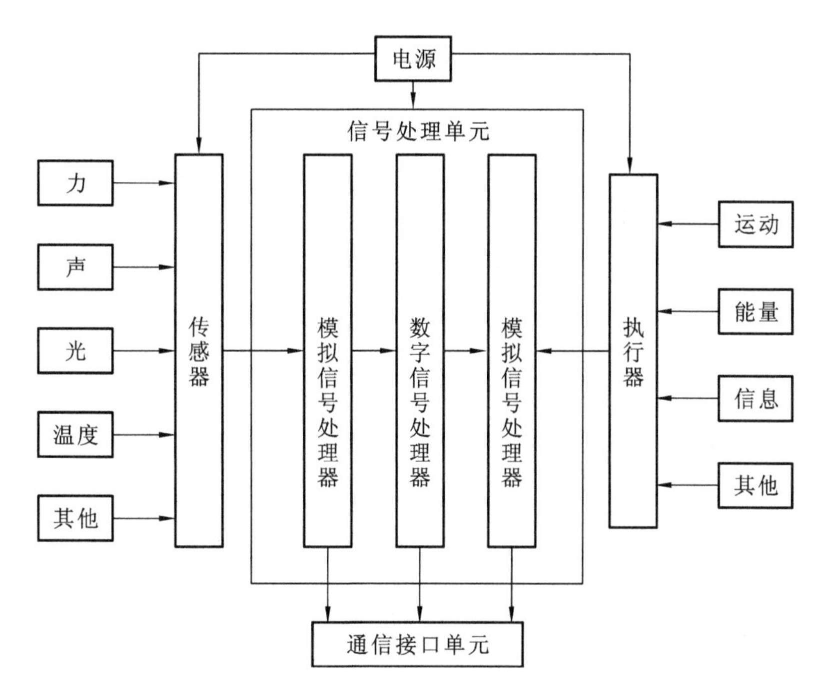

图 1.62 MEMS 芯片测控系统结构

随着 MEMS 技术的迅速发展,作为微机电系统一个构成部分的微传感器也得到长足的发展。微传感器是利用集成电路工艺和微组装工艺,将基于各种物理效应的机械、电子元器件集成在一个基片上的传感器。微传感器是尺寸微型化的传感器,但随着尺寸的变化,它的结构、材料、特性以及所依据的物理效应均可能发生变化。

与一般传感器(即宏传感器)相比,微传感器具有以下特点。

① 空间占有率小。对被测对象的影响小,能在不扰乱周围环境、接近自然的状态下获取信息。

② 灵敏度高,响应速度快。由于惯性、热容量极小,仅用极少的能量即可产生运动或温度变

化；分辨力高，响应快，灵敏度高，能实时地把握局部的运动状态。

③ 便于集成化和多功能化。能提高系统的集成密度，可以用多种传感器的集合体把握微小部位的综合状态量；也可以把信号处理电路、驱动电路和传感器元件集成于一体，提高系统的性能，并实现智能化和多功能化。

④ 可靠性高。可通过集成构成伺服系统，用零位法检测；还能实现自诊断、自校正功能。把半导体微加工技术应用于微传感器的制作，能避免因组装引起的特性偏差。将微传感器集成在电路中可以解决寄生电容和导线过多的问题。

⑤ 消耗电力小，节省资源和能量。

⑥ 价格低廉。能将多个传感器集成在一起且无须组装，可以在一块晶片上集成多个传感器，从而大幅度降低材料和制造成本。

微传感器按照工作原理不同可分为压阻式微传感器、电容式微传感器、电感式微传感器和热敏电阻式微传感器。

压阻式微传感器的工作原理是基于半导体材料的压阻效应，即单晶半导体材料沿某一轴受外力作用时其原子点阵排列规律将发生变化，导致载流子迁移率及载流子浓度发生变化，使材料的电阻率随之发生变化的现象。按照被测物理量的不同可将压阻式微传感器分为压阻式微压力传感器、压阻式微加速度传感器和压阻式微流量传感器。其中压阻式微压力传感器与传统的大型压阻式压力传感器不同，由于其膜片的受压变形远小于膜片厚度，膜片应力分布作为小挠度薄板问题处理，其灵敏度和测压范围与膜片的几何尺寸和膜厚有关，这种压力传感器可测压力范围为 1～10 kPa，改变膜片的大小和厚度可进一步测量更小的压力。

1.6.5 网络传感器

1. 网络传感器的概念

在自动化领域，现场总线控制系统和工业以太网技术得到了快速发展。对于大型数据采集系统而言，特别希望能够采用一种统一的总线或网络，以达到简化布线、节省空间、降低成本、方便维护的目的；另一方面，现有的企业大都建立了以 TCP/IP 技术为核心的企业内部网络，作为企业的公共信息平台，这为建立测控网络奠定了基础，有利于将测控网和信息网有机地结合起来。

网络传感器是指传感器在现场级实现网络协议，使现场测控数据能够就近进入网络传输，在网络覆盖范围内实时发布和共享。简单地说，网络传感器就是与网络连接或通过网络使其与微处理器、计算机或仪器系统连接的传感器。网络传感器的产生使传感器由单一功能、单一检测向多功能、多点检测方向发展；从被动检测向主动进行信息处理方向发展；从就地测量向远距离实时在线测控发展。使传感器可以就近接入网络，传感器与测控设备间无须再点对点连接，可大大简化连接电路，节省投资，并易于系统维护，也使系统更易于扩充。网络传感器特别适用于远程分布式测量、监视和控制。目前，已有多种嵌入式 TCP/IP 芯片可以置入智能传感器中，形成带有网络接口的嵌入式 Intranet 网络传感器。

如图 1.63 所示为网络传感器的基本结构图，网络传感器主要是由信号采集单元、数据处理单元及网络接口单元组成的。这三个单元可以采用不同芯片构成合成式结构，也可是单片式结构。

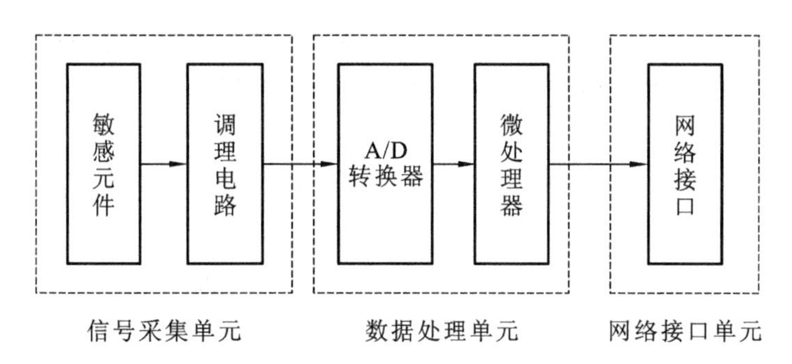

图1.63　网络传感器的基本结构

网络传感器的核心是使传感器本身实现网络通信协议。目前，可以通过软件方式或硬件方式实现传感器的网络化。软件方式是指将网络协议嵌入到传感器系统的只读存储器中；硬件方式是指采用具有网络协议的网络芯片直接用作网络接口。

值得提醒的是由于现场级网络传感器的软、硬件资源有限，要使传感器像计算机那样成为全功能的一个网络节点，是不可能也不必要的，应根据传感器的使用要求确定传感器的特定功能，即需要考虑在现场所要采集或传输的数据要求是低速的还是高速的，是否需要现场级 Web 服务器，是以电子邮件方式(SMTP)还是以文件传输(FTP)收发数据等因素。

2. RL 网络传感器的类型

网络传感器研究的关键技术是网络接口技术。网络传感器必须符合某种网络协议，使现场测控数据能直接进入网络。工业现场存在多种网络标准，因此也随之发展起来了多种网络传感器，它们具有各自不同的网络接口单元类型。目前，主要有基于现场总线的网络传感器和基于以太网协议的网络传感器两大类。

1）基于现场总线的网络传感器

现场总线正是在现场仪表智能化和全数字控制系统的需求下产生的，是连接现场智能设备和自动化系统的数字式、双向传输、多分支结构的通信网，其关键标志是支持全数字通信，其主要特点是高可靠性。它可以把所有的现场设备(仪表、传感器与执行器)与控制器通过一根线缆相连，形成现场设备级、车间级的数字化通信网络，可完成现场状态监测、控制、信息远传等功能。传感器等仪表智能化的目标是信息处理的现场化，这也是现场总线技术的目标，是现场总线技术不同于其他计算机通信技术的标志。

由于现场总线技术具有明显的优越性，在国际上已成为热门研究技术，各大公司都开始研发自己的现场总线产品，形成了各自的标准。目前，常见的标准有数十种，它们各具特色，在各自不同的领域中得到了很好的应用。但由于多种现场总线标准并存，现场总线标准间互不兼容，不同厂家的智能传感器又都采用各自的总线标准，因此，目前智能传感器和控制系统之间的通信主要是以模拟信号为主或在模拟信号上叠加数字信号，这在很大程度上降低了简化控制网络和智能传感器连接的效率，由此产生的 IEEE　1451 标准为智能传感器和现有的各种现场总线提供了通用的接口标准，有利于现场总线式网络传感器的发展与应用。

2）基于以太网协议的网络传感器

随着计算机网络技术的快速发展，将以太网直接引入测控现场成为一种新的趋势。由于以太网技术具有开放性好、通信速度快和价格低廉等优势，人们开始研究基于以太网协议（即基于TCP/IP协议）的网络传感器。该类传感器通过网络介质可以直接接入Internet或Intranet，还可以做到“即插即用”。在传感器中嵌入TCP/IP协议，使传感器成为Internet或Intranet上的一个节点。

任何一个基于以太网协议传感器都可以就近接入网络，而信息可以在整个网络覆盖的范围内传输。由于采用统一的网络协议，不同厂家的产品可以直接互换与兼容。

3. 网络传感器的应用前景

IEEE 1451网络传感器在机床状态远程监控网、舰艇运行状态监视、控制和维修中的分布网、火灾及消防态势评估和指挥网络、港口集装箱状态监控网以及油路管线健康状况监控网等网络的组建中均可大展身手。目前，网络传感器的应用主要面向以下两个大的方向。

1）分布式测控

将网络传感器布置在测控现场控制网络中的最低级，其采集到的信息传输到控制网络中的分布智能节点，由分布智能节点处理后的数据再经传感器散发到网络中，网络中其他节点如操作执行器、执行算法利用信息做出适当的决策。该方向目前最热门的研究与应用当属物联网。

2）嵌入式网络

现有的嵌入式系统虽然已得到广泛的应用，但大多数还处在单独应用的阶段，独立于因特网之外。如果能够将嵌入式系统连接到因特网上，则可方便、低廉地将信息传送到任何需要的地方。嵌入式网络的主要优点：不需要专用的通信线路；速度快；协议是公开的，适用于任何一种Web浏览器；信息反映的形式是多样化的等。

网络技术正在深入到世界的各个角落并迅速地改变着人们的思维方式和生存状态，随着网络传感器技术的进一步成熟和其应用覆盖范围的拓展，网络传感器必将赢得更广阔的用武之地，为建立人与物理环境之间更紧密的信息联系提供强大的技术支持，不断改善人们的工作和生活环境。

（1）简述电阻应变式传感器检测位移、速度和加速度的工作原理。

（2）为什么电容式传感器常做成差动式结构？

（3）简述高频反射式电涡流传感器的工作原理、特点和用途。

（4）压电式传感器可以用来测量哪些量？

(5) 何为霍尔效应？霍尔元件可测量哪些物理量？

(6) 什么是热电效应？什么是中间导体定律？

(7) 在轧钢过程中，需检测薄板的厚度，可采用哪种传感器？说明其原理。

(8) 简述电阻式半导体气敏元件的工作原理。

(9) 选用传感器的基本原则是什么？试举一例说明。

(10) 电感式传感器的工作原理是什么？能够测量哪些量？

(11) 试比较可变磁阻式自感型传感器和差动变压式互感型传感器在结构和工作原理上的异同。

(12) 为什么多数气敏元件都附有加热器？

(13) 什么是光电效应？

(14) 光电倍增管与光电管相比有什么优点？

(15) 红外辐射的检测原理是什么？

(16) 请以接触式与非接触式为标准对所知传感器进行分类。

(17) 什么是智能传感器？与传统传感器相比，其在原理、结构等方面有何特点？

第2章 测试系统的特性分析

2.1 概述

2.1.1 测试系统的工作过程

一般测试系统主要由传感器、中间变换装置和显示、记录装置三大部分组成，其中中间变换装置是信号分析与信号调理环节的总称，测试系统的原理结构框图如图 2.1 所示。

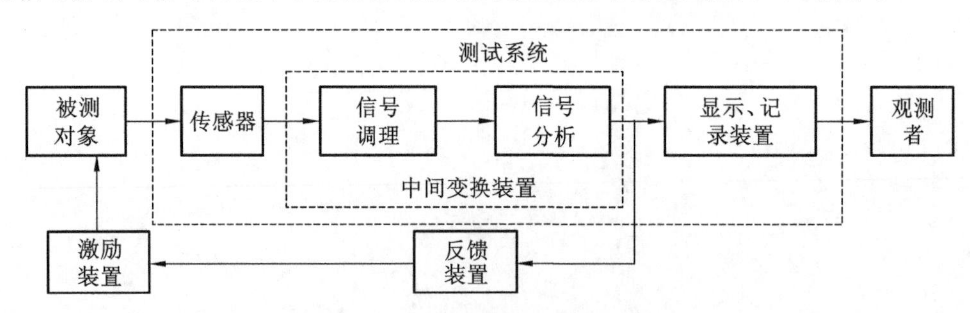

图 2.1 测试系统的原理结构框图

测试过程中，传感器检测出反映被测对象特性的物理量(温度、压力、流量等)并转换为电信号，将该电信号传输给中间变换装置，中间变换装置用硬件电路(放大、调制、解调、滤波等)对该信号进行处理或经过 A/D 转换变成数字量，测量结果以电信号或数字信号的方式呈现。该结果一方面直接传输给显示、记录装置显示出来提供给观测者；另一方面通过控制反馈装置将结果反馈回控制系统，并根据系统要求对激励装置进行适当调整使系统满足控制要求。

从以上对测试系统工作过程的分析，我们不难得出这样的结论：一个测试系统要能够进行正常工作，其测试结果必须是准确的。换句话说，被测对象的特性能否被观测者正确接收，控制系统能否通过反馈装置发出的信号实现正确的控制，取决于经过测试系统所得到的测试信号是否与被测信号一致、不失真。也就是说，测试系统能够正常工作的基本前提是它能实现可靠的、不失真的测量，这也是对测试系统的基本要求。

通常，在工程测试中需要解决的问题是测试系统中的输入量、测试系统的传递特性、测试系统的输出量三者之间的关系，具体内容可以归纳为以下三个方面。

① 已知输入量和测试系统的传递特性，求测试系统的输出量。测试系统的输出能否正确反映输入，与测试系统的传递特性有着密切的关系。

② 已知输入量和输出量，求测试系统的传递特性。如果输入、输出都是可供观测的量，那么可以通过测得的输入、输出推断系统的传递特性，这也是测试的一个重要方面。

③ 已知测试系统的输出量和传递特性，推断和辨识出系统的输入量。输入量是要测的未知量，测试人员需要根据可供观测的输出量来判断输入量。但是，由于测试系统在工作过程中会受到一定的外界干扰，因此输入量经过测试系统所得到的输出量不可能完全反应真实的输入量，一般来说都会存在不同程度的失真现象；也就是说，输出量是输入量经过测试系统传递特性和外界干扰影响后的结果。

测试系统的传递特性是由测试系统本身的物理结构所决定的，即测试系统的输入、输出与测试系统本身存在必然的逻辑关系，并且这个逻辑关系是可以通过分时测试装置的物理结构特性得到的，但是测试系统工作过程中所受到的外界干扰一般是随机的，与输入、输出之间并无直接的逻辑关系。因此，若要通过已知的可观测的输出量和测试系统，正确地估计或辨识系统的输入量，其前提条件是实现系统的不失真测量，即通过测试装置得到的输出量是能够正确反映输入量的。那么，要想实现这一结果，就必须使测试装置的失真控制在允许的范围之内。只有掌握了测试系统的传递特性并对失真大小作出定量分析，才能尽可能地实现不失真测量，同时只有掌握了测试系统的传递特性，才能选用更合理的测试仪器，构建合理完善的测试系统。研究测试装置的传递特性是实现正确测试的一个重要方面。

2.1.2 线性系统的主要性质

理想的测试系统应该具有确定的、单值的输出-输入关系，即每一个输入量经过测试系统都只有一个输出量与之对应，而且输出和输入之间存在线性关系，即输出能够复现输入的变化规律，并且输出量和输入量的值存在一个比例关系。

实际测试系统中，由于各种因素的影响，在大范围之内是无法满足这些要求的。但是，在较小的工作范围内或在一定的误差允许范围内，是可以通过一些方法实现系统的线性化的。

当系统的输入和输出之间为线性定常关系，即其特性可以用常系数线性微分方程或者差分方程来描述时，系统为线性系统。设系统的输出量为 $y(t)$，输入量为 $x(t)$，则系统的输出量与输入量之间的动态关系为：

$$
\begin{aligned}
& a_n \frac{\mathrm{d}^n x(t)}{\mathrm{d}t} + a_{n-1}\frac{\mathrm{d}^{n-1} x(t)}{\mathrm{d}t} + \cdots + a_1 \frac{\mathrm{d}x(t)}{\mathrm{d}t} + a_0 x(t) \\
& = b_m \frac{\mathrm{d}^m y(t)}{\mathrm{d}t} + b_{m-1}\frac{\mathrm{d}^{m-1} y(t)}{\mathrm{d}t} + \cdots + b_1 \frac{\mathrm{d}y(t)}{\mathrm{d}t} + b_0 y(t)
\end{aligned}
\tag{2-1}
$$

式中，t 为时间变量，系数 $a_0, a_1, \cdots, a_{n-1}, a_n$ 和 $b_0, b_1, \cdots, b_{m-1}, b_m$ 均为常数，其数值大小由测试系统结构及参数确定。

必须指出的是,理想的线性定常系统实际上是不存在的。一个实际的物理系统中,由于一些储能元件和惯性元件的存在,其结构参数不能保持为常数,即系数 $a_0, a_1, \cdots, a_{n-1}, a_n$ 和 $b_0, b_1, \cdots, b_{m-1}, b_m$ 具有时变性,比如弹性元件的弹性系数,储能元件的电容、电感和半导体的特性等都受温度影响,测试系统所处的环境温度也是随时间变化的。由于表示非线性系统的非线性微分(或差分)方程的求解一般较为困难,且其分析方法远比线性系统的要复杂,因此,在实际工程中,在一定的误差允许范围和足够的精度内,可以将大多数的物理系统看作是线性定常系统。

线性定常系统具有以下线性性质。

1. 叠加性

当几个输入同时作用于同一个线性系统时,其响应等于各输入单独作用时所得输出的代数和,即

若 $x_1(t) \to y_1(t) \quad x_2(t) \to y_2(t)$

则有
$$x_1(t) + x_2(t) \to y_1(t) + y_2(t) \tag{2-2}$$

2. 比例性

若线性系统的输入放大或缩小 k 倍,则其输出相应地放大或缩小 k 倍,即

若 $x_1(t) \to y_1(t)$

则有
$$kx_1(t) \to ky_1(t) \tag{2-3}$$

3. 微分特性

零初始条件下,线性系统对输入信号微分的响应等于系统对该输入信号响应的微分,即

若 $x(t) \to y(t)$

则有
$$\frac{\mathrm{d}x(t)}{\mathrm{d}t} \to \frac{\mathrm{d}y(t)}{\mathrm{d}t} \tag{2-4}$$

4. 积分特性

零初始条件下,线性系统对输入信号积分的响应等于系统对该输入信号响应的积分。即

若 $x(t) \to y(t)$

则有
$$\int_0^t x(t)\,\mathrm{d}t \to \int_0^t y(t)\,\mathrm{d}t \tag{2-5}$$

5. 频率保持性

若线性系统的输入为某一频率正弦(或余弦)信号,则其稳态输出为同频率的正弦(或余弦)信号。

设系统的输入为正弦信号 $x(t) = x_0 \mathrm{e}^{\mathrm{j}\omega_0 t}$,则系统的稳态输出为
$$y(t) = y_0 \mathrm{e}^{\mathrm{j}(\omega_0 t + \varphi_0)} \tag{2-6}$$
式中,x_0,y_0 分别为正弦(或余弦)输入、输出信号的幅值,φ_0 为输出信号的相位。

上述线性系统的各个性质特征在测试工作中都具有非常重要的意义,尤其是频率保持性。在实际测试中,由于各种干扰因素的存在,测试系统得到的输出信号中会出现不同频率的简谐波,此时就可以依据线性系统的频率保持性找出与输入同频率的成分,该成分即为真正由输入引起的输出响应,其他成分则为干扰噪声。比如在故障诊断技术中,可以通过被测信号的主要频率成分找到相应的输入信号主频率成分,再通过寻找该主频率成分产生的原因来诊断发生故障的原因。

2.2 测试系统的标定

在实际的机械工程测试中,如何选择和设计合适的测量装置,首要考虑的问题是使用的测量装置能否实现准确的测量,即该测量装置能否准确可靠地获取被测量的量值及其变化,这取决于测量装置本身的特性。也就是说,任何一个测试系统,在进行测试之前,都必须对其测量的可靠性进行验证,即需要用实验的方法来确定测试系统的输入/输出关系,这个实验过程我们称之为标定,实际上也就是测定系统的特性参数。

系统的特性包括静态特性、动态特性、负载特性和抗干扰特性等,实际上所有的特性之间是相互统一的,各种特性参数之间也是相互关联的。比如说,系统的动态特性往往与某些静态特性有关。我们一般认为理想的测试系统为线性系统,即在理想测试系统中,其输入/输出之间存在线性关系,输出量与输入量之间的关系可用线性常系数微分方程描述。但是如果考虑测试系统的一些静态特性(比如非线性、迟滞等)的话,那么该系统的动态特性方程就成为非线性方程。

本书中,关于测试系统的标定,我们主要讨论测试系统的静态标定和动态标定两方面。

测试系统的静态标定可以确定测试系统的静态特性参数。所谓静态标定,是一个实验过程,这个过程是在只改变测量装置的一个输入量,而其他所有的可能输入量严格保持不变的情况下,测量对应的输出量,由此得到测量装置输入与输出之间的关系。通常以测量装置所要测量的量为输入,得到的输入与输出之间的关系作为静态特性。在静态标定过程中,只改变一个被标定的量,其他量严格保持不变,这实际上是不可能实现的,只能保证其他量近似保持不变。

测试系统的动态标定可以相应确定测试系统的动态特性参数,即当被测量即输入量随时间发生变化时,测量输入与响应输出之间的动态关系。研究测试系统动态特性的标定,应首先研究采用什么样的输入信号作为系统的激励,其次要研究如何从系统的输出响应中提取系统的动态特性参数。该过程中,我们一般认为系统参数是不变的,即该测试系统的输入/输出之间的关系可以用常系数线性微分方程来描述。

常用的动态标定方法有频率响应法、脉冲响应法和阶跃响应法。

2.3 测试系统静态特性的测定

根据高等数学中关于线性常系数微分方程的知识可知,在式(2-1)所描述的线性测试系统中,当系统的输入为 $x(t)=x_0$(常数),即输入信号的幅值不随时间变化或输入信号是变量,但在测试时间内其幅值不变仍为常数时,那么,可以求得该方程的解为:

$$y=\frac{b_0}{a_0}x=kx \tag{2-7}$$

也就是说，理想线性系统的输出与输入之间是单调、线性比例关系，即输入、输出关系是一条斜率为常数 $k=\frac{b_0}{a_0}$ 的理想直线。

实际的测试系统并非理想线性定常系统，相应的，其输出-输入关系曲线并不是理想的直线。此时，通过式(2-1)所得到的该方程的解为：

$$y=k_1x+k_2x^2+k_3x^3+\cdots+k_nx^n=(k_1+k_2x+k_3x^2+\cdots+k_nx^{n-1})x \tag{2-8}$$

由式(2-7)和式(2-8)可以直观地看到，实际线性系统与理想线性系统之间并不吻合。在静态量测量情况下描述实际测试系统与理想线性时不变系统的接近程度，即为测试系统的静态特性。

下面介绍描述实际测试系统静态特性的几个性能指标。

2.3.1 灵敏度

若系统的输入信号 $x(t)$ 在某一时刻 t 有增量 Δx，其输出 y 产生相应增量 Δy，则定义灵敏度 S 为：

$$S=\frac{\Delta y}{\Delta x} \tag{2-9}$$

灵敏度反映的是测试系统对输入信号变化的一种反应能力。灵敏度的量纲取决于输入量、输出量的量纲，若测试系统的输入量、输出量的量纲相同，则灵敏度是一个没有量纲的数，一般称之为“放大倍数”或“增益”。

由式(2-9)可知，线性定常系统的灵敏度为常数。但实际的测试系统并非线性定常系统，则其灵敏度就是该系统特性曲线的斜率，一般可用极限或微分的形式表示，即：

$$S=\lim_{\Delta x\to 0}\frac{\Delta y}{\Delta x}=\frac{\mathrm{d}y}{\mathrm{d}x} \tag{2-10}$$

2.3.2 线性度

线性度是指测量装置输入、输出之间的关系与理想比例关系(即理想直线关系)的偏离程度。实际上，静态标定测量所得到的实验曲线(或称标定曲线)并不是一条理想直线，而是一条曲线。可以定义线性度为测量系统在全量程测量范围内，实验曲线和拟合直线的偏差的最大值 $\Delta L_{\max}$ 与输出范围(量程) y_{FS} 之比(见图 2.2)，即

$$线性度=\frac{\Delta L_{\max}}{y_{FS}}\times 100\% \tag{2-11}$$

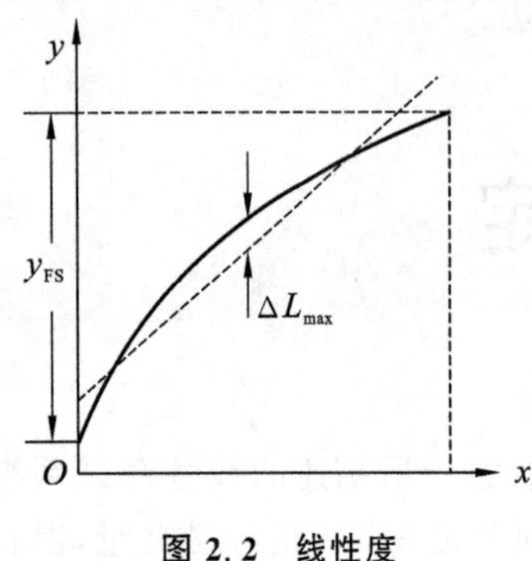

图 2.2　线性度

理想直线的拟合方法有端点直线法、端点平均直线法、平均法和最小二乘法等，其中，最小二乘法的拟合精度最高，一般用于较为重要的场合。

测试系统的线性度是一个非常重要的精度指标，通常用百分数来表示，无量纲。

2.3.3 回程误差

回程误差是指输入量在递增过程中的定度曲线与输入量在递减过程中的定度曲线的不一致程度，也称迟滞误差或滞后量。回程误差是由敏感元件材料的物理性质和机械零部件的缺陷所造成的，比如仪器仪表中磁性材料的磁滞、弹性材料的迟滞现象或机械结构中的摩擦和游隙等。

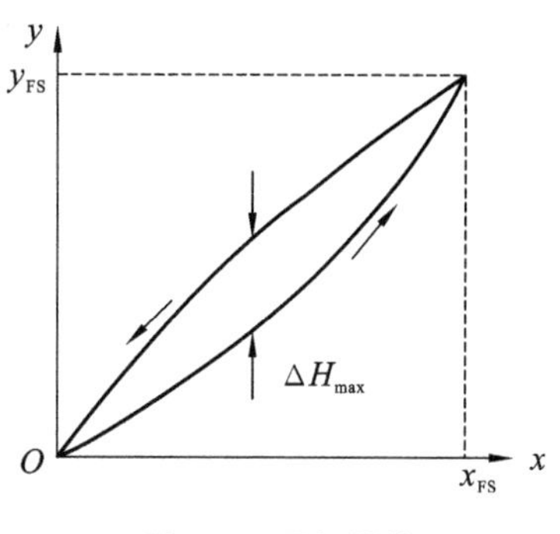

图 2.3 回程误差

回程误差通常用同一输入量的两条定度曲线之差的最大值与输出范围 y_{FS}之比来表示，如图 2.3 所示，它是判别实际测试系统与理想系统特性差别的一项指标参数。

$$回程误差=\frac{\Delta H_{max}}{y_{FS}} \tag{2-12}$$

2.3.4 其他静态特性

能够反应测试系统静态特性的性能指标除以上介绍的灵敏度、线性度和回程误差三个指标外，还有一些其他指标也能够反应测试系统的静态特性。

1. 重复性

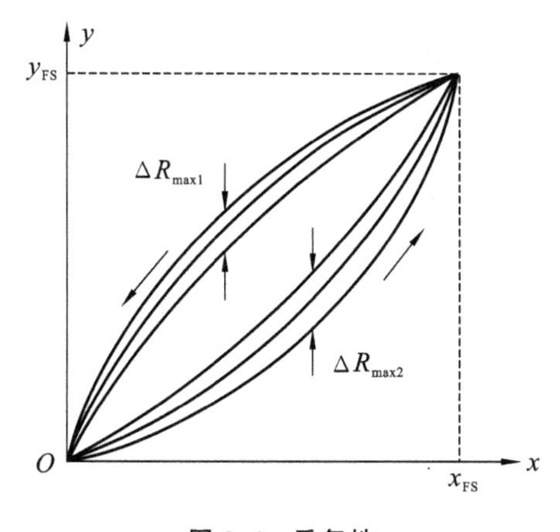

图 2.4 重复性

重复性表示输入量按同一方向变化，在全量程范围内重复进行测量时所得到的各特性曲线的重复程度。重复性反映测试系统的随机误差的大小，一般采用输出最大不重复误差与满量程输出范围 y_{FS}的百分比来表示(见图 2.4)。

$$重复性=\frac{|\Delta R_{max}|}{y_{FS}}\times 100\% \tag{2-13}$$

2. 分辨力

分辨力表示测试系统能够检测到最小输入量变化的能力。当输入量缓慢变化，且超过某一增量时，测试系统才能检测到输入量的变化，这个输入量的增量称为分辨力。

3. 稳定性

稳定性表示在较长时间内，当输入量不变时输出量随时间变化的程度。一般在室温条件下，经过规定的时间间隔后，测试系统输出量的差值为稳定性误差。

4. 零点漂移和灵敏度漂移(见图 2.5)

零点漂移是测量装置的输出零点偏离原始零点的距离，它是可以随时间缓慢变化的量。灵敏度漂移则是由于材料性质的变化所引起的输入和输出之间的关系(斜率)的变化。因此，总误差是零点漂移与灵敏度漂移之和。在一般情况下，灵敏度漂移的数值很小，可以略去不计，于是只考虑零点漂移。如需长时间测量，则需作出 24 h 或更长时间的零点漂移曲线。

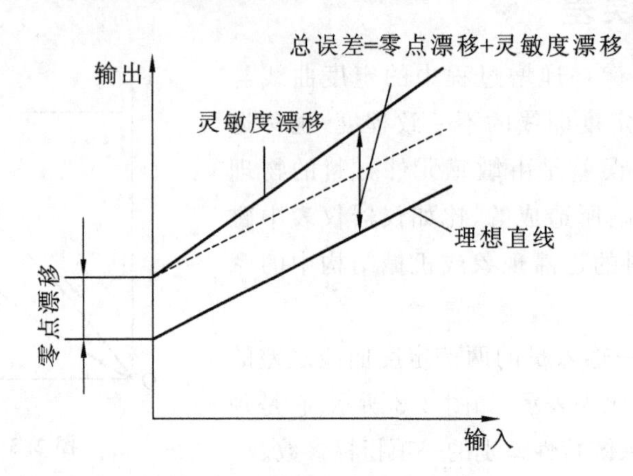

图 2.5　零点漂移和灵敏度漂移

2.3.5　测试系统静态特性的测定方法

测试系统静态特性的具体标定过程如下。

① 作输入-输出特性曲线。将“标准”输入量在满量程的测量范围内，等分为 n 个输入点 x_i ($i=1,2,\cdots,n$)，按正反行程进行相同的 m 次测量，每一次测量包括一个正行程和一个反行程，这样得到 $2m$ 条输入-输出特性曲线。

② 计算重复性误差。按式(2-13)分别计算在满量程中正行程和反行程的重复性误差。

③ 求作正、反行程的平均输入-输出曲线。在第②步计算的基础上作出平均正行程曲线和平均反行程曲线。

④ 计算回程误差。利用第③步求出的平均正行程曲线和平均反行程曲线结果，按式(2-12)计算回程误差。

⑤ 求作定度曲线。将标定的定度曲线作为测试系统的实际输入-输出特性曲线，这样，可消除各种误差的影响，使测试结果更接近真实情况。

⑥ 求作拟合直线，计算线性度和灵敏度。根据标定的定度曲线，采用最小二乘法，作出拟合直线，根据式(2-11)可求得线性度。拟合直线的斜率即为灵敏度。

2.4　测试系统动态特性的测定

测试系统的动态特性是指输入量随时间快速变化时，系统的输出随输入而变化的动态关系。在实际测试工程中，当输入量发生变化时，其对应的输出量不仅受到输入量动态变化的影响，也受到测试系统动态特性的影响，即输入量发生变化时，其响应是输入量动态变化和测试系统动态特性共同作用的结果。

系统的动态特性分析主要研究动态测量过程中输出量与输入量之间的关系，以及系统随输入量变化的响应特性和进行动态测量时所产生的动态误差。对测试系统进行动态特性分析之前需要建立系统的动态特性模型，系统动态特性模型的建立比静态特性模型的建立要复杂困难得多。在实际测试工程中，在所考虑的测量范围内，会采取一些措施略去一些影响不大的因素将测试系统近似看作是线性时不变系统。因此，可以用线性时不变运动微分方程(式 2-1)在时间域内描述测试系统的动态特性，即描述测试系统、输入和输出三者之间的动态关系。通常描述测试系统的线性时不变微分方程的求解非常困难，因此为了便于研究系统特性，在实际工程中，通常采用传递函数、频率响应函数和脉冲响应函数来描述测试系统的动态特性。

2.4.1 传递函数

式(2-1)描述了测试系统中输入-输出间的关系，线性定常系统的所有初始状态为零，即在测试开始的时刻，其输入量、输出量及其各阶导数均为零，对方程左右两边同时进行拉普拉斯变换，可得

$$(a_n s^n + a_{n-1} s^{n-1} + \cdots + a_1 s + a_0) X(s) = (b_m s^m + b_{m-1} s^{m-1} + \cdots + b_1 s + b_0) Y(s) \quad (2\text{-}14)$$

式中，$X(s)$和$Y(s)$分别为输入和输出的拉普拉斯变换。

在系统零初始状态下，定义系统的传递函数为输出 $y(t)$的拉普拉斯变换与输入 $x(t)$的拉普拉斯变换之比，即

$$H(s) = \frac{Y(s)}{X(s)} = \frac{b_m s^m + b_{m-1} s^{m-1} + \cdots + b_1 s + b_0}{a_n s^n + a_{n-1} s^{n-1} + \cdots + a_1 s + a_0} \quad (n \geqslant m) \quad (2\text{-}15)$$

式中，s 是复变量，即 $s=\sigma+\mathrm{j}\omega$。

由式(2-15)可知，传递函数以代数式的形式表征了系统对输入信号的传输、转换特性，它包含了瞬态和稳态响应的全部信息，并且在运算上，传递函数比微分方程的求解要简便。传递函数具有以下主要特点。

① 传递函数是在复数域下描述系统本身的固有机械特性，与输入量 $x(t)$的大小和形式无关，它反映系统的固有机械特性。

② 传递函数是对物理系统特性的一种数学描述，与测试系统具体的结构无关。也就是说，同一传递函数可以表征具有相同传输特性的不同物理系统；物理性质不同的系统可以具有相同的传递函数。

③ 传递函数 $H(s)$中的分母取决于系统的结构及其结构参数，分子则表示同外界环境的联系。分母中 s 的幂次 n 代表系统微分方程的阶次，其数值大小取决于系统中独立的储能元件的个数。

④ 传递函数中的分母称为特征多项式，令其等于零，则为相应的特征方程，特征方程的根即特征根或传递函数的极点。传递函数的极点或特征根决定了系统的动态特性。

2.4.2 频率响应函数

1. 频率响应

式(2-1)即线性定常微分方程是测试系统在时间域的数学模型，传递函数是在复数域内对

系统固有特性的描述,频率响应函数是在频域中描述和考查系统特性,是系统在频域中的数学模型。相比较其他两种数学模型,频率响应函数更容易通过实验来确定。

稳定的线性系统对谐波输入的稳态响应称为频率响应,或者说,根据线性定常系统的频率保持性,当谐波信号作用于稳定的线性系统时,系统输出响应的稳态分量是与输入同频率的谐波信号,这个过程称为系统的频率响应。

具体来说,对线性定常系统输入某一频率正弦波信号,系统的响应经过一定时间进入稳态,系统的稳态响应也是同一频率的正弦波,但稳态输出的幅值和相位与输入信号的幅值和相位相比发生了变化,并且,随着输入信号频率的变化,输出、输入信号的幅值比和相位差会随着频率的变化而变化。因此,可以利用这一特性,保持输入信号的幅值不变,不断改变输入信号的频率,研究系统响应信号的幅值和相位随频率变化的规律,即可达到研究系统性能的目的。

2. 频率特性

频率响应的特性用频率特性(也称为频率响应函数)来描述。

在系统传递函数 $H(s)$已知的情况下,令 $s=\mathrm{j}\omega$ 即可求得频率响应函数 $H(\mathrm{j}\omega)$。也就是说,线性时不变系统的频率响应函数可以看作是在零初始条件下,输出 $y(t)$的傅里叶变换与输入 $x(t)$的傅里叶变换之比。

对于线性时不变系统,频率特性 $H(\mathrm{j}\omega)$可表示为:

$$H(\mathrm{j}\omega)=\frac{Y(\mathrm{j}\omega)}{X(\mathrm{j}\omega)}=\frac{b_m(\mathrm{j}\omega)^m+b_{m-1}(\mathrm{j}\omega)^{m-1}+\cdots+b_1(\mathrm{j}\omega)+b_0}{a_n(\mathrm{j}\omega)^n+a_{n-1}(\mathrm{j}\omega)^{n-1}+\cdots+a_1(\mathrm{j}\omega)+a_0}\quad(n\geqslant m)\tag{2-16}$$

式中,$\mathrm{j}=\sqrt{(-1)}$,上式可以写成复数的一般表达式,即

$$H(\mathrm{j}\omega)=P(\omega)+\mathrm{j}Q(\omega)\tag{2-17}$$

式中,$P(\omega)$和 $Q(\omega)$分别是频率特性的实部和虚部。根据复变函数的性质可知,频率特性 $H(\mathrm{j}\omega)$可以用复指数的形式来表示,即

$$H(\mathrm{j}\omega)=A(\omega)\mathrm{e}^{\mathrm{j}\varphi(\omega)}\tag{2-18}$$

$$A(\omega)=|H(\mathrm{j}\omega)|=\frac{|Y(\mathrm{j}\omega)|}{|X(\mathrm{j}\omega)|}=\sqrt{P(\omega)^2+Q(\omega)^2}\tag{2-19}$$

$$\varphi(\omega)=\angle H(\mathrm{j}\omega)=\arctan\frac{Q(\omega)}{P(\omega)}\tag{2-20}$$

$A(\omega)$反映了频率特性 $H(\mathrm{j}\omega)$的幅值 A 随频率 ω 变化的特性,称为频率响应的幅频特性;$\varphi(\omega)$反映了频率特性 $H(\mathrm{j}\omega)$的相位 φ 随频率 ω 变化的特性,称为频率响应的相频特性。实际上,由式(2-18)~(2-20)可以看出,频率特性的幅频特性是系统输出与输入的幅值比随频率变化的关系,它描述了系统对输入信号幅值的放大或衰减特性;频率特性的相频特性是系统输出与输入的相位差随频率变化的关系,它描述了系统输出信号相位对输入信号相位的滞后(负值)或超前(正值)特性。

幅频特性和相频特性都是 ω 的函数。

为了方便研究,常用曲线来描述系统的频率特性。一般常用的曲线有奈奎斯特图和伯德图两种。

奈奎斯特图的作法如下:在复平面内作一矢量,其长度为 $H(\mathrm{j}\omega)$的模 $A(\omega)$,矢量与实轴正向的夹角为 $H(\mathrm{j}\omega)$的幅角 $\varphi(\omega)$。当 ω 在区间$[0,\infty]$内变化时,矢量端点的轨迹就称为测试系统

的幅相频率特性曲线。

实际作图中，常对自变量 ω 取对数标尺，而因变量 $A(\omega)$ 则取分贝数，即作 $20\lg A(\omega)$-$\lg\omega$ 图和 $\varphi(\omega)$-$\lg\omega$ 图，这两图分别称为对数幅频特性曲线和对数相频特性曲线，两者结合起来称为伯德图。

综上所述，可对频率特性作如下定义。

线性稳定系统在谐波信号作用下，当频率在区间$[0,\infty]$内变化时，稳态输出与输入的幅值比、相位差随频率变化的特性，称为频率特性。频率特性由幅频特性和相频特性两部分组成。幅频特性描述了系统对输入信号幅值的放大或衰减特性，相频特性则描述的是系统输出信号的相位对输入信号相位的滞后或超前特性。

1）一阶系统特性

一阶系统的微分方程为：

$$a_1\frac{\mathrm{d}y(t)}{\mathrm{d}t}+a_0y(t)=b_0x(t) \tag{2-21}$$

$$\frac{a_1}{a_0}\frac{\mathrm{d}y(t)}{\mathrm{d}t}+y(t)=\frac{b_0}{a_0}x(t) \tag{2-22}$$

改写为常用形式

$$\tau\frac{\mathrm{d}y(t)}{\mathrm{d}(t)}+y(t)=Sx(t) \tag{2-23}$$

式中，τ 为系统的时间常数，$\tau=\frac{a_1}{a_0}$；S 为灵敏度，$S=\frac{b_0}{a_0}$。

在线性系统中，S 为常数，由于 S 的值的大小仅表示输出与输入之间（输入为静态量时）放大的比例关系，并不影响对系统动态特性的研究。因此，为方便问题讨论，可以令 $S=\frac{b_0}{a_0}=1$，即进行灵敏度归一化处理。

一阶系统的传递函数为

$$H(s)=\frac{1}{\tau s+1} \tag{2-24}$$

其频率响应函数为

$$H(\mathrm{j}\omega)=\frac{1}{1+\mathrm{j}\omega\tau} \tag{2-25}$$

其幅频、相频特性为

$$A(\omega)=\frac{|1|}{|1+\mathrm{j}\omega\tau|}=\frac{1}{\sqrt{1+(\omega\tau)^2}} \tag{2-26}$$

$$\varphi(\omega)=\angle S-\angle(1+\omega\tau)=-\arctan(\omega T) \tag{2-27}$$

$\varphi(\omega)$为负值，表示系统输出信号的相位滞后于输入信号的相位。一阶系统的脉冲响应函数为

$$h(t)=\frac{1}{\tau}\mathrm{e}^{-\frac{1}{T}t} \tag{2-28}$$

一阶系统的伯德图如图 2.6 所示。

一阶系统的幅频、相频特性曲线如图 2.7 所示。

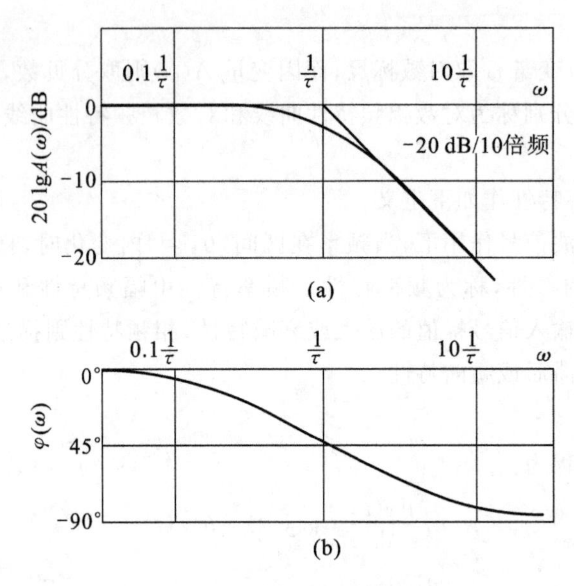

图 2.6 一阶系统的伯德图

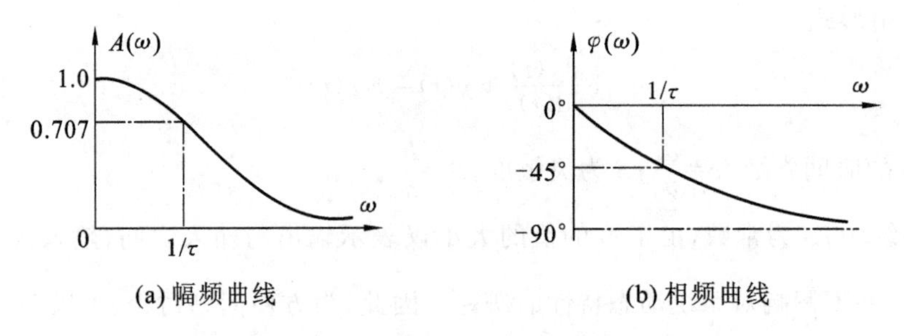

图 2.7 一阶系统的幅频和相频特性曲线

从一阶系统的幅频曲线和伯德图来看，这个一阶系统显然并不满足 $A(\omega)$ 为水平直线的动态测试不失真的条件。对于实际的测试系统，要完全满足理论的动态测试不失真条件几乎是不可能的，只能要求在接近不失真的测试条件的某一频段范围内，幅值误差不超过某一限度。一般在没有特别指明精度要求的情况下，只要系统的幅值误差不超过 5%，即在系统灵敏度归一化处理后，$A(\omega)$ 的值在不大于 1.05 或不小于 0.95 的频率范围内工作，就认为可以满足动态测试要求。一阶系统当 $\omega=1/\tau$ 时，$A(\omega)$ 的值为 0.707(即 -3 dB)，相位滞后 45°，通常称 $\omega=1/\tau$ 为一阶系统的转折频率。只有当 $\omega\ll 1/\tau$ 时幅频特性才接近于 1，才可以不同程度地满足动态测试的要求。在幅值误差一定的情况下，系统的时间常数 τ 越小，则系统的工作频率范围越大。或者说，在被测信号的最高频率成分 ω 一定的情况下，τ 越小，则系统输出幅值的误差越小。

从一阶系统的相频曲线来看，同样也只有在 $\omega\ll 1/\tau$ 时，相频曲线才接近于一条过零点的斜直线，而且同样也是 τ 越小，则系统的工作频率范围越大。

综上所述，可以得到以下结论：反映一阶系统的动态性能的指标参数是时间常数 τ，原则上时间常数 τ 越小越好。

2）二阶系统的特性

二阶系统的微分方程为

$$a_2\frac{\mathrm{d}^2y(t)}{\mathrm{d}t^2}+a_1\frac{\mathrm{d}y(t)}{\mathrm{d}t}+a_0y(t)=b_0x(t) \tag{2-29}$$

$$\frac{a_2}{a_0}\frac{\mathrm{d}^2y(t)}{\mathrm{d}t^2}+\frac{a_1}{a_0}\frac{\mathrm{d}y(t)}{\mathrm{d}t}+y(t)=\frac{b_0}{a_0}x(t) \tag{2-30}$$

若令 $\omega_n=\sqrt{\frac{a_0}{a_2}}$，称为系统固有频率；$\xi=\frac{a_1}{2\sqrt{a_0a_2}}$，称为系统的阻尼比。则二阶系统的微分方程可改为

$$\frac{\mathrm{d}^2y(t)}{\mathrm{d}t^2}+2\xi\omega_n\frac{\mathrm{d}y(t)}{\mathrm{d}t}+\omega_n^2y(t)=S\omega_n^2x(t) \tag{2-31}$$

式中，ω_n 为系统固有频率；ξ 为系统阻尼比；S 为系统灵敏度。

根据式(2-31)可求得二阶系统的传递函数、频率响应函数、幅频特性和相频特性，分别为

$$H(s)=\frac{S\omega_n^2}{s^2+2\xi\omega_ns+\omega_n^2} \tag{2-32}$$

做归一化处理后，

$$H(\mathrm{j}\omega)=\frac{S}{1-\left(\frac{\omega}{\omega_n}\right)^2+\mathrm{j}2\xi\frac{\omega}{\omega_n}} \tag{2-33}$$

$$A(\omega)=\frac{1}{\sqrt{\left[1-\left(\frac{\omega}{\omega_n}\right)^2\right]^2+4\xi^2\left(\frac{\omega}{\omega_n}\right)^2}} \tag{2-34}$$

$$\varphi(\omega)=-\arctan\frac{2\xi\left(\frac{\omega}{\omega_n}\right)}{1-\left(\frac{\omega}{\omega_n}\right)^2} \tag{2-35}$$

二阶系统的幅频和相频特性曲线如图 2.8 所示。

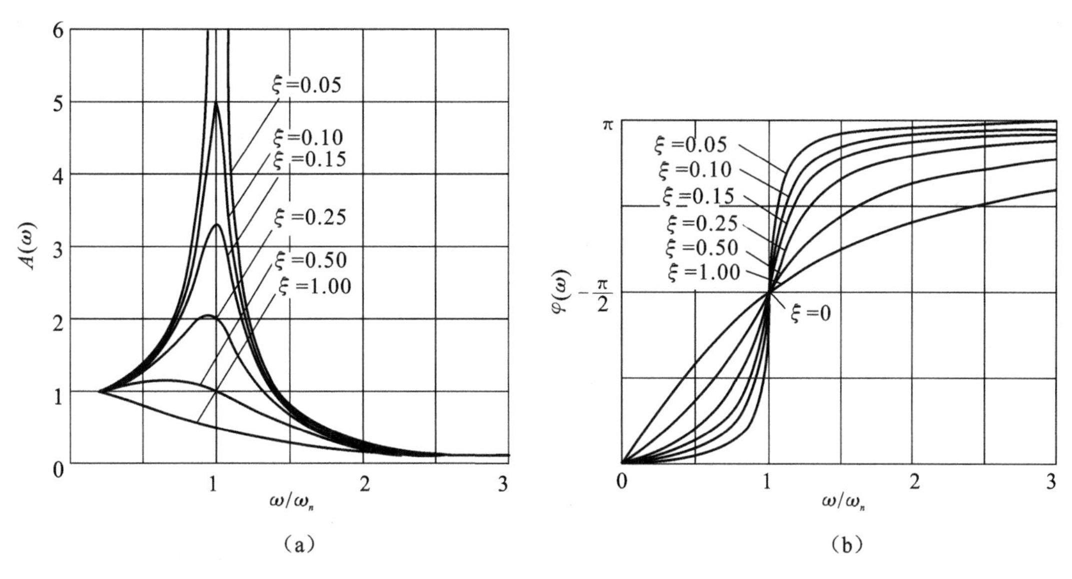

图 2.8　二阶系统的幅频、相频特性曲线

二阶系统的伯德图如图 2.9 所示。

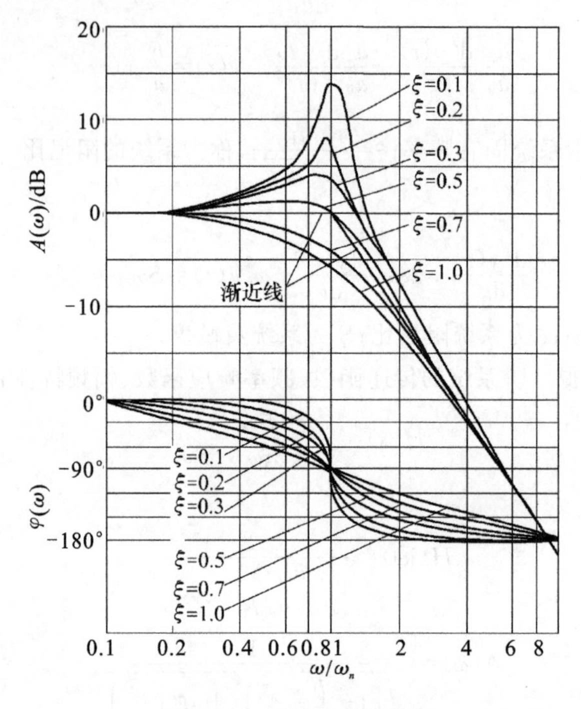

图 2.9　二阶系统的伯德图

从二阶系统的幅频曲线和相频曲线可知，影响系统特性的主要参数是固有频率 ω_n 和阻尼比 ξ。只有在 $\omega<\omega_n$ 并靠近坐标原点的一段，$A(\omega)$ 比较接近水平直线，$\varphi(\omega)$ 也近似与 ω 成线性关系，满足动态不失真的测试条件。若测试系统的固有频率 ω_n 较高，相应的 $A(\omega)$ 的水平直线段也比较长一些，系统的工作频率范围便大一些。另外，当系统的阻尼比 ξ 在 0.7 左右时，$A(\omega)$ 的水平直线段也比较长一些，$\varphi(\omega)$ 与 ω 之间也在较宽频率范围内更接近线性。当 $\xi=0.6\sim0.8$ 时，可获得较合适的综合特性。

综合来看，二阶系统的主要性能指标参数是系统的固有频率 ω_n 和阻尼比 ξ 两个参数。

2.4.3　脉冲响应函数

当系统的输入为单位脉冲函数 $\delta(t)$ 时所得的系统输出称为脉冲响应函数。

当 $x(t)=\delta(t)$ 时，$X(s)=1$，因此，根据传递函数定义 $H(s)=\dfrac{Y(s)}{X(s)}$ 可知，当系统的输入为单位脉冲函数时，所得输出为

$$Y(s)=X(s)\cdot H(s)=H(s)\cdot 1=H(s) \tag{2-36}$$

经拉普拉斯逆变换可得，时域输出为

$$y(t)=h(t) \tag{2-37}$$

$h(t)$ 是系统传递函数的拉普拉斯逆变换，也是系统脉冲响应函数。脉冲响应函数是系统在时域的数学模型，描述了系统的时域特性。

总结以上所述，系统特性在时域可以用 $h(t)$ 来描述，在频域可以用 $H(\mathrm{j}\omega)$ 来描述，在复数域

可用 $H(s)$来描述，三者是一一对应的关系，三种模型之间可以利用数学变换相互转换。对系统而言，最基本的描述系统特性的模型仍是系统的微分方程。

2.4.4 系统动态特性的测定方法

系统的动态特性是系统的固有属性，取决于系统的结构及其结构参数。这种属性只有在系统受到激励之后才能显现出来，并表现在系统的响应特性中。因此，在研究测试系统动态特性的标定时，应首先研究采用什么样的输入信号作为系统的激励，其次要研究如何从系统的输出响应中提出系统的动态特性参数。测试系统不同，其动态参数也不同。一阶系统为时间常数 τ，二阶系统为固有频率 ω_n 和阻尼比 ξ。

常用的动态标定方法有频率响应法、脉冲响应法和阶跃响应法。

1. 频率响应法

频率响应法也称为稳态响应法。频率响应法就是在幅值不变的前提下，对系统施以不同已知频率的正弦激励，对于每一种频率的正弦激励，在系统的输出响应达到稳态后测量出输出与输入的幅值比和相位差。这样，在激励频率 ω 由低到高依次变化时，便可获得系统的幅频特性曲线和相频特性曲线。

1）一阶系统参数的测定

对于一阶系统，主要的动态特性参数是时间常数 τ。

一阶系统的传递函数为：

$$H(s)=\frac{1}{\tau s+1} \tag{2-38}$$

一阶系统的频率响应函数为：

$$H(\mathrm{j}\omega)=\frac{1}{\mathrm{j}\tau\omega+1} \tag{2-39}$$

幅频、相频特性表达式为：

$$A(\omega)=\frac{1}{\sqrt{1+(\tau\omega)^2}} \tag{2-40}$$

$$\varphi(\omega)=-\arctan(\tau\omega) \tag{2-41}$$

在一阶系统特性中，有几点应特别注意。

① 当激励频率 ω 远小于 $1/\tau$ 时，其 $A(\omega)$值接近于 1(误差不超过 2%)，输出、输入幅值几乎相等。一阶测量装置适用于测量缓变或低频的被测量。

② 时间常数 τ 是反映一阶系统特性的重要参数，实际上决定了该装置适用的频率范围。在 $\omega=1/\tau$ 处，$A(\omega)=0.707$(即-3 dB)，相位滞后 45°。

③ 一阶系统的伯德图可以用一条折线来近似描述，其转折频率为 $\omega=1/\tau$，在该点处折线偏离实际曲线的最大误差为-3 dB。

2）二阶系统参数的测定

对于二阶系统，其主要动态特性参数是固有频率 ω_n 和阻尼比 ξ。

二阶系统的传递函数为：

$$H(s)=\frac{\omega_n^2}{s^2+2\xi\omega_n+\omega_n^2} \tag{2-42}$$

二阶系统的频率响应函数为：

$$H(\mathrm{j}\omega)=\frac{1}{1-\left(\frac{\omega}{\omega_n}\right)^2+\mathrm{j}2\xi\frac{\omega}{\omega_n}} \tag{2-43}$$

相应的幅频特性和相频特性表达式分别为：

$$A(\omega)=\frac{1}{\sqrt{\left[1+\left(\frac{\omega}{\omega_n}\right)^2\right]^2+4\xi^2\left(\frac{\omega}{\omega_n}\right)^2}} \tag{2-44}$$

$$\varphi(\omega)=-\arctan\frac{2\xi\left(\frac{\omega}{\omega_n}\right)}{1-\left(\frac{\omega}{\omega_n}\right)^2} \tag{2-45}$$

在 $\omega=\omega_n$ 处，输出对输入的相位滞后为 90°，该点处的斜率直接反映了阻尼比的大小。但是一般来说相位测量比较困难。所以，通常通过幅频曲线估计其动态特性参数。对于欠阻尼系统（$\xi<1$），其幅频特性曲线的峰值在偏离 ω_n 的 ω_r（称为谐振频率）处，且

$$\omega_r=\omega_n\sqrt{1-2\xi^2} \tag{2-46}$$

因此，在确定了系统阻尼比 ξ 之后，便有

$$\omega_n=\frac{\omega_r}{\sqrt{1-2\xi^2}} \tag{2-47}$$

对于阻尼比 ξ 的估计，只要测得了幅频曲线的峰值 $A(\omega_r)$ 和频率为零时的幅频特性值 $A(0)$，就可以根据式(2-26)确定，即

$$\frac{A(\omega_r)}{A(0)}=\frac{1}{2\xi\sqrt{1-\xi^2}} \tag{2-48}$$

2. 脉冲响应法

脉冲响应法是利用脉冲响应函数的性质，即当系统输入为单位脉冲函数时，所得的脉冲响应输出为系统传递函数的拉普拉斯逆变换，也就是说，系统的脉冲响应输出描述了系统的特性。

利用单位脉冲函数得到系统动态特性的具体方法，可以参考自动控制中的相关内容。

【例 2-1】 对一个典型二阶系统输入一脉冲信号，从响应的记录曲线上测得其振荡周期为 4 ms，第 3 个和第 11 个振荡的单峰值为 12 mm 和 4 mm。试求该系统的阻尼比 ξ 和固有频率 ω_n。

解：输出波形的对数衰减率为

$$\frac{\delta_n}{n}=\frac{\ln(12/4)}{8}=0.137\ 326\ 5$$

振荡频率为

$$\omega_d=\frac{2\pi}{4\times10^{-3}}=1\ 570.796(\mathrm{rad/s})$$

该系统的阻尼比为

$$\xi=\frac{\delta_n/n}{\sqrt{4\pi^2+(\delta_n/n)^2}}=\frac{0.1373265}{\sqrt{4\pi^2+0.1373265^2}}=0.02185$$

该系统的固有频率为

$$\omega_n=\frac{\omega_d}{\sqrt{1-\xi^2}}=\frac{1570.796}{\sqrt{1-0.02185^2}}=1571.171(\text{rad/s})$$

3. 阶跃响应法

阶跃响应法是测定测试系统动态特性较常用的一种方法。

一阶系统的单位阶跃响应为 $y(t)=1-e^{-t/\tau}$，二阶系统的单位阶跃响应为：

$$y(t)=1-\frac{e^{-\xi\omega_n t}}{\sqrt{1-\xi^2}}\sin(\omega_d t+\varphi)$$

式中，$\omega_d=\omega_n\sqrt{1-\xi^2}$；$\varphi=\arctan\frac{\sqrt{1-\xi^2}}{\xi}$。一阶系统和二阶系统的阶跃响应如图 2.10 和图 2.11 所示。

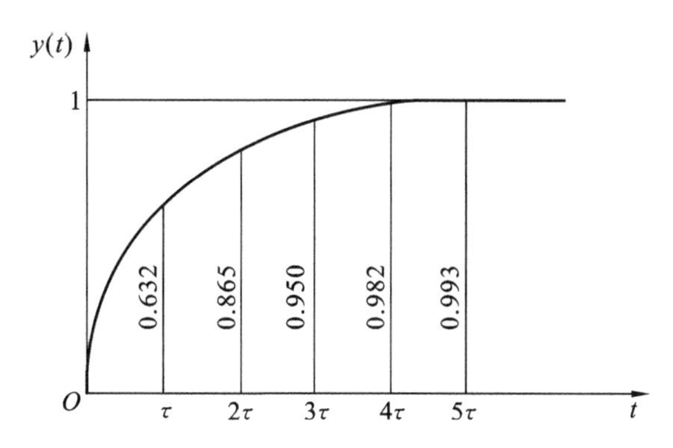

图 2.10　一阶系统的单位阶跃响应

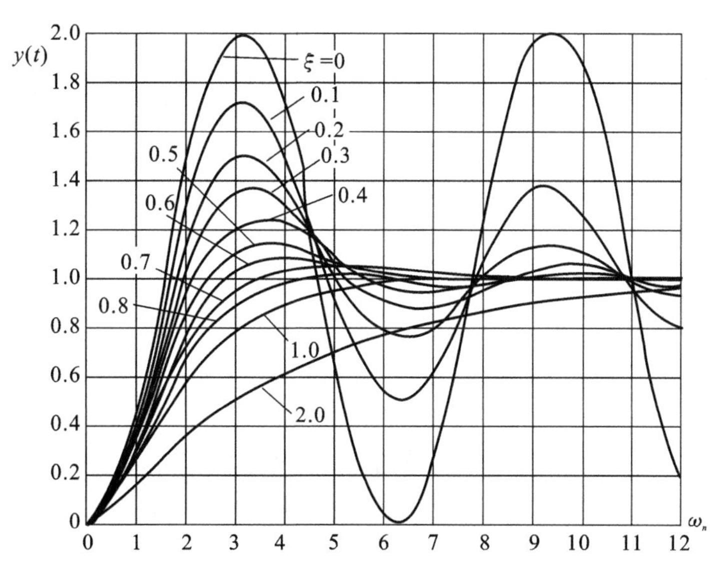

图 2.11　二阶系统的单位阶跃响应

由图 2.10 可知，一阶系统在单位阶跃激励下的稳态输出误差为零，进入稳态的时间 $t\to\infty$。但是，当 $t=4\tau$ 时，$y(4\tau)=0.982$，误差小于 2%；当 $t=5\tau$ 时，$y(5\tau)=0.993$，误差小于 1%；所以对于一阶系统来说，时间常数 τ 越小，响应越快。

二阶系统在单位阶跃激励下的稳态输出误差也为零。进入稳态的时间取决于系统的固有频率 ω_n 和阻尼比 ξ。固有频率 ω_n 越高，系统响应越快；阻尼比主要影响超调量和振荡次数。当 $\xi=0$ 时，超调量为 100%，且持续振荡；当 $\xi\geqslant1$ 时，系统实质上由两个一阶系统串联而成，虽无振荡，但达到稳态的时间较长；当 ξ 取 0.6～0.8，此时最大超调量不超过 10%，达到稳态的时间最短，稳态误差在 2%～5%的范围内。因此，二阶测试系统的阻尼比通常选择为 0.6～0.8。

2.5 不失真测试的条件

对于测试系统而言，其最主要的功能和实现目的是获得被测对象的原始信息，这就要求在测试过程中，采用相应的技术和措施，确保测试系统的输出信号能够真实、准确地反映出被测对象的信息，也就是要求测试系统能够实现不失真测量。

设测试系统的输入为 $x(t)$，若系统的输出 $y(t)$ 满足如下关系：

$$y(t)=A_0x(t-t_0) \tag{2-49}$$

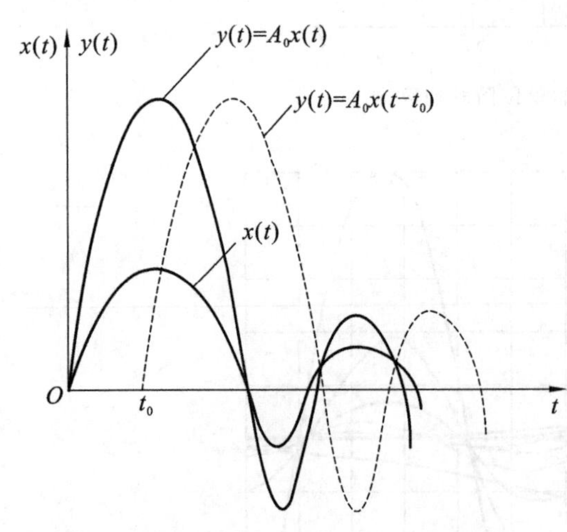

图 2.12 测试系统实现不失真测量的条件

其中，A_0 和 t_0 均为常数，则该系统能够实现不失真测试，即式(2-49)为时域内实现不失真测试的条件。

所谓不失真测试是指，经过测试系统得到的输出信号 $y(t)$ 与输入信号 $x(t)$ 的波形形状精确一致，只是在幅值上放大(或缩小)了 A_0 倍，相位则产生了 t_0 的相移，如图 2.12 所示。

对式(2-49)进行傅里叶变换可得，

$$Y(\mathrm{j}\omega)=A_0\mathrm{e}^{-\mathrm{j}\omega t_0}X(\mathrm{j}\omega) \tag{2-50}$$

在频域内，测试系统实现不失真测试的条件为：

$$A(\omega)=A_0=\text{常数} \tag{2-51}$$

$$\varphi(\omega)=-t_0\omega \tag{2-52}$$

式(2-51)和式(2-52)分别为实现不失真测试的幅频特性和相频特性。也就是说，实现不失真测试的幅频特性曲线是一条平行于 ω 轴的直线，相频特性曲线是通过坐标原点的斜率为 $-t_0$ 的直线。

幅频特性 $A(\omega)$ 不等于常数所引起的失真称为幅值失真，相频特性 $\varphi(\omega)$ 与 ω 之间的非线性关系所引起的失真称为相位失真。

一般来说，任何一个实际测试系统都不可能在无限宽广的频率范围内完全满足不失真测试的条件，实际测试系统既有幅值失真也有相位失真。因此，在实际的测试工程中，只能采取一定的技术手段将失真波形控制在一定的误差范围内，或者在一定的频率范围内，实现不失真测量。

还要注意的是，测试系统通常是由若干个测试环节组成，因此，只有保证所使用的每一个测试环节都满足不失真的测试条件，才能使最终的输出波形不失真。

2.6 组成测试系统应考虑的因素

选择组成测试系统的测试仪器，其根本出发点是满足测试的目的和要求。但要做到技术上合理，经济上节约，则必须考虑一系列因素的影响，其中最主要的影响因素是技术性能指标、经济指标和使用环境条件。

2.6.1 技术性能指标

测试系统的技术性能指标可以理解为：在限定的使用条件下，能描述系统特性、保证测试精确度要求的各种技术指标。一般的测试仪器，在其说明书中都有对静态性能指标和动态性能指标的详细说明，目前最常用的技术性能指标有以下几项。

1. 精度、精密度和准确度

精度（或称精确度），是指由测试系统的输出所反映的测量结果和被测量结果的真值相符合的程度，通常用几种误差来表示。

$$\text{绝对误差}=\text{测量结果}-\text{被测真值}$$

$$\text{相对误差}=\frac{\text{绝对误差}}{\text{被测真值}}\times 100\%$$

$$\text{引用误差}=\frac{\text{绝对误差}}{\text{测量范围的上限值(满量程值)}}\times 100\%$$

需要注意的是，被测真值虽然是客观存在的，但无法确知。在实际测试过程中，一般使用“约定真值”。所谓约定真值，是指对给定的目的而言，它被认为是充分接近于真值，可以代替真值来使用的量值，通常都是用比标定的精度高一级的仪器对同一输入量的输出值来代替。

一般用测试仪器的最大引用误差来标称仪器的精度等级，例如，精度 1 级，读数为 0～100 mA 的电流表，就是指仪器在全量程 100 mA 内其绝对误差不超过 100 mA×1%＝1 mA。应当注意的是，在使用以引用误差来表征精度等级的仪器时，应当避免在全量程（对某个使用量程而言）的 1/3 以下的量程范围内工作，以免产生较大的相对误差。

精密度是精度的一个组成部分，测试仪器的精密度也称示值的重复性，它反映测量结果中随机误差的大小，即反映在相同条件下，多次重复测量中，测量结果互相接近、互相密集的程度。

准确度则是指测量结果中系统误差的大小程度，准确度以偏度误差来描述。

精度(精确度)综合反映系统误差和随机误差。精密度高，但准确度差，测试系统的精度不会好；反之，准确度好，精密度差时，其精度也不会好。只有在经过标定和校准，确认可以大大减小甚至接近消除系统误差的情况下，其精度和精密度的高低才有可能统一。

2. 分辨力和分辨率

分辨力是指仪器可能检测到的输入信号的最小变化量的能力；分辨率则按下式计算

$$分辨率=\frac{分辨力}{仪器的测量范围(仪器的全量程)}\times 100\%$$

3. 测量范围

仪器的测量范围是指其能够正常工作的被测量的量值范围。对于静态测量仪器，只有幅值范围；但对于动态测量仪器，则要在注意仪器幅值范围的同时充分注意仪器所能使用的频率范围，测量范围的增大往往会导致仪器灵敏度的下降。

4. 示值的稳定性

测试仪器的示值稳定性包括温度漂移(简称温漂)和零点漂移(简称零漂)。温漂是指仪器在允许的使用温度范围内示值随温度的变化而变化的量。零漂则是指仪器开机一段时间后零点的变化量。

2.6.2 测试系统的经济指标

对于测试系统的经济指标，必须要全面衡量才能得出较恰当的结果。

从经济角度来考虑，首先是以能达到测试要求为准则，不应盲目的采用超过测试目的要求精度的仪器。其次，当需要用多台仪器来组成测试系统时，所有的仪器都应该具有同等的精度。误差理论分析表明，由若干台仪器组成的系统，其测量结果的精度取决于精度最低的仪器。

2.6.3 测试系统的使用环境条件

从测试系统的技术性能指标可以看出，测试仪器的示值稳定性和示值的准确性都与测试温度有一定关系，也就是说，使用环境条件对测试系统的测试结果有一定的影响，这些影响主要从温度、振动和介质等方面来考虑。比如温度的变化会产生热胀冷缩效应，会影响测试仪器的示值稳定性；过大的加速度将使仪器受到不应有的惯性力作用，导致输出的变化和仪器的损坏；在有腐蚀性的介质中或有辐射的工作环境中工作的仪器也往往容易受到损坏。因此，应针对不同的工作环境选择不同的仪器，同时还必须采取必要的措施对仪器加以保护。

2.6.4 负载效应

在实际测试工作中，测量系统和被测对象之间是由许多环节连接的，测试系统内部也有很多环节，在各环节之间会产生相互作用。当一个环节连接到另一个环节上并产生能量交换时，连接点的物理参量就会发生变化。测试系统的传递函数也不再是各环节之间的简单串、并联。当后一个环节的存在影响到前一个环节的输出时，后一个环节相当于对前一个环节加上了负载，这种现象我们称之为负载效应。负载效应产生的后果，有的可以忽略，有的却很严重，不能对其掉以轻心。

现以简单直流电路中用电压表测量电压为例来说明负载效应对测量结果的影响，如图 2.13 所示。电压表的内阻为 R_m，电源电压为 E，以电阻 R_2 上的电压为例。从图 2.13 中不难看出，电阻 R_2 的电压为：

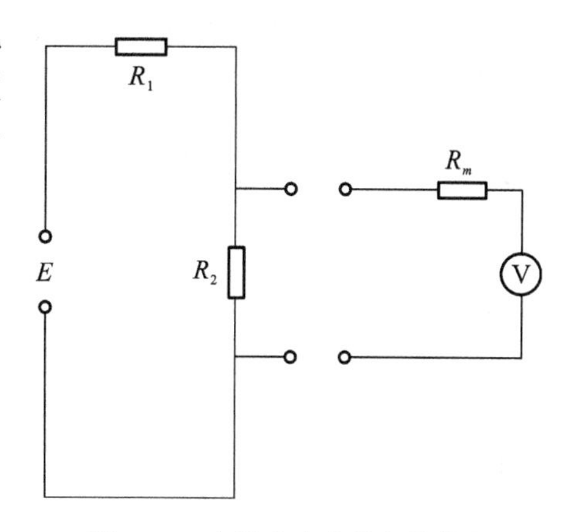

图 2.13　电压表产生的负载效应

$$U_2=\frac{R_2}{R_1+R_2}E$$

为了实现该测量，在电阻 R_2 的两端并联了一个内阻为 R_m 的电压表。这时，由于内阻为 R_m 的电压表的接入，R_2 和 R_m 两端的电压降 U_2 变为 U'_2：

$$U'_2=\frac{\dfrac{R_2\cdot R_m}{R_2+R_m}}{R_1+\dfrac{R_2\cdot R_m}{R_2+R_m}}E=\frac{R_2\cdot R_m}{R_1(R_2+R_m)+R_2\cdot R_m}E \tag{2-53}$$

其中，我们将 R_2 和 R_m 的并联电阻等效为负载电阻 R_L，于是有 $R_L=\dfrac{R_2\cdot R_m}{R_2+R_m}$

$$U'_2=\frac{R_L}{R_1+R_L} \tag{2-54}$$

显然，由于接入电压表的内阻 R_m 的影响，电阻 R_2 两端的电压从 U_2 变为 U'_2，$U_2\neq U'_2$，两者之间差值的大小取决于电压表内阻 R_m 的大小，R_m 的值越大，U_2 和 U'_2 之间的差值越小。

现对该负载影响加以定量说明。令 $R_1=100\ \text{k}\Omega$，$R_2=R_m=150\ \text{k}\Omega$，$E=100\ \text{V}$，代入公式可以得到，$U_2=90\ \text{V}$，而 $U'_2=64.3\ \text{V}$，误差竟然达到 28.6%。若将 R_m 改为 1 MΩ，其余不变，则有 $U'_2=84.9\ \text{V}$，误差为 5.7%。此例充分说明了负载效应对测量结果的影响有时是很大的。

因此在选择测量装置组成测试系统时，必须考虑各个环节互连时产生的负载效应，分析在接入所选的测量仪表后对被测对象的影响及各仪表之间的相互影响，尽可能让各环节之间适配。

减轻负载效应所造成的影响，需要根据具体的环节、装置来具体分析而后采取措施。对于电压输出的环节，减轻负载效应的办法有以下几种。

① 提高后续环节（负载）的输入阻抗。

② 在原来两个相连接的环节之中，插入高输入阻抗、低输出阻抗的放大器，以便一方面减小前面环节吸取的能量，另一方面在承受后一环节的负载时又能减小电压输出的变化，从而减轻总的负载效应。

③ 使用反馈或零点测量原理，使后面环节几乎不从前面环节吸取能量。例如用电位差计量电压等。

总之，在测试工作中，应当建立系统整体的概念，充分考虑各种装置、环节连接时可能产生的影响。测量装置的接入会成为被测对象的负载，将会引起测量误差，两环节连接，后面环节将成为前面环节的负载，产生相应的负载效应。因此，在组成测试系统时，要考虑各组成环节之间连接时的负载效应，并将其减小到最低。只要认真地考虑各环节之间的互连和适配问题，根据动态测试不失真条件，综合考虑测试系统的特性要求，就不难获得满足工程要求精度的测试结果。

2.6.5 抗干扰性

在测试过程中，除了待测信号以外，还有各种不可见的、随机的信号可能出现在测量系统中。这些信号与有用信号叠加，轻则使测量结果偏离正常值，严重时可能会导致无法获得测量结果。这些使得测量结果发生偏差的信号就是干扰。一个测试系统的抗干扰能力的大小在很大程度上决定了该系统的可靠性，因此，抗干扰性是测试系统的重要特性之一。

1. 测量装置的干扰源

测试装置的干扰来自很多方面，机械振动或冲击、光线、温度变化等都会对测量装置造成干扰。

干扰进入测试系统主要有以下三条途径。

① 电磁场干扰。干扰以电磁波辐射的方式经空间窜入测量装置。

② 信道干扰。信号在传输过程中，通道中各元器件产生的噪声或非线性畸变所造成的干扰。

③ 电源干扰。由于电源波动、城市电网干扰信号的窜入以及装置供电电源电路内阻引起各单元电路的相互耦合造成的干扰。

良好的屏蔽及正确的接地可除去绝大部分的电磁波干扰。一般来说，绝大部分的测量装置是需要电源供电的，因此，外部电网以及装置内部通过电源内阻互相耦合造成的干扰是测量装置的一个主要干扰，尤其需要注意。

2. 供电系统干扰及其抗干扰

供电系统干扰主要来自于供电电网的尖峰电压。所谓尖峰电压，是指电网上并联的各种电器（尤其是感应性电器）在开、关机时给电网带来的强度不一的电压跳变。

根据供电电压跳变持续时间的不同，电网电源噪声可以分为以下三类。

① 过压和欠压噪声，即供电电压跳变的持续时间 Δt 大于 1 s 者，供电电网内阻过大或网内用电器过多会造成欠压噪声。

② 浪涌和下陷噪声，即供电电压跳变的持续时间 Δt 在 1 ms～1 s 之间者，浪涌和下陷噪声主要产生于感应性用电器在开、关机时产生的感应电动势。

③ 尖峰噪声，即供电电压跳变的持续时间 Δt 小于 1 ms 者，尖峰噪声产生的原因比较复杂，用电器间断的通断产生的高频分量、汽车点火器所产生的高频干扰耦合到电网时都可能产生尖峰噪声。

供电系统常采用以下几种抗干扰措施。

① 采用交流稳压器，它可以消除过压、欠压造成的影响，保证供电的稳定。

② 采用隔离稳压器，隔离稳压器的一次侧、二次侧之间用屏蔽层隔离，减少级间耦合电容，从而减少高频噪声的窜入。

③ 采用低通滤波器，它可以滤去大于 50 Hz 的高频干扰。对于 50 Hz 的市电基波，则通过整流滤波后也可完全滤除。

④ 独立功能块单独供电。电路设计时，有意识地把各种功能的电路单独设置供电电源，这样做可以基本消除各单元因共用电源而引起的相互耦合所造成的干扰。

3. 信道通道的干扰及其抗干扰

信道干扰主要有下列几种。

① 信道通道元器件噪声干扰，这是由测量通道中各种电子元器件所产生的热噪声(电阻器的热噪声、半导体元器件的散粒噪声等)造成的。

② 信号通道中信号的窜扰，元器件排放位置和线路板信号走向不合理会造成这种干扰。

③ 长线传输干扰，对于高频信号来说，当传输距离与信号波长成比例时，应考虑此类干扰的影响。

信号通道的抗干扰措施一般从以下几个方面入手。

① 合理选用元器件和设计方案，如尽量采用低噪声材料、放大器采用低噪声设计、根据测量信号频谱合理选择滤波器等。

② 印制电路板在设计时其元器件排放要合理，大、小信号区要明确分开，并尽可能远离；输出线之间避免靠近或平行；有可能产生电磁辐射的元器件尽可能远离输入端；合理进行接地和屏蔽。

③ 在有一定传输长度的信号输出中，尤其是数字信号的传输中可采用光耦合隔离技术、双绞线传输技术。对于远距离的数据传送，可采用平衡输出的驱动器和平衡输入的接收器。

4. 接地设计

测量装置中的地线是所有电路公共的零相对电平点。常用的接地方式主要有以下几种可供选择。

① 单点接地。各单元电路的地线接在一点上，称为单点接地。单点接地的优点在于不存在环形回路，各单元电路的地线电位只与本电路的地电流和接地电阻有关，相互干扰较小。

② 串联接地。各单元电路的地线顺序连接在一条公共地线上，称为串联接地。在这种接地方式中，每个电路的地线电位都受到其他电路的影响，干扰通过公共地线相互耦合。因此采用这种接地方式时要注意以下几点。

(a) 信号电路要尽可能靠近电源，即靠近真正的地线。

(b) 所有地线应尽可能粗些，以降低地线电阻。

(c) 多点接地。做电路板时把尽可能多的地方做成地，或者说，把地做成一片。这样就能产生尽可能宽的接地母线和尽可能低的接地电阻，各单元电路就近接到接地母线，接地母线的一段接到供电电源和地线上，形成工作接地。

(d) 模拟地和数字地。现代测量系统中都同时具有模拟电路和数字电路。由于数字电路在开、关时，会产生较大的电压波动，这种电压波动有可能通过地线干扰到模拟电路。因此，可采用两套整流电路分别供电给模拟电路和数字电路，并在这两套整流电路之间采用光电耦合器来隔离耦合。

2.7 项目设计实例

2.7.1 电阻应变片灵敏度系数的测定

电阻应变片的电阻值相对变化 dR/R 与其轴向应变 ε 之间在很大范围内呈线性关系，即 $dR/R=S_0\varepsilon$，故电阻应变片的灵敏度系数 S_0 是常数，即

$$S_0=\frac{dR}{R}\cdot\frac{1}{\varepsilon} \tag{2-55}$$

灵敏度系数是衡量应变片工作特性的一个重要参数，其精度直接影响测量的准确度。为统一测定条件，规定以下几点：

① 所用试件材料的泊松比 $\mu_0=0.258$；

② 试件处于一维应力状态；

③ 沿主应力方向贴片。

只有满足上述三个条件，所测得的 S_0 值才是准确的。

测定 S_0 值的装置多用纯弯曲梁和等强度悬臂梁。用等强度悬臂梁结构测定 S_0 值的示意图如图 2.14 所示。

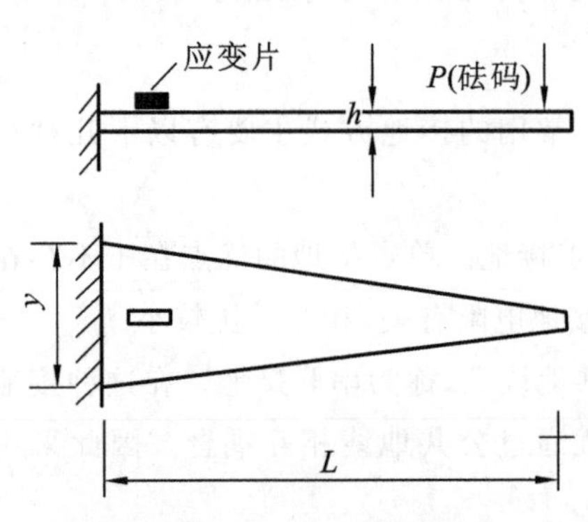

图 2.14 用等强度悬梁臂测定 S_0 值的示意图

将应变片贴在梁上，并加已知荷载，加载后的应变 ε 可用电阻应变仪测出。

本实验采用等强度悬臂梁。根据梁的等强度特性，等应力区任一截面的表面张力为

$$\sigma=\frac{M}{W}=\frac{M_{max}}{W_{max}}=\frac{PL}{\frac{1}{6}bh^2}=E\varepsilon \tag{2-56}$$

式中，M 为弯矩；W 为抗弯截面模量；E 为试件材料的弹性模量。

设 ε_0 为测点处的理论应变量，通常取 $\varepsilon_0=500\ \mu\varepsilon$。将等强度梁的各参数 $L=0.3$ m、$h=0.006$ m、$b_{max}=0.03$ m、$E=2\times10^{10}$ kg/m^2 代入，则理论应变值 ε_0 的应加荷载可由式(2-56)计算得出，即

$$P=\frac{\varepsilon_0 EW_{max}}{L}=500\times10^{-6}\times2\times10^{10}\times\frac{1}{6}\times0.03\times\frac{0.006^2}{0.3}\ \text{kg}=6\ \text{kg}$$

将工作片和补偿片接入应变仪中(半桥接线)，设 $S_{仪}=2$，并将应变仪调零。然后在等强度悬梁臂上加载 $P=6$ kg，由应变仪上可读得 $\varepsilon_{仪}$，此时对应的电阻变化率为 $\frac{dR}{R}=S_{仪}\ \varepsilon_{仪}$。

由式(2-55)得

$$S_0=\frac{\mathrm{d}R}{R}\cdot\frac{1}{\varepsilon_0}=S_{仪}\ \varepsilon_{仪}/\varepsilon_0=2\varepsilon_{仪}/\varepsilon_0 \tag{2-57}$$

对每个应变片循环三次加、卸载，三次循环所得的三个 S_0 值取平均值，即为此应变片的单个灵敏度系数。所有参加测定的应变片的单个灵敏度系数的算术平均值即为此批应变片的平均 S_0 值的标准值。

(1) 若压电式传感器的灵敏度为 90 pC/MPa，电荷放大器的灵敏度为 0.05 V/pC，若压力变化 25 MPa，为使记录笔在记录纸上的位移不大于 50 mm，则笔式记录仪的灵敏度应选多大的？

(2) 如图 2.15 所示为一测试系统的结构框图，试求该系统的总灵敏度。

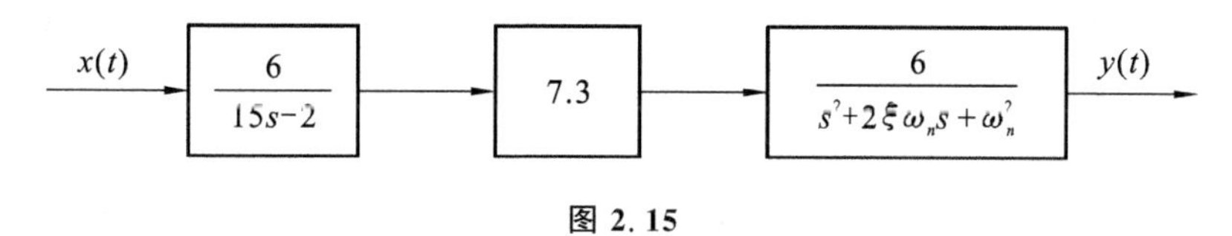

图 2.15

(3) 设用时间常数为 0.2 s 的一阶装置测量正弦信号：$x(t)=\sin 4t+0.4\sin 40t(S=1)$，试求其输出信号。

(4) 用一阶系统对 200 Hz 的正弦信号进行测量，如果要求振幅误差在 10%以内，则一阶系统的时间常数应取多少？如果具有该时间常数的同一系统对 50 Hz 的正弦信号进行测试，问此时的振幅误差和相位差是多少？

(5) 将温度计从 20 ℃的空气中突然插入 100 ℃的水中，若温度计的时间常数为 2.5 s，则 2 s 后的温度计指示值是多少？

(6) 对一个二阶系统输入单位阶跃信号后，测得响应中产生的第一个过冲量 M 的数值为 1.5，同时测得周期为 6.28 s。设已知装置的静态增益为 3，试求该装置的传递函数和装置在无阻尼固有频率处的频率响应值。

(7) 一种力传感器可作为二阶系统处理。已知传感器的固有频率为 800 MHz，阻尼比为 0.14，试求使用该传感器分别对频率为 500 Hz 和 1 000 Hz 的以正弦变化的外力进行测试时，输出响应的振幅和相位角各为多少？

(8) 设某力传感器可作为二阶振荡系统处理。已知传感器的固有频率为 800 Hz，阻尼比为 0.14，问使用该传感器进行频率为 400 Hz 的正弦力测试时，其幅值 $A(\omega)$ 和相位差 $\varphi(\omega)$ 各为多少？若将该装置的阻尼比改为 0.7，$A(\omega)$ 和 $\varphi(\omega)$ 又将如何变化？

(9) 对一个可视为二阶系统的装置输入一单位阶跃函数后，测得其响应的第一个超调量峰值为 1.15，振荡周期为 6.28 s。设已知该装置的静态增益为 3，求该装置的传递函数和该装置在无阻尼固有频率处的频率响应。

第3章 信号分析与处理

信号是信号本身在其传输的起点到终点的过程中所携带的信息的物理表现。例如，在研究一个质量-弹簧系统在受到一个激励后的运动状况时，便可以通过系统质量块的位移-时间关系来进行描述，反映质量块位移的时间变化过程的信号则包含了该系统的固有频率和阻尼比等信息。

在工程和科学研究中，为了获取有关对象的状态与运动等方面的特征信息，经常要对许多客观存在的物体或物理过程进行观测。被研究对象的信息量往往是非常丰富的，测试工作是按一定的目的和要求，获取各信号中研究感兴趣的、有限的某些特定信息，而不是全部信息。为了达到测试目的，需要研究信号的各种描述方式，本章介绍信号基本的时域和频域描述方法。

3.1 信号的分类与描述

对信号的分类有多种方法，其中主要的有如下几种。

① 表象分类法。这是一种基于信号的演变类型、信号的预定特点或者信号的随机特性的分类方法。

② 形态分类法。这是一种基于信号的幅值或者独立变量是连续的还是离散的这一特点的分类方法。

③ 能量分类法。这种方法规定了两类信号，其中一类为具有有限能量的信号，另一类为具有有限平均功率但具有无限能量的信号。

④ 维数分类法。这是一种基于信号模型中独立变量个数的分类方法。

⑤ 频谱分类法。这是一种基于信号频谱的频率分布形状的分类方法。

其中使用较为广泛的是前三种分类方法，本书中将这三种方法作为重点进行讲解。

3.1.1 确定性信号和随机信号

表象分类法是考虑信号沿时间轴演变的特性所进行的一种分类。根据这种时域分类法可定义两大类信号:确定性信号和随机信号。

确定性信号是指可以用合适的数学模型或数学关系式来完整地描述或预测其随时间演变情形的信号。

随机信号是指那些具有不能被预测的特性且只能通过统计观察来加以描述的信号。

1. 确定性信号

确定性信号可划分为周期信号和非周期信号两类。周期信号又可以分为正弦周期信号和复杂周期信号,非周期信号又可以分为准周期信号和瞬态信号。确定性信号的分类如图 3.1 所示。

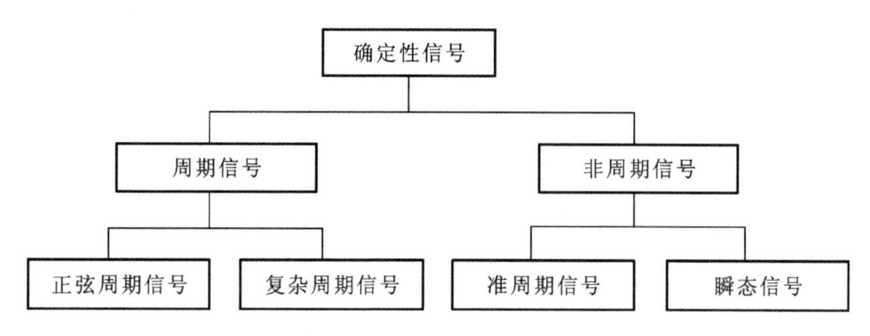

图 3.1 确定性信号的分类

1) 周期信号

经过一段时间间隔重复出现的信号称为周期信号,其中最基本的周期信号是正弦信号,可表示为

$$x(t)=A\sin(2\pi ft+\theta_0) \tag{3-1}$$

式中,A 为振幅;f 为振动频率;θ_0 为初相位。

复杂周期信号由不同频率的正弦信号叠加构成,并且其频率之比为有理数。若设周期信号中的基频为 f,则各正弦信号的频率 f_n 为基频的整数倍,即 $f_n=nf(n=1,2,\cdots,n)$。如图 3.2(c)所示的信号就是由图 3.2(a)和图 3.2(b)所示的两信号叠加而成。

2) 非周期信号

能用明确的数学关系进行描述,但又不具有周期重复性的信号称为非周期信号,它分为准周期信号和瞬态信号两类。准周期信号是由两个以上不同频率的正弦信号叠加而成的,但其频率比不全是有理数。在实际的机械运动中,当几个不同的周期性振动源混合作用时,常会产生准周期信号,例如几台电动机不同步振动造成的机床振动,其信号测量的结果为准周期信号。再如 $x(t)=A_1\sin\left(\sqrt{2}t+\theta_1\right)+A_2\sin(3t+\theta_2)$ 是两个正弦信号的合成,但这两个正弦信号的频率比不是有理数,这两个正弦信号合成为准周期信号,其信号波形如图 3.3(c)所示,从其波形图上看不出它是周期信号。准周期信号往往出现在机械转子振动分析、齿轮噪声分析、语音分析等分析中。

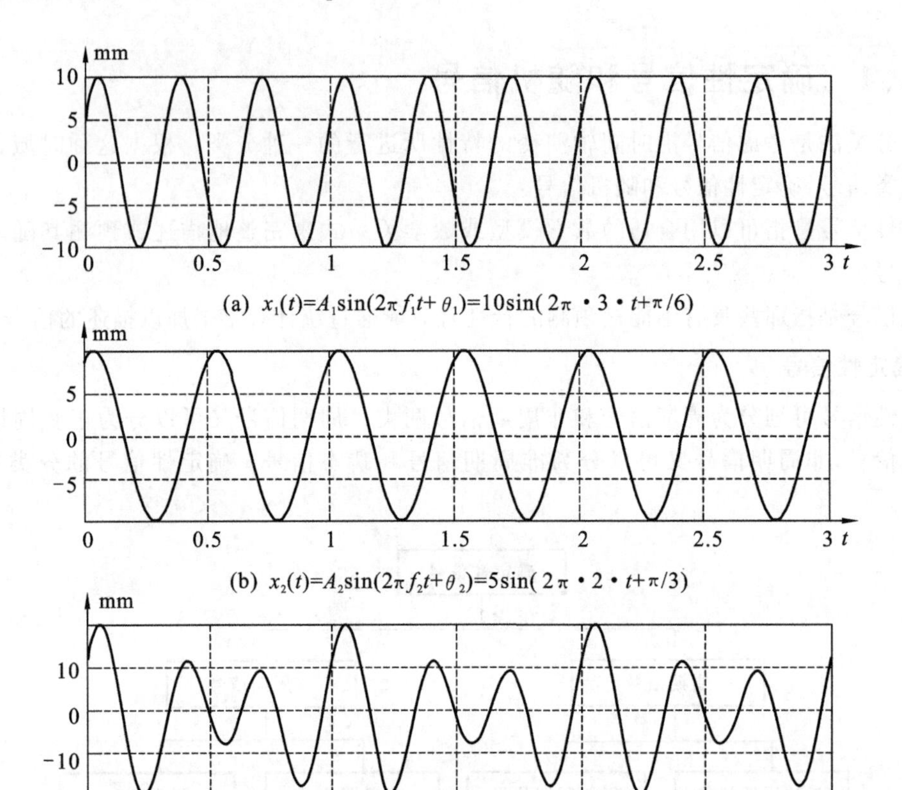

(a) $x_1(t)=A_1\sin(2\pi f_1 t+\theta_1)=10\sin(2\pi\cdot 3\cdot t+\pi/6)$

(b) $x_2(t)=A_2\sin(2\pi f_2 t+\theta_2)=5\sin(2\pi\cdot 2\cdot t+\pi/3)$

(c) $x_3(t)=10\sin(2\pi\cdot 3\cdot t+\pi/6)+5\sin(2\pi\cdot 2\cdot t+\pi/3)$

图 3.2 复杂周期信号

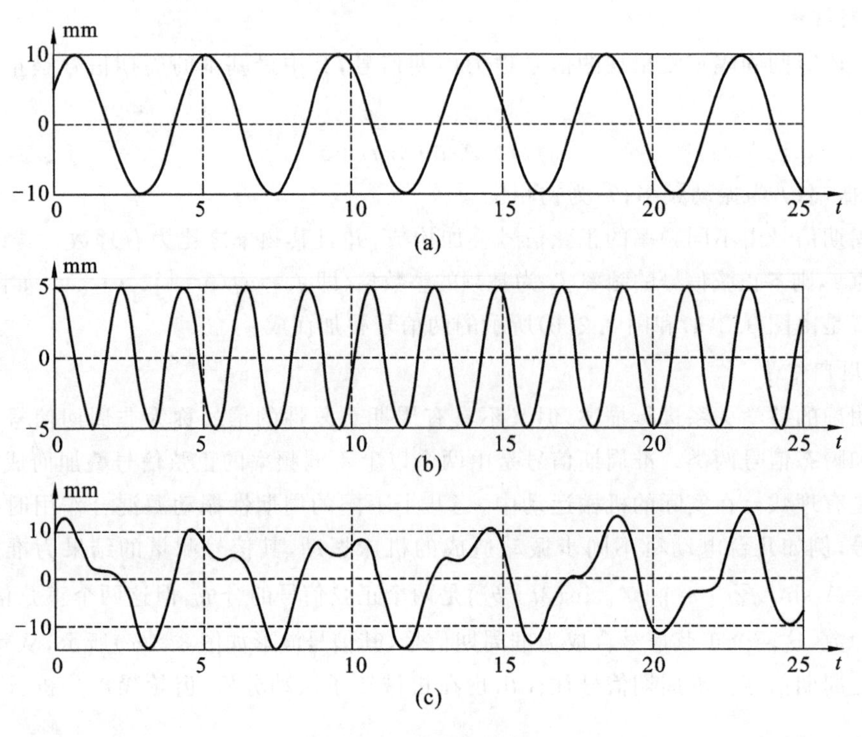

(a)

(b)

(c)

图 3.3 准周期信号

除准周期信号外的非周期信号为瞬态信号，瞬态信号一般在某一时刻出现而到某个时刻消失。产生瞬态信号的原因很多，例如阻尼振荡系统在解除激振力后的自由振荡等。如图 3.4 所示为单自由度振动模型在脉冲力作用下的响应，它就是一个瞬态信号，随时间的无限增加而衰减至零。

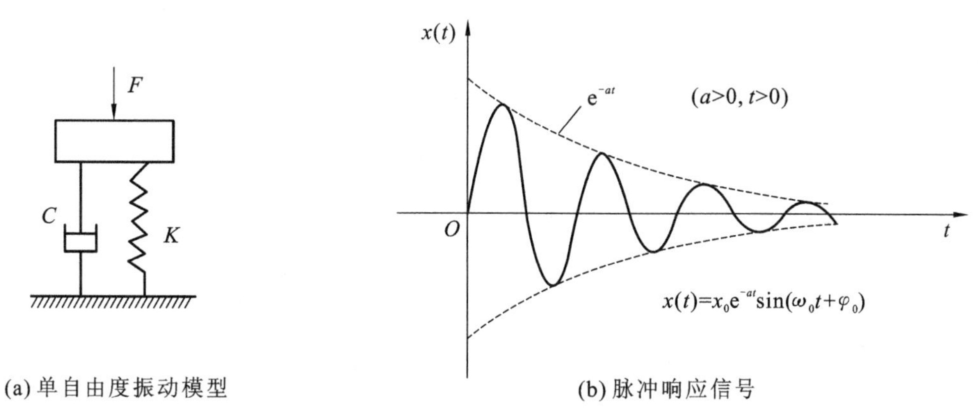

图 3.4　单自由度振动模型的脉冲响应信号

2. 随机信号

不能准确预测信号的未来瞬时值，也无法用准确数学关系式来描述的信号称为随机信号，也称非确定性信号。

随机信号又可分成两大类：平稳随机信号和非平稳随机信号。

① 平稳随机信号的统计特征是线性时不变的，如图 3.5(a)所示。

② 不具有上述特点的随机信号称为非平稳随机信号，如图 3.5(b)所示。

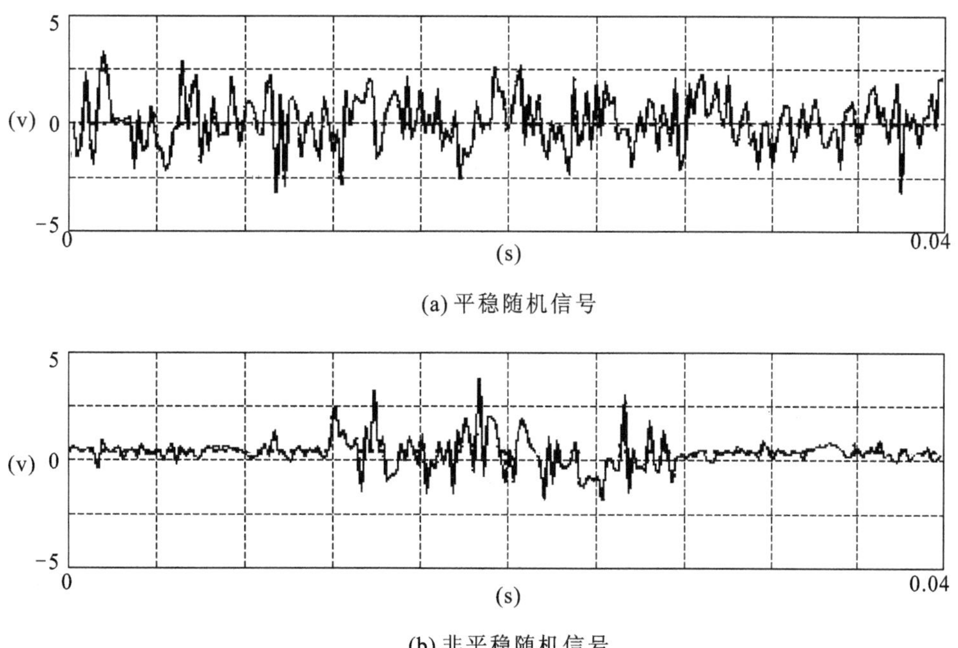

图 3.5　随机信号

随机过程的各种平均值(均值、方差、均方值和均方根值等)是按集合平均来计算的。集合平均的计算不是沿某单个样本的时间轴进行,而是将集合中所有样本函数对同一时刻 t_i 的观测值取平均。为了与集合平均相区别,把按单个样本的时间历程进行平均的计算叫做时间平均。

平稳随机过程是指其统计特征参数不随时间变化的随机过程,否则为非平稳随机过程。在平稳随机过程中,若任一单个样本函数的时间平均统计特征等于该过程的集合平均统计特征,这样的平稳随机过程叫各态历经(遍历性)随机过程。工程上所遇到的很多随机信号具有各态历经性,有的虽不是严格的各态历经过程,但也可以当作各态历经随机过程来处理。

3.1.2 连续信号和离散信号

若信号数学表达式中的独立变量取值是连续的,则该信号称为连续信号,如图 3.6(a)所示。若独立变量取离散值,则称为离散信号,图 3.6(b)所示是将连续信号等时距采样后的结果,它就是离散信号。离散信号可用离散图形表示,或用数字序列表示。若信号的幅值和独立变量均连续,则称为模拟信号;若信号的幅值和独立变量均离散,则称为数字信号。目前,数字计算机所使用的信号是数字信号。

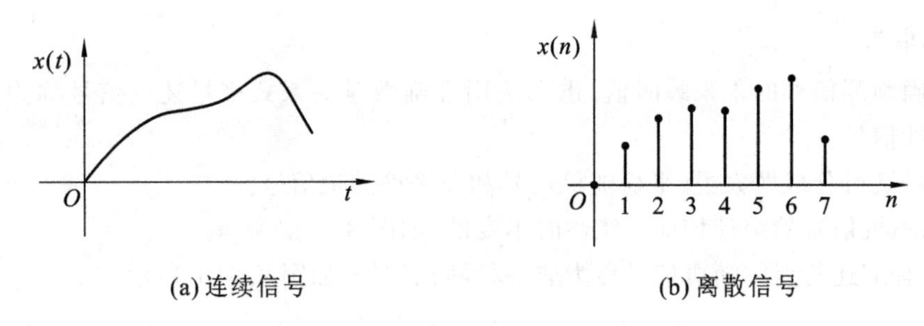

图 3.6 连续信号和离散信号

3.1.3 能量信号和功率信号

在非电量测量中,常将被测信号转换为电压或电流信号来处理。显然,电压信号 $x(t)$ 加到电阻 R 上,其瞬时功率 $P(t)=x^2(t)/R$。当 $R=1$ 时,$P(t)=x^2(t)$。瞬时功率对时间积分就是信号在该时间内的能量。通常人们不考虑信号实际的量纲,而把信号 $x(t)$ 的平方 $x^2(t)$ 及其对时间的积分分别称为信号的功率和能量。当 $x(t)$ 满足

$$\int_{-\infty}^{+\infty} x^2(t)\mathrm{d}t < +\infty \tag{3-2}$$

时,则认为信号的能量是有限的,并称之为能量有限信号,简称为能量信号,如矩形脉冲信号、衰减指数信号等。

若信号在区间 $(-\infty,+\infty)$ 内的能量是无限的,即

$$\int_{-\infty}^{+\infty} x^2(t)\mathrm{d}t \to +\infty \tag{3-3}$$

但它在有限区间 (t_1,t_2) 的平均功率是有限的,即

$$\frac{1}{t_2-t_1}\int_{t_1}^{t_2} x^2(t)\mathrm{d}t < +\infty \tag{3-4}$$

则这种信号称为功率有限信号，简称为功率信号，如各种周期信号、阶跃信号等。

必须注意的是，信号的功率和能量未必具有真实功率和能量的量纲。

3.2 信号的时域分析

描述一个信号的变化过程通常有时域和频域两种角度。在时域描述法中，信号的自变量为时间，信号的历程随时间而展开。信号的时域描述主要反映信号的幅值随时间变化的特征，对一个测试系统进行时域分析是直接分析其时间变量函数或序列，研究系统的时间响应特征。在分析一个系统时，除了采用经典的微分或差分方程外，还引入单位脉冲响应和单位序列响应的概念，借助于卷积积分的方法。此外，一个线性系统对于一个输入 $x(t)$ 所引起的零状态响应是输入 $x(t)$ 与该系统的单位脉冲响应的卷积积分（适用于连续系统）或 $x(t)$ 与该系统的单位序列响应的卷积和（适用于离散系统）。

3.2.1 信号的运算

1. 稳态分量与交变分量

如图 3.7 所示，信号 $x(t)$ 可以分解为稳态分量 $x_d(t)$ 与交变分量 $x_a(t)$ 之和，即

$$x(t)=x_d(t)+x_a(t) \tag{3-5}$$

稳态分量是一种规律变化的量，有时称趋势量，而交变分量可能包含了所研究物理过程的幅值、频率、相位信息，也可能是随机干扰噪声。

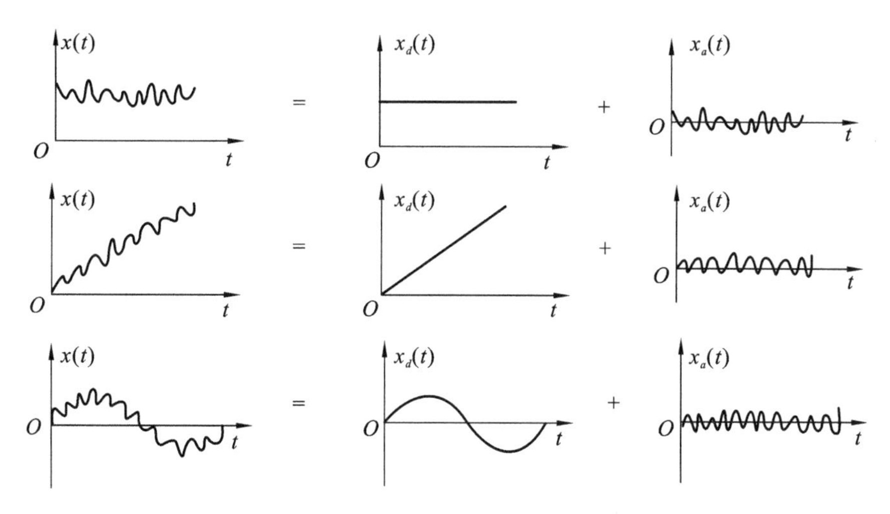

图 3.7 信号分解为稳态分量和交变分量之和

2. 偶分量与奇分量

如图 3.8 所示，信号 $x(t)$ 可以分解为偶分量 $x_e(t)$ 与奇分量 $x_o(t)$ 之和，即

$$x(t)=x_e(t)+x_o(t) \tag{3-6}$$

偶分量关于纵轴对称，奇分量关于原点对称。

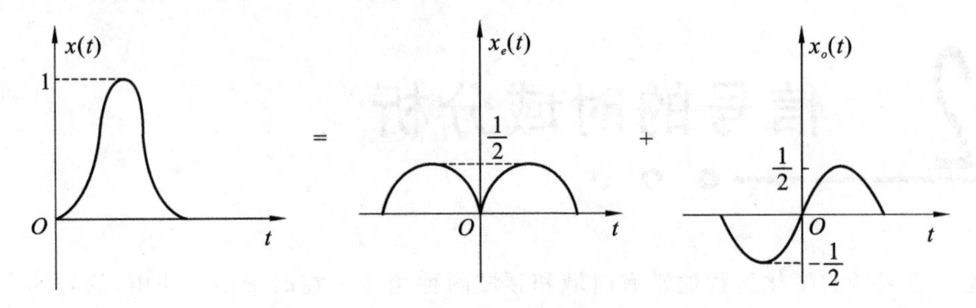

图 3.8　信号分解为偶分量和奇分量之和

3. 实部分量与虚部分量

对于瞬时值为复数的信号 $x(t)$，它可以分解为实、虚两部分之和，即

$$x(t)=x_R(t)+\mathrm{j}x_I(t) \tag{3-7}$$

实际产生的信号多为实信号，但在信号分析中，常借助复信号来研究某些实信号问题，因为用这种分析方法可以建立某些有意义的概念并简化运算。例如，关于轴回转精度的测量与信号处理，将回转轴沿半径方向上的误差运动看作点在平面上的周期运动，它可以用一个时间为自变量的复数 $x(t)$来表示，其实部 $x_R(t)$与虚部 $x_I(t)$则可用相互垂直的径向测量装置测量，所得信号 $x(t)$即为两者之和。

4. 正交函数分量

信号 $x(t)$可以用正交函数集来表示，即

$$x(t)\approx c_1x_1(t)+c_2x_2(t)+\cdots+c_nx_n(t) \tag{3-8}$$

各分量正交的条件为：

$$\int_{t_1}^{t_2} x_i(t)x_j(t)\mathrm{d}t=\begin{cases}0, i\neq j\\ k, i=j\end{cases} \tag{3-9}$$

即不同分量在区间(t_1,t_2)内的乘积的积分为零，同一分量在区间(t_1,t_2)内的能量有限。式(3-8)中各分量的系数 c_i 是在满足最小均方差的条件下由

$$c_i=\frac{\int_{t_1}^{t_2} x(t)x_i(t)\mathrm{d}t}{\int_{t_1}^{t_2} x_i{}^2(t)\mathrm{d}t} \tag{3-10}$$

求得。

满足正交条件的函数有三角函数、复指数函数等。例如用三角函数集描述信号时，可以把信号 $x(t)$ 分解成许多正(余)弦三角函数之和。

3.2.2　信号的时域统计参数

时域统计参数是直接通过时域波形可以得到的一些统计特征参数，它们常被用于对机械系统的状态进行快速评价或诊断。

1. 均值

均值是指随机信号的样本函数 $x(t)$ 在整个时间坐标上的平均值,即

$$\mu_x = \lim_{T\to\infty}\frac{1}{T}\int_0^T x(t)\,\mathrm{d}t \tag{3-11}$$

在实际处理时,由于无限长时间的采样是不可能的,所以只能取有限长的样本作估计,即

$$\hat{\mu}_x = \frac{1}{T}\int_0^T x(t)\,\mathrm{d}t \tag{3-12}$$

均值的物理意义是表示信号中直流分量的大小,描述信号的静态分量。

2. 均方值

均方值是指信号平方值的均值,或称平均功率,其表达式为

$$\Psi_x^2 = \lim_{T\to\infty}\frac{1}{T}\int_0^T x^2(t)\,\mathrm{d}t \tag{3-13}$$

均方值的估计为

$$\hat{\Psi}_x^2 = \frac{1}{T}\int_0^T x^2(t)\,\mathrm{d}t \tag{3-14}$$

均方值的物理意义为表示信号的强度或功率。

均方值的正平方根称为均方根值$\hat{x}_{\mathrm{rms}}$,又称为有效值,其表达式为

$$\hat{x}_{\mathrm{rms}} = \sqrt{\hat{\Psi}_x^2} = \sqrt{\frac{1}{T}\int_0^T x^2(t)\,\mathrm{d}t} \tag{3-15}$$

均方根值是信号平均能量(或功率)的另一种表达方式。

3. 方差

信号 $x(t)$ 的方差描述的是随机信号幅值的波动程度,其定义为

$$\sigma_x^2 = \lim_{T\to\infty}\frac{1}{T}\int_0^T [x(t)-\mu_x]^2\,\mathrm{d}t \tag{3-16}$$

方差的平方根 σ_x 描述了信号的动态分量。

均值 μ_x、均方值 Ψ_x^2 和方差 σ_x^2 三者之间的关系为

$$\Psi_x^2 = \mu_x{}^2 + \sigma_x^2 \tag{3-17}$$

3.2.3 相关分析

所谓相关是指变量之间线性相关。对于确定性信号来讲,两个变量之间可以用函数关系来描述,两者一一对应并为确定的数值关系。两个随机变量之间就不具有这样确定的关系,但是,如果这两个随机变量之间具有某种内在的物理联系,那么通过大量统计就可以发现它们之间还是存在着某种虽不精确但却有相应的、表征其特性的近似关系。例如在齿轮箱中,滚动轴承滚道上的疲劳应力和轴向荷载之间不能用确定性函数来描述,但是通过大量的统计可以发现,当轴向荷载较大时,疲劳应力也相应较大,这两个变量之间存在一定的线性关系。

对于一个随机信号,为了评价其在不同时间的幅值变化的相关程度,可以采用自相关函数来描述。而对于两个随机信号,也可以定义相应的互相关函数来表征它们幅值之间的相互依赖关系。

1. 相关函数

令两个信号之间的时差为 τ,这时就可以研究两个信号在时移中的相关性。相关函数定义为

$$R_{xy}(\tau)=\int_{-\infty}^{+\infty}x(t)y(t-\tau)\mathrm{d}t \tag{3-18}$$

或

$$R_{yx}(\tau)=\int_{-\infty}^{+\infty}y(t)x(t-\tau)\mathrm{d}t \tag{3-19}$$

显然,相关函数是两信号之间时差 τ 的函数。通常将 $R_{xy}(\tau)$ 或 $R_{yx}(\tau)$ 称为互相关函数。

如果 $x(t)=y(t)$,则 $R_{xx}(\tau)$ 或 $R_x(\tau)$ 称为自相关函数,式(3-18) 变为

$$R_x(\tau)=\int_{-\infty}^{+\infty}x(t)x(t-\tau)\mathrm{d}t \tag{3-20}$$

若 $x(t)$ 与 $y(t)$ 为功率信号,则其相关函数定义为

$$R_{xy}(\tau)=\lim_{T\to\infty}\frac{1}{T}\int_{-T/2}^{T/2}x(t)y(t-\tau)\mathrm{d}t \tag{3-21}$$

$$R_x(\tau)=\lim_{T\to\infty}\frac{1}{T}\int_{-T/2}^{T/2}x(t)x(t-\tau)\mathrm{d}t \tag{3-22}$$

由以上分析可知,能量信号与功率信号的相关函数的量纲不同,前者为能量,后者为功率。

2. 自相关函数的性质

根据式(3-20)定义的自相关函数可知,平稳随机信号的自相关函数与 t 无关,自相关函数 $R(\tau)$ 主要有以下性质。

① $\tau=0$ 时,$R(\tau)$取最大值,且等于其方差。

② $R(\tau)$为一个偶函数,即有 $R(\tau)=R(-\tau)$,因此,在实际应用中只需得到 $\tau>0$ 时的 $R(\tau)$ 值,而不需研究 $\tau<0$ 时的 $R(\tau)$值。

③ 当 $\tau\neq0$ 时,$R(\tau)$的值总小于 $R_x(0)$,即小于其方差。

④ 对于均值为零的平稳信号,若当 $\tau\to\infty$时,$x(t)$和 $x(t-\tau)$不相关,则 $R(\tau)\to0$。

以上 4 个性质可以用图 3.9 来表示。

⑤ 平稳信号中若含有周期成分,则它的自相关函数中亦含有周期成分,且其周期与原信号的周期相同。可以证明简谐信号 $x(t)=x_0\sin(\omega_0 t+\varphi)$的自相关函数是余弦函数,即

$$R(\tau)=\frac{x_0^2}{2}\cos(\omega_0\tau) \tag{3-23}$$

这是一个不衰减的周期信号,其周期与原简谐信号的周期相同,但却丢失了原信号的相位信息。

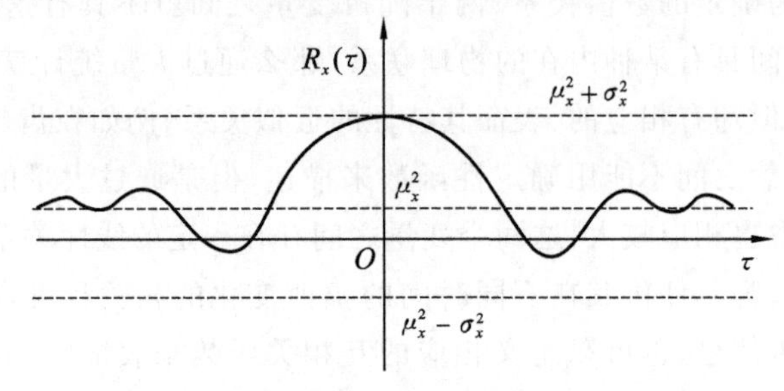

图 3.9　自相关函数的性质

3. 互相关函数的性质

对于两个信号，可以采用互相关函数来表征它们幅值之间的相互依赖关系。设两个随机信号分别为 $x(t)$ 和 $y(t)$，则它们的互相关函数 $R_{xy}(\tau)$ 为：

$$R_{xy}(\tau)=\lim_{T\to\infty}\frac{1}{T}\int_{-T/2}^{T/2}x(t)y(t-\tau)\mathrm{d}t \tag{3-24}$$

平稳随机信号的互相关函数是实函数，既可以为正也可以为负，它与自相关函数不同，不是偶函数，且在 $\tau=0$ 时不一定是最大值。$R_{xy}(\tau)$ 主要有以下性质。

① 反对称性，即
$$R_{xy}(-\tau)=R_{yx}(\tau) \tag{3-25}$$

②
$$[R_{xy}(\tau)]^2\leqslant R_x(0)R_y(0) \tag{3-26}$$

③ 对于随机信号 $x(t)$ 和 $y(t)$，若它们之间没有频率相同的周期成分，那么当时移 τ 很大时它们就彼此无关。

如图 3.10 所示的互相关函数在 τ_0 时出现最大值，它表示 $x(t)$ 和 $y(t)$ 在 $\tau=\tau_0$ 时存在某种联系，而在其他时间间隔则没有这种联系；或者可以说，它反映了 $x(t)$ 和 $y(t)$ 之间主传输通道的滞后时间。而如果两个信号中具有频率相同的周期分量，则即使 $\tau\to+\infty$，也必会出现该频率的周期成分。

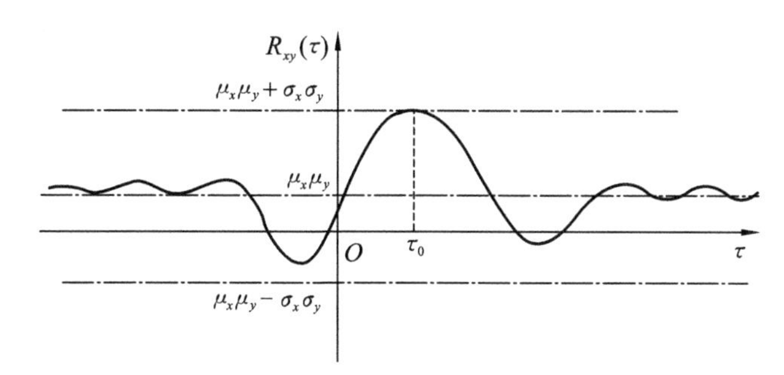

图 3.10　互相关函数的性质

④ 两个零均值且具有相同频率的周期信号，其互相关函数中保留了这两个信号的原频率 ω、相应的幅值 x_0 和 y_0 及相位差 φ 的信息。

若两个周期信号分别表示为 $x(t)=x_0\sin(\omega t+\theta)$、$y(t)=y_0\sin(\omega t+\theta-\varphi)$，其中 θ 为 $x(t)$ 相对于 $t=0$ 时刻的相位角，φ 为 $x(t)$ 和 $y(t)$ 的相位差，则可以得到两个信号的互相关函数为

$$R_{xy}(\tau)=\frac{1}{2}x_0y_0\cos(\omega t-\varphi) \tag{3-27}$$

3.3 信号的频域分析

频域分析法是将信号和系统的时间变量函数或序列变换成对应频率域中的某个变量的函数，用以研究信号和系统的频域特性。对于连续系统和信号来说，常采用傅里叶变换和拉普拉斯变换；对于离散系统和信号则采用 Z 变换。频域分析法将时域分析法中的微分或差分方程转

换为代数方程，给问题的分析带来了方便。

一般来说，实际信号的形式通常比较复杂，直接分析各种信号在一个测试系统中的传输情形常常是困难的，有时甚至是不可能的。因此常将复杂的信号分解成某些特定类型的基本信号之和，这些基本信号应满足一定的数学条件，且易于实现和分析。常用的基本信号有正弦信号、复指数型信号、阶跃信号、冲激信号等。因此，信号的频域描述是将一个时域信号变换为一个频域信号，根据任务分析的要求再将该信号分解成一系列基本信号的频域表达式之和，从频率分布的角度研究信号的结构及各种频率成分的幅值和相位关系。

将一个复杂的信号分解为一系列基本信号之和，对于分析一个线性系统来说特别有利。这是因为这样的系统具有线性和时不变性，多个基本信号作用于一个线性系统所引起的响应等于各基本信号单独作用所产生的响应之和。此外，这些信号都属于同一种类型，比如都是正弦信号，因此系统对它们的响应也都具有共同性。

采用时域法或频域法来描述信号和分析系统，完全取决于不同测试任务的需要。时域描述直观地反映信号随时间变化的情况，频域描述则侧重描述信号的组成成分。但无论采用哪一种描述法，同一信号均含有相同的信息量，不会因采取不同的方法而增添或减少原信号的信息量。

3.3.1 周期信号及其频谱

谐波信号是最简单的周期信号，只有一种频率成分。一般周期信号可以利用傅里叶级数展开成多个乃至无穷多个不同频率的谐波信号的线性叠加。

1. 周期信号的三角函数展开式

如果周期信号 $x(t)$ 满足狄里赫利条件，即在周期 $\left(-\frac{T_0}{2},\frac{T_0}{2}\right)$ 的区间上连续或只有有限个第一类间断点，且只有有限个极值点，则 $x(t)$ 可展开成

$$x(t)=a_0+\sum_{n=1}^{+\infty}(a_n\cos n\omega_0 t+b_n\sin n\omega_0 t) \tag{3-28}$$

式中，常值分量 a_0、余弦分量幅值 a_n、正弦分量幅值 b_n 及 ω_0 分别为

$$\begin{cases} a_0=\dfrac{1}{T_0}\displaystyle\int_{-T_0/2}^{T_0/2}x(t)\mathrm{d}t \\ a_n=\dfrac{2}{T_0}\displaystyle\int_{-T_0/2}^{T_0/2}x(t)\cos n\omega_0 t\mathrm{d}t \\ b_n=\dfrac{2}{T_0}\displaystyle\int_{-T_0/2}^{T_0/2}x(t)\sin n\omega_0 t\mathrm{d}t \\ \omega_0=\dfrac{2\pi}{T_0} \end{cases} \tag{3-29}$$

式中，a_0、a_n、b_n 为傅里叶系数；T_0 为信号周期；ω_0 为基波角频率；$n\omega_0$ 为 n 次谐频。

由三角函数变换，式(3-28) 可改写为

$$x(t)=A_0+\sum_{n=1}^{+\infty}A_n\sin(n\omega_0 t+\varphi_n) \tag{3-30}$$

式中，常值分量 A_0、各谐波分量的幅值 A_n、各谐波分量的初相角 φ_n 分别为

$$\begin{cases} A_0 = a_0 \\ A_n = \sqrt{a_n{}^2 + b_n{}^2} \\ \varphi_n = \arctan\left(\dfrac{a_n}{b_n}\right) \end{cases} \tag{3-31}$$

式(3-30)表明，满足狄里赫利条件的任何周期信号都可分解成一个常值分量和多个成谐波关系的正弦信号分量，且这些信号分量的角频率是基波角频率的整数倍。以频率 ω 为横坐标，分别以幅值 A_n 和相位 φ_n 为纵坐标，那么 A_n-ω 图称为信号的幅频谱图，φ_n-ω 图称为信号的相频谱图，二者统称为信号的频谱。从频谱图可清楚直观地看出周期信号的频率分量、各分量幅值及相位的大小。

【例 3-1】 求图 3.11 所示的周期方波的傅里叶系数。

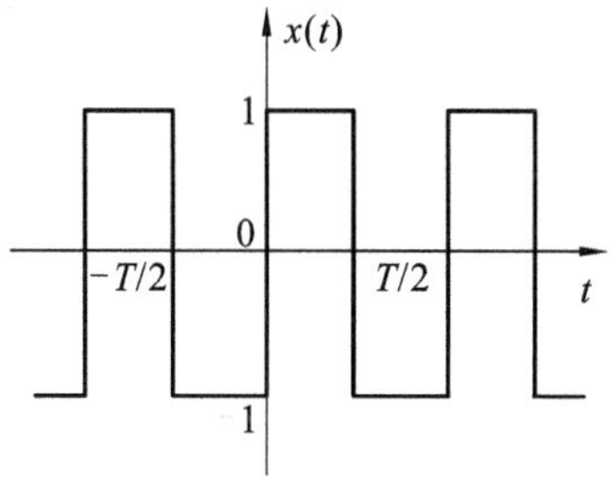

解：$x(t)$ 在一个周期 $\left(-\dfrac{T}{2},\dfrac{T}{2}\right)$ 的表达式为

$$x(t) = \begin{cases} -1, & -\dfrac{T}{2} < t < 0 \\ 1, & 0 < t < \dfrac{T}{2} \end{cases}$$

图 3.11　周期方波

因 $x(t)$ 是奇函数，而奇函数在一个周期内的积分值为零，所以

$$a_0 = \frac{1}{T}\int_{-T/2}^{T/2} x(t)\mathrm{d}t = 0, \quad a_n = \frac{2}{T}\int_{-T/2}^{T/2} x(t)\cos n\omega_0 t\mathrm{d}t = 0$$

$$\begin{aligned} b_n &= \frac{2}{T}\int_{-T/2}^{T/2} x(t)\sin n\omega_0 t\mathrm{d}t = \frac{2}{T}\left[\int_{-T/2}^{0}(-1)\sin n\omega_0 t\mathrm{d}t + \int_{0}^{T/2}\sin n\omega_0 t\mathrm{d}t\right] \\ &= \frac{2}{T}\left[\frac{1}{n\omega_0}\cos n\omega_0 t\Big|_{-T/2}^{0} + \frac{1}{n\omega_0}(-\cos n\omega_0 t)\Big|_{0}^{T/2}\right] \\ &= \frac{2}{n\pi}[1-\cos n\pi] = \begin{cases} \dfrac{4}{n\pi}, & n = 1,3,5,\cdots \\ 0, & n = 2,4,6\cdots \end{cases} \end{aligned}$$

因此，有

$$x(t) = \frac{4}{\pi}\left(\sin\omega_0 t + \frac{1}{3}\sin 3\omega_0 t + \frac{1}{5}\sin 5\omega_0 t + \cdots\right)$$

根据上式，该周期方波的幅频谱图和相频谱图分别如图 3.12(a) 和图 3.12(b) 所示。幅频谱图只包含基波和奇次谐波的频率分量，相频谱图中各次谐波分量 φ_n 的初相位均为零。

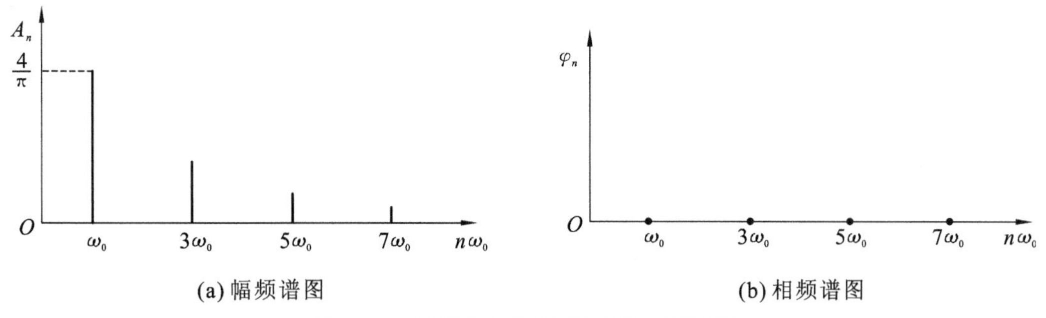

(a) 幅频谱图　　(b) 相频谱图

图 3.12　周期方波的幅频谱图和相频谱图

图 3.13 所示为周期方波的时域、频谱关系图，图中采用波形分解方式形象地说明了周期方

波的时域描述(波形)、频域描述(频谱)及其相互关系。

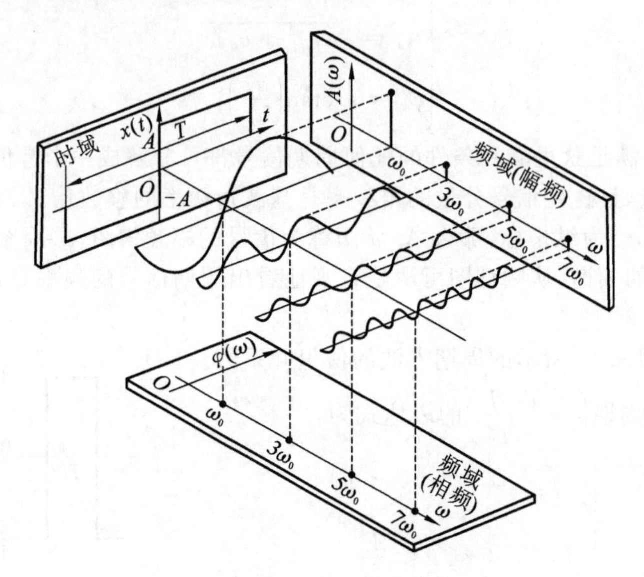

图 3.13　周期方波的时域、频域描述

2. 周期信号的复指数函数展开式

利用欧拉公式

$$e^{\pm jn\omega_0 t} = \cos n\omega_0 t \pm j\sin n\omega_0 t \tag{3-32}$$

得

$$\cos n\omega_0 t = \frac{1}{2}(e^{-jn\omega_0 t} + e^{jn\omega_0 t}) \tag{3-33}$$

$$\sin n\omega_0 t = \frac{j}{2}(e^{-jn\omega_0 t} - e^{jn\omega_0 t}) \tag{3-34}$$

式中,$j = \sqrt{-1}$。于是将 $x(t) = a_0 + \sum_{n=1}^{+\infty}(a_n\cos n\omega_0 t + b_n\sin n\omega_0 t)$ 改写为

$$x(t) = a_0 + \sum_{n=1}^{+\infty}\left[\frac{a_n - jb_n}{2}e^{jn\omega_0 t} + \frac{a_n + jb_n}{2}e^{-jn\omega_0 t}\right] \tag{3-35}$$

令

$$C_0 = a_0,\quad C_n = \frac{1}{2}(a_n - jb_n),\quad C_{-n} = \frac{1}{2}(a_n + jb_n)$$

则

$$x(t) = C_0 + \sum_{n=1}^{+\infty}C_n e^{jn\omega_0 t} + \sum_{n=1}^{+\infty}C_{-n}e^{-jn\omega_0 t} \tag{3-36}$$

即

$$x(t) = \sum_{n=-\infty}^{+\infty}C_n e^{jn\omega_0 t},\quad n = 0, \pm 1, \pm 2, \cdots \tag{3-37}$$

式中

$$C_n = \frac{1}{T_0}\int_{-T_0/2}^{T_0/2}x(t)e^{-jn\omega_0 t}dt,\quad n = 0, \pm 1, \pm 2, \cdots \tag{3-38}$$

一般情况下 C_n 是复数，可以写成

$$C_n = C_{nR} + \mathrm{j}C_{nI} = |C_n| \mathrm{e}^{\mathrm{j}\varphi_n} \tag{3-39}$$

式中，C_{nR}、C_{nI} 分别称为实频谱、虚频谱；$|C_n|$、φ_n 分别称为幅频谱、相频谱。两种形式的关系为

$$|C_n| = \sqrt{C_{nR}^2 + C_{nI}^2} \tag{3-40}$$

$$\varphi_n = \arctan \frac{C_{nI}}{C_{nR}} \tag{3-41}$$

【例 3-2】 求例 3-1 中周期方波的复指数展开式，并作频谱图。

解：

$$C_n = \frac{1}{T_0}\int_{-T_0/2}^{T_0/2} x(t)\mathrm{e}^{-\mathrm{j}n\omega_0 t}\mathrm{d}t = \frac{1}{T}\int_{-T/2}^{T/2} x(t)(\cos n\omega_0 t - \mathrm{j}\sin n\omega_0 t)\mathrm{d}t$$

$$= \begin{cases} -\mathrm{j}\dfrac{2}{n\pi}, & n = \pm 1, \pm 3, \pm 5\cdots \\ 0, & n = 0, \pm 2, \pm 4, \pm 6\cdots \end{cases}$$

则

$$x(t) = \sum_{n=-\infty}^{+\infty} C_n \mathrm{e}^{\mathrm{j}n\omega_0 t} = -\mathrm{j}\frac{2}{\pi}\sum_{n=-\infty}^{+\infty}\frac{1}{n}\mathrm{e}^{\mathrm{j}n\omega_0 t}, \quad n = 1,3,5\cdots$$

幅频谱

$$|C_n| = \begin{cases} \left|\dfrac{2}{n\pi}\right|, & n = \pm 1, \pm 3, \pm 5\cdots \\ 0, & n = 0, \pm 2, \pm 4, \pm 6\cdots \end{cases}$$

相频谱

$$\varphi_n = \arctan\frac{-2/n\pi}{0} = \begin{cases} -\pi/2, & n > 0 \\ \pi/2, & n < 0 \end{cases}$$

实、虚频谱为

$$\begin{cases} C_{nR} = 0 \\ C_{nI} = -\dfrac{2}{n\pi} \end{cases}$$

该周期方波的实、虚频谱图和幅、相频谱图如图 3.14 所示。

比较图 3.12 与图 3.14 可以发现，图 3.12 中每一条谱线代表一个分量的幅度，而图 3.14 中把每个分量的幅度一分为二，在正、负频率相对应的位置上各占一半，只有把正、负频率相对应的两条谱线矢量相加，才能得到一个分量的幅度。需要说明的是，负频率项的出现完全是数学计算的结果，并没有任何物理意义。

从上述分析可知，无论是三角函数展开式还是复指数展开式，周期信号频谱的特点如下。

① 离散性，周期信号的频谱是离散谱，每一条谱线表示一个正弦分量。

② 谐波性，周期信号的频率是由基波频率的整数倍组成的。

③ 收敛性，满足狄里赫利条件的周期信号，其谐波幅值总的趋势是随谐波频率的增大而减小。由于周期信号的收敛性，在进行工程测试时没有必要取次数过高的谐波分量。

3.3.2 非周期信号及其频谱

从信号合成的角度看，频率之比为有理数的多个谐波分量，由于有公共周期，其叠加后仍为周期信号。当信号中各个分量的频率比不是有理数时，如 $x(t) = \cos\omega_0 t + \cos\sqrt{3}\omega_0 t$，其频率比为 $1/\sqrt{3}$，不是有理数，合成后没有频率公约数，也就没有公共周期。由于这类信号的频谱仍具有离散性(在 ω_0 与$\sqrt{3}\omega_0$ 处分别有两条谱线)，故称之为准周期信号。在工程实践中，准周期信号还是

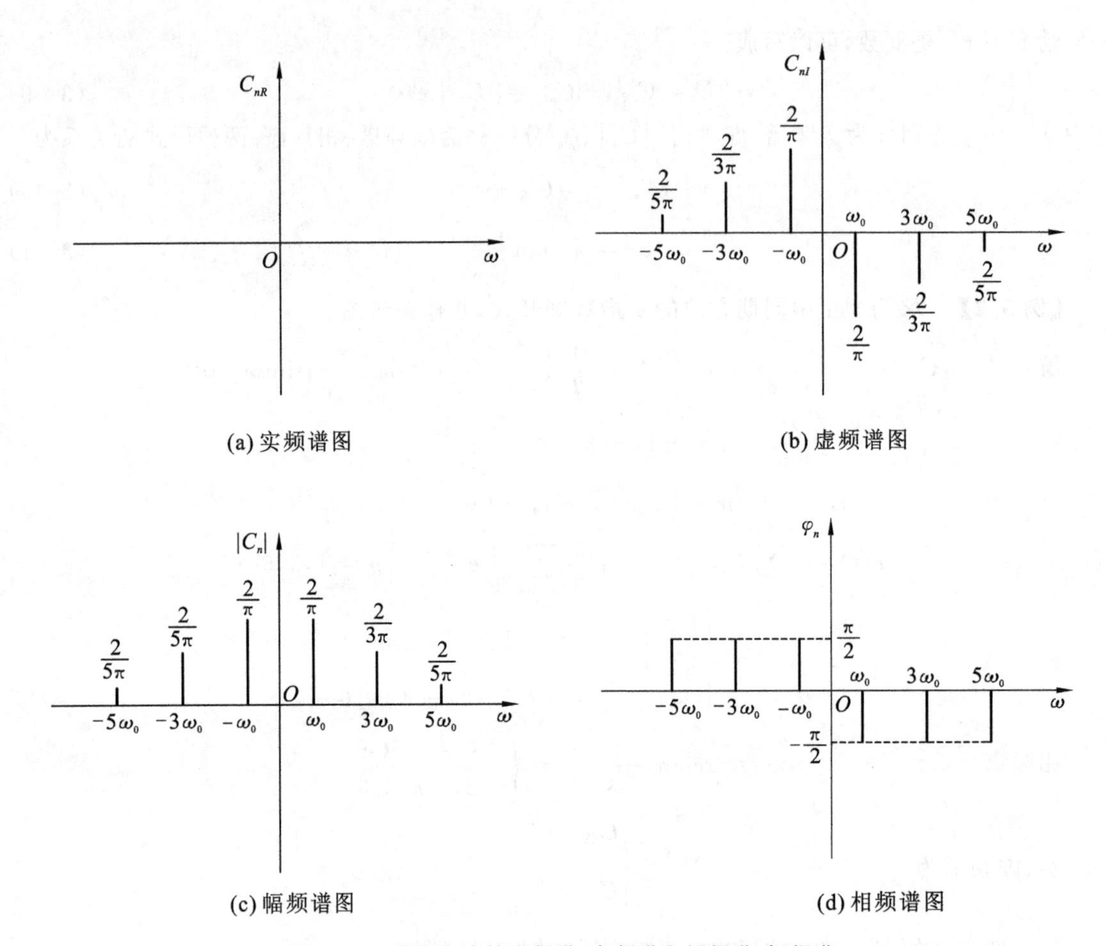

图 3.14　周期方波的实频谱、虚频谱和幅频谱、相频谱

十分常见的，如两个或多个彼此无关联的振源激励同一个被测对象时的振动响应就属于此类信号。除此之外，一般非周期信号多指瞬态信号。

1. 傅里叶变换

非周期信号可以看成是由周期 T_0 趋于无穷大的周期信号转化而来。当周期 T_0 增大时，区间 $\left(-\frac{T_0}{2},\frac{T_0}{2}\right)$ 趋于 $(-\infty,+\infty)$，频谱的频率间隔 $\Delta\omega=\omega_0=\frac{2\pi}{T_0}\rightarrow \mathrm{d}\omega$，离散的 $n\omega_0$ 变为连续的 ω，展开式的叠加关系变为积分关系，则式(3-37)可以改写为

$$\begin{aligned}\lim_{T_0\to\infty}x(t)&=\lim_{T_0\to\infty}\sum_{n=-\infty}^{+\infty}C_n\mathrm{e}^{\mathrm{j}n\omega_0 t}=\lim_{T_0\to\infty}\frac{1}{T_0}\sum_{n=-\infty}^{+\infty}\left[\int_{-T_0/2}^{T_0/2}x(t)\mathrm{e}^{-\mathrm{j}n\omega_0 t}\mathrm{d}t\right]\mathrm{e}^{\mathrm{j}n\omega_0 t}\\&=\int_{-\infty}^{+\infty}\frac{\mathrm{d}\omega}{2\pi}\left[\int_{-\infty}^{+\infty}x(t)\mathrm{e}^{-\mathrm{j}\omega t}\mathrm{d}t\right]\mathrm{e}^{\mathrm{j}\omega t}=\frac{1}{2\pi}\int_{-\infty}^{+\infty}\left[\int_{-\infty}^{+\infty}x(t)\mathrm{e}^{-\mathrm{j}\omega t}\mathrm{d}t\right]\mathrm{e}^{\mathrm{j}\omega t}\mathrm{d}\omega\end{aligned}\tag{3-42}$$

在数学上，式(3-42)称为傅里叶积分。严格地说，非周期信号 $x(t)$ 的傅里叶积分存在的条件是 $x(t)$ 在有限区间上满足狄里赫利条件，且绝对可积。

式(3-42)括号内的项对时间 t 积分后，仅是角频率 ω 的函数，记作 $X(\omega)$，有

$$X(\omega)=\int_{-\infty}^{+\infty}x(t)\mathrm{e}^{-\mathrm{j}\omega t}\mathrm{d}t\tag{3-43}$$

$$x(t)=\frac{1}{2\pi}\int_{-\infty}^{+\infty}X(\omega)\mathrm{e}^{\mathrm{j}\omega t}\mathrm{d}\omega \tag{3-44}$$

式(3-43)表达的 $X(\omega)$ 称为 $x(t)$ 的傅里叶变换,式(3-44)中的 $x(t)$ 称为 $X(\omega)$ 的傅里叶逆变换,两者互为傅里叶变换对。

将 $\omega=2\pi f$ 代入式(3-43)和式(3-44)后,两式分别可写为

$$X(f)=\int_{-\infty}^{+\infty}x(t)\mathrm{e}^{-\mathrm{j}2\pi ft}\mathrm{d}t \tag{3-45}$$

$$x(t)=\int_{-\infty}^{+\infty}X(f)\cdot\mathrm{e}^{\mathrm{j}2\pi ft}\mathrm{d}f \tag{3-46}$$

这样可以避免在傅里叶变换中出现常数因子 $\frac{1}{2\pi}$,使公式形式简化,其关系是

$$X(f)=2\pi X(\omega) \tag{3-47}$$

一般 $X(f)$ 是频率 f 的复函数,可以写成

$$X(f)=|X(f)|\mathrm{e}^{\mathrm{j}\varphi(f)} \tag{3-48}$$

式中,$|X(f)|$ 为信号 $x(t)$ 的连续幅值谱,$\varphi(f)$ 为信号 $x(t)$ 的连续相位谱。

需要指出,尽管非周期信号的幅频谱 $|X(f)|$ 和周期信号的幅频谱 $|C_n|$ 很相似,但是二者是有差别的,其差别突出表现在 $|C_n|$ 的量纲与信号幅值的量纲一样,而 $|X(f)|$ 的量纲则与信号幅值的量纲不一样,它是信号单位频宽上的幅值。所以确切地说,$X(f)$ 是频率谱密度函数。工程测试中为方便起见,仍称 $X(f)$ 为频谱。一般非周期信号的频谱具有连续性和衰减性等特性。

【例 3-3】 求图 3.15 所示的矩形窗函数的频谱图。

解:矩形窗函数的时域定位为

$$x(t)=\begin{cases}1, & |t|\leqslant T/2\\ 0, & |t|>T/2\end{cases}$$

根据傅里叶变换的定义有

$$\begin{aligned}X(f)&=\int_{-\infty}^{+\infty}x(t)\mathrm{e}^{-\mathrm{j}2\pi ft}\mathrm{d}t=\int_{-T/2}^{T/2}\mathrm{e}^{-\mathrm{j}2\pi ft}\mathrm{d}t\\&=-\frac{1}{\mathrm{j}2\pi f}(\mathrm{e}^{-\mathrm{j}\pi f\frac{T}{2}}-\mathrm{e}^{\mathrm{j}\pi f\frac{T}{2}})\\&=T\frac{\sin\pi fT}{\pi fT}=T\mathrm{sinc}(\pi fT)\end{aligned}$$

如图 3.16 所示为矩形窗函数的频谱图。

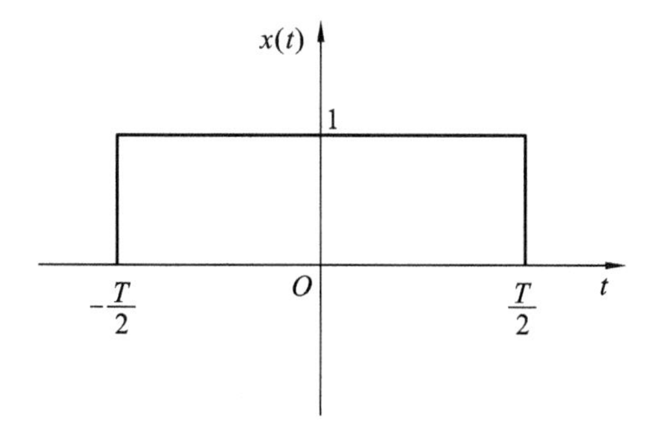

图 3.15 矩形窗函数

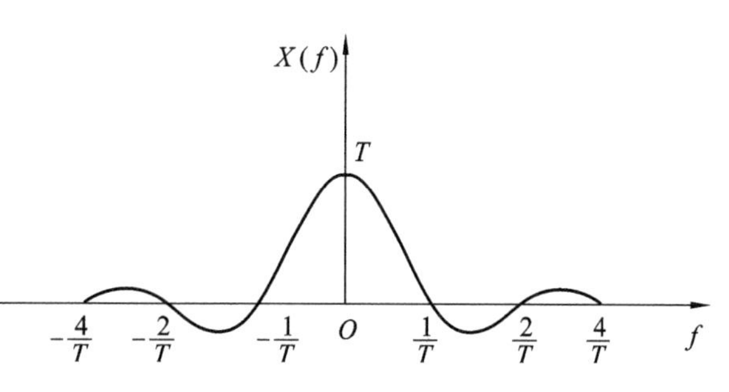

图 3.16 矩形窗函数的频谱图

2. 傅里叶变换的性质

在信号分析与处理中，傅里叶变换是时域与频域之间进行转换的基本数学工具。掌握傅里叶变换的主要性质，有助于了解信号在某一域中变化时，在另一域中相应的变化规律，从而使复杂信号的计算分析得以简化。表 3.1 中列出了傅里叶变换的主要性质，这些性质均可用定义公式推导证明。在此只叙述几个常用的性质。

表 3.1 傅里叶变换的主要性质

性质名称	时　域	频　域
线性叠加	$ax(t)+by(t)$	$aX(f)+bY(f)$
对称性	$x(\pm t)$	$X(\mp f)$
尺度变换	$x(kt)$	$\frac{1}{k}X\left(\frac{f}{k}\right)$
时移特性	$x(t\pm t_0)$	$X(f)\mathrm{e}^{\pm \mathrm{j}2\pi f t_0}$
频移特性	$x(t)\mathrm{e}^{\mp \mathrm{j}2\pi f_0 t}$	$X(f\pm f_0)$
微分特性	$\frac{\mathrm{d}^n x(t)}{\mathrm{d}t^n}$	$(\mathrm{j}2\pi f)^n X(f)$
积分特性	$\int_{-\infty}^{t} x(t)\mathrm{d}t$	$\frac{1}{\mathrm{j}2\pi f}X(f)$
时域卷积	$x(t)\otimes(t)$	$X(f)Y(f)$
频域卷积	$x(t)y(t)$	$X(f)\otimes Y(f)$

1）线性叠加性质

若 $X(f)=F[x(t)]$，$Y(f)=F[y(t)]$ 且 a、b 是常数，则

$$F[ax(t)+by(t)]=aX(f)+bY(f) \tag{3-49}$$

该性质表明，傅里叶变换适用于线性系统的分析，时域上的叠加对应于频域上的叠加。

2）尺度变换性质

若 $X(f)=F[x(kt)]$，且 k 为大于零的常数，则有

$$F[x(kt)]=\frac{1}{k}X\left(\frac{f}{k}\right) \tag{3-50}$$

如图 3.17 所示，信号在时域中扩展（$k<1$）时，对应的频域尺度压缩且幅值增加；信号在时域中压缩（$k>1$）时，对应的频域尺度展宽且幅值减小。

3）时移性质

若 t_0 为常数，则

$$F[x(t\pm t_0)]=X(f)\mathrm{e}^{\pm \mathrm{j}2\pi f t_0} \tag{3-51}$$

此性质表明，在时域中信号沿时间轴平移一个常值 t_0 时，频谱函数将乘上因子 $\mathrm{e}^{\pm \mathrm{j}2\pi f t_0}$，即只改变相频谱，不会改变幅频谱，如图 3.18 所示。

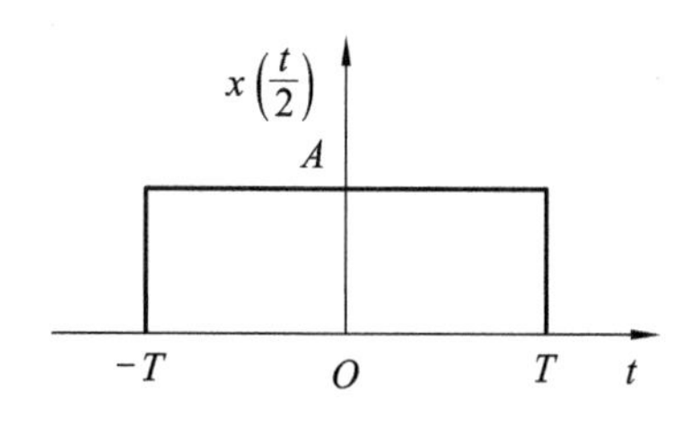

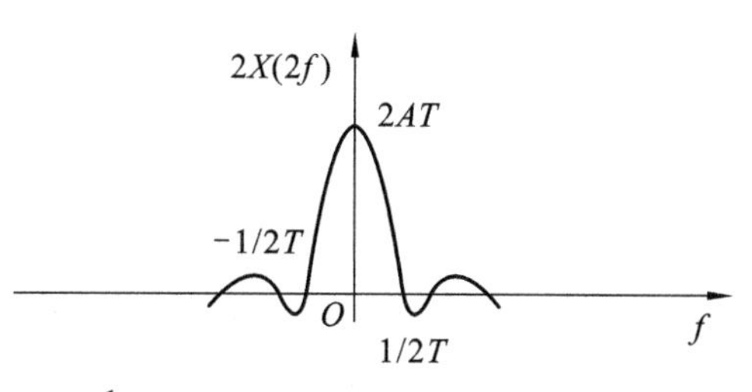

(a) $k=\frac{1}{2}$

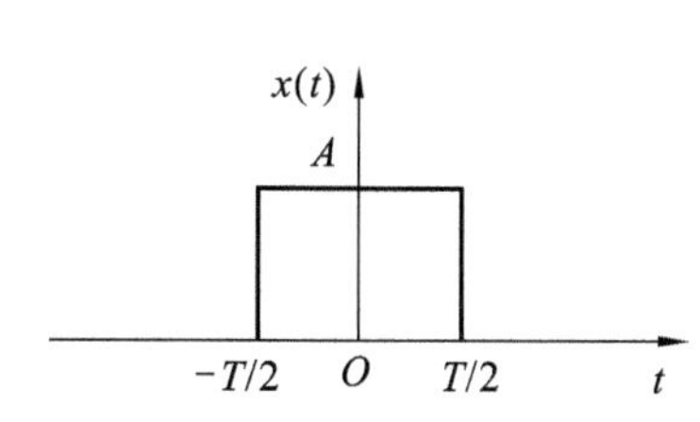

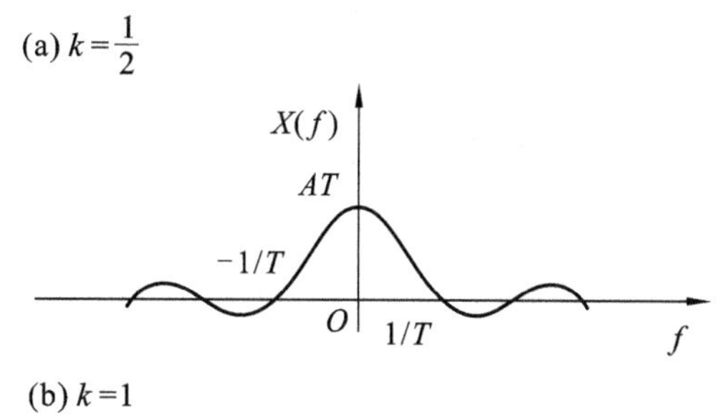

(b) $k=1$

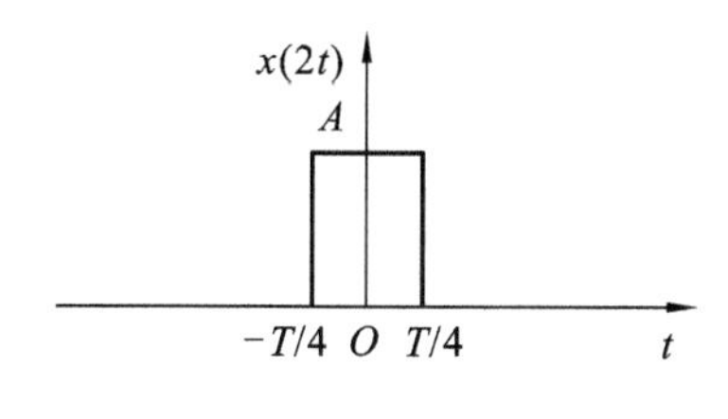

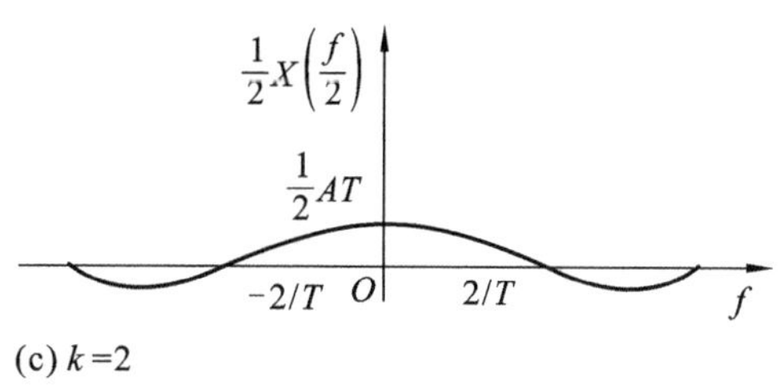

(c) $k=2$

图 3.17　尺度改变性质示意图

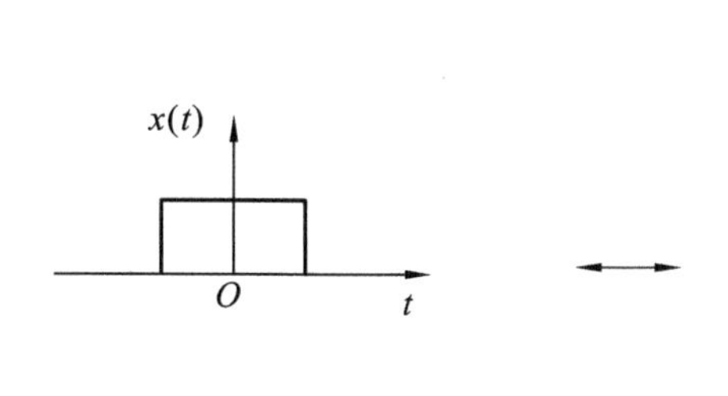

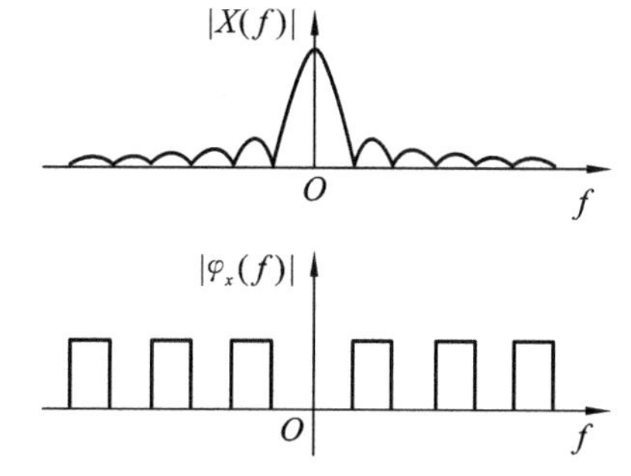

(a) 时域矩形窗　　(b) 图(a)对应的幅值谱和相位谱

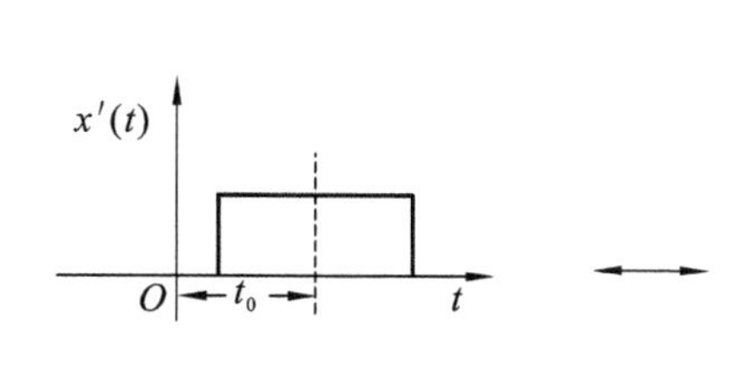

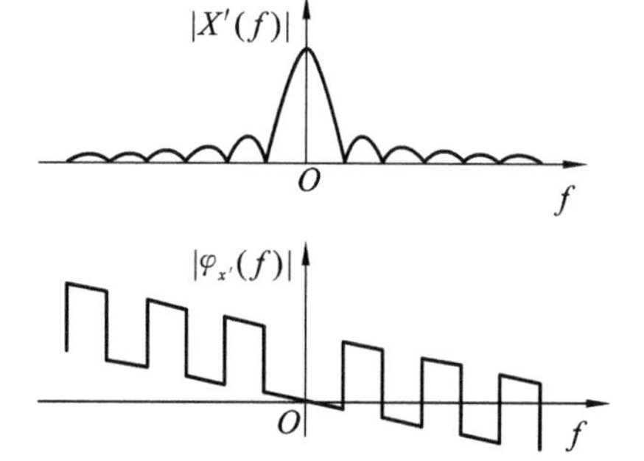

(c) 时移 t_0 的时域矩形窗　　(d) 图(c)对应的幅值谱和相位谱

图 3.18　时移性质举例

4）卷积性质

$$x_1(t)\otimes x_2(t)\Leftrightarrow X_1(f)X_2(f) \tag{3-52}$$

同理

$$x_1(t)x_2(t)\Leftrightarrow X_1(f)\otimes X_2(f) \tag{3-53}$$

该性质表明：时域卷积对应频域乘积，时域乘积对应频域卷积。通常卷积的计算比较困难，但是利用卷积性质，可以使信号分析大为简化，因此卷积性质（又称卷积定理）在信号分析以及经典控制理论中，都占有重要位置。

3. 几种典型信号的频谱

1）矩形窗函数的频谱

矩形窗函数的频谱已经在例 3-3 中讨论了，由此例可见，一个在时域有限区间内有值的信号，频谱却延伸至无限频率。若在时域中截取信号的一段长度，则相当于用原信号和矩形窗函数相乘，因而所得频谱将是原信号的频域函数和 $\mathrm{sinc}\theta$ 函数的卷积，它将是连续、频率无限延伸的频谱。从矩形窗函数的频谱图（见图 3.16）中可以看到，在$-\frac{1}{T}<f<\frac{1}{T}$区间的频谱的谱峰、峰值最大，称为主瓣；两侧其他各谱峰的峰值较低，称为旁瓣。主瓣宽度为 $2/T$，与时域窗函数的宽度 T 成反比。可见时域窗函数的宽度 T 愈大，即截取信号的时长越大，主瓣宽度越小。

2）δ 函数及其频谱

（1）δ 函数的定义

在 ε 时间内激发一个矩形脉冲 $S_\varepsilon(t)$（或三角形脉冲、双边指数脉冲、钟形脉冲等），其面积为 1（见图 3.19）。当 $\varepsilon\to 0$ 时，$S_\varepsilon(t)$的极限就称为 δ 函数，记作 $\delta(t)$。δ 函数也称为单位脉冲函数。$\delta(t)$的特点如下所述。

从函数值极限角度看

$$\delta(t)=\begin{cases}\infty, & t=0\\ 0, & t\neq 0\end{cases} \tag{3-54}$$

从面积（通常也称其为 δ 函数的强度）的角度来看

$$\int_{-\infty}^{\infty}\delta(t)\mathrm{d}t=\lim_{\varepsilon\to 0}\int_{-\infty}^{\infty}S_\varepsilon(t)\mathrm{d}t=1 \tag{3-55}$$

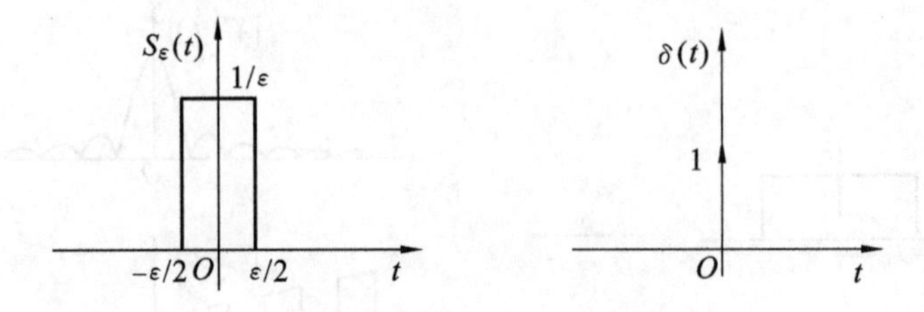

图 3.19　矩形脉冲与 δ 函数

（2）δ 函数的采样性质

如果 δ 函数与某一连续函数 $f(t)$相乘，显然其乘积仅在 $t=0$ 处为 $f(0)\delta(t)$，其余各点（$t\neq$

0)处的乘积均为零。其中 $f(0)\delta(t)$ 是一个强度为 $f(0)$ 的 δ 函数；也就是说，从函数值来看，该乘积趋于无限大，从面积(强度)来看，则为 $f(0)$。如果 δ 函数与某一连续函数 $f(t)$ 相乘，并在 $(-\infty,\infty)$ 区间中积分，则有

$$\int_{-\infty}^{\infty}\delta(t)f(t)\mathrm{d}t=\int_{-\infty}^{\infty}\delta(t)f(0)\mathrm{d}t=f(0)\int_{-\infty}^{\infty}\delta(t)\mathrm{d}t=f(0) \tag{3-56}$$

同理，对于有延时 t_0 的 δ 函数 $\delta(t-t_0)$，它与连续函数 $f(t)$ 的乘积只有在 $t=t_0$ 这一时刻不等于零，而等于强度为 $f(t_0)$ 的 δ 函数；在 $(-\infty,\infty)$ 区间内，该乘积的积分为

$$\int_{-\infty}^{\infty}\delta(t-t_0)f(t)\mathrm{d}t=\int_{-\infty}^{\infty}\delta(t-t_0)f(t_0)\mathrm{d}t=f(t_0) \tag{3-57}$$

式(3-56)和式(3-57)表示 δ 函数的采样性质。此性质表明任何函数 $f(t)$ 和 $\delta(t-t_0)$ 的乘积是一个强度为 $f(t_0)$ 的 δ 函数 $\delta(t-t_0)$，而该乘积在无限区间的积分则是 $f(t)$ 在 $t=t_0$ 时刻的函数值 $f(t_0)$。这个性质对连续信号的离散采样是十分重要的。

(3) δ 函数与其他函数的卷积

任何函数和 δ 函数 $\delta(t)$ 的卷积是一种最简单的卷积积分。例如，一个矩形窗函数 $x(t)$ 与 δ 函数 $\delta(t)$ 的卷积[见图 3.20(a)]为

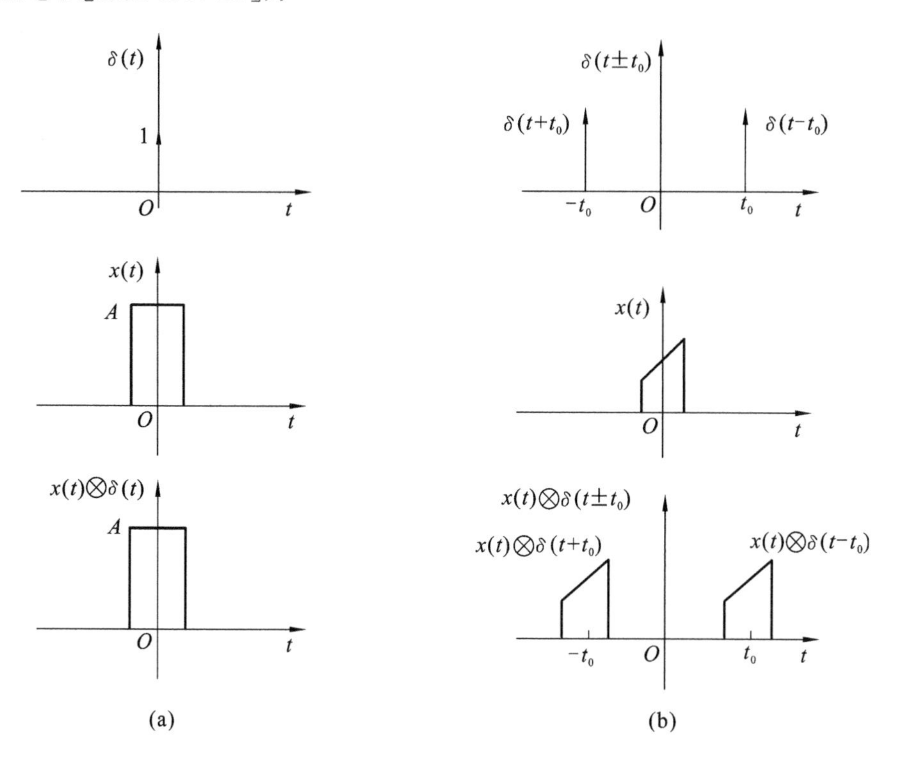

图 3.20　δ 函数与其他函数的卷积示例

$$x(t)\otimes\delta(t)=\int_{-\infty}^{\infty}x(\tau)\delta(t-\tau)\mathrm{d}\tau=\int_{-\infty}^{\infty}x(\tau)\delta(\tau-t)\mathrm{d}\tau=x(t) \tag{3-58}$$

同理，当 δ 函数为 $\delta(t\pm t_0)$ 时[见图 3.20(b)]，

$$x(t)\otimes\delta(t\pm t_0)=\int_{-\infty}^{\infty}x(\tau)\delta(t\pm t_0-\tau)\mathrm{d}\tau=x(t\pm t_0) \tag{3-59}$$

可见函数 $x(t)$ 和 δ 函数的卷积结果，就是在发生 δ 函数的坐标位置上(以此作为坐标原点)简单地将 $x(t)$ 重新构图。

(4) $\delta(t)$ 的频谱

将 $\delta(t)$ 进行傅里叶变换

$$\Delta(f)=\int_{-\infty}^{\infty}\delta(t)\mathrm{e}^{-\mathrm{j}2\pi ft}\mathrm{d}t=\mathrm{e}^{0}=1 \tag{3-60}$$

其逆变换为

$$\delta(t)=\int_{-\infty}^{\infty}1\mathrm{e}^{\mathrm{j}2\pi ft}\mathrm{d}f \tag{3-61}$$

故知时域中的 δ 函数具有无限宽广的频谱，而且在所有的频段上都是等强度的(见图 3.21)，这种频谱常称为"均匀谱"。

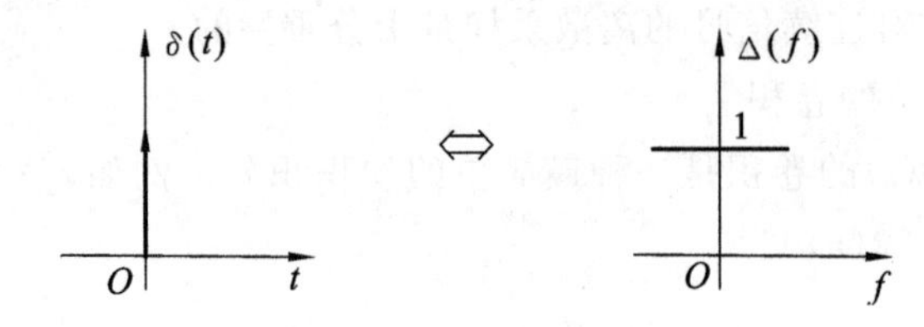

图 3.21　δ 函数及其频谱

根据傅里叶变换的对称性质和时移、频移性质，可以得到相关的傅里叶变换对，见表 3.2。

表 3.2　有关 δ 函数的傅里叶变换对

时　　域		频　　域
$\delta(t)$ (单位瞬时脉冲函数)	⟺	1 (均匀频谱密度函数)
1 (幅值为 1 的直流量)	⟺	$\delta(f)$ (在 $f=0$ 处有脉冲谱线)
$\delta(t-t_0)$ (δ 函数时移 t_0)	⟺	$\mathrm{e}^{-\mathrm{j}2\pi ft_0}$ (各频率成分分别移动 $2\pi ft_0$ 相位角)
$\mathrm{e}^{\mathrm{j}2\pi f_0 t}$ (复指数函数)	⟺	$\delta(f-f_0)$ (将 $\delta(f)$ 频移到 f_0)

3) 正、余弦函数的频谱密度函数

由于正、余弦函数不满足绝对可积条件，因此不能直接应用式(3-45)进行傅里叶变换，而需要在傅里叶变换时引入 δ 函数。

根据式(3-33)、式(3-34)，正、余弦函数可以写成

$$\sin 2\pi f_0 t=\mathrm{j}\,\frac{1}{2}\left(\mathrm{e}^{-\mathrm{j}2\pi f_0 t}-\mathrm{e}^{\mathrm{j}2\pi f_0 t}\right) \tag{3-62}$$

$$\cos 2\pi f_0 t=\frac{1}{2}\left(\mathrm{e}^{-\mathrm{j}2\pi f_0 t}+\mathrm{e}^{\mathrm{j}2\pi f_0 t}\right) \tag{3-63}$$

应用表3.2中的傅里叶变换对，可认为正、余弦函数是把频域中的两个δ函数向不同方向平移后的差或和进行傅里叶变换。因而可求得正、余弦函数的傅里叶变换如下(见图3.22)

$$\sin 2\pi f_0 t \Leftrightarrow \mathrm{j}\,\frac{1}{2}\left[\delta(f+f_0)-\delta(f-f_0)\right] \tag{3-64}$$

$$\cos 2\pi f_0 t \Leftrightarrow \frac{1}{2}\left[\delta(f+f_0)+\delta(f-f_0)\right] \tag{3-65}$$

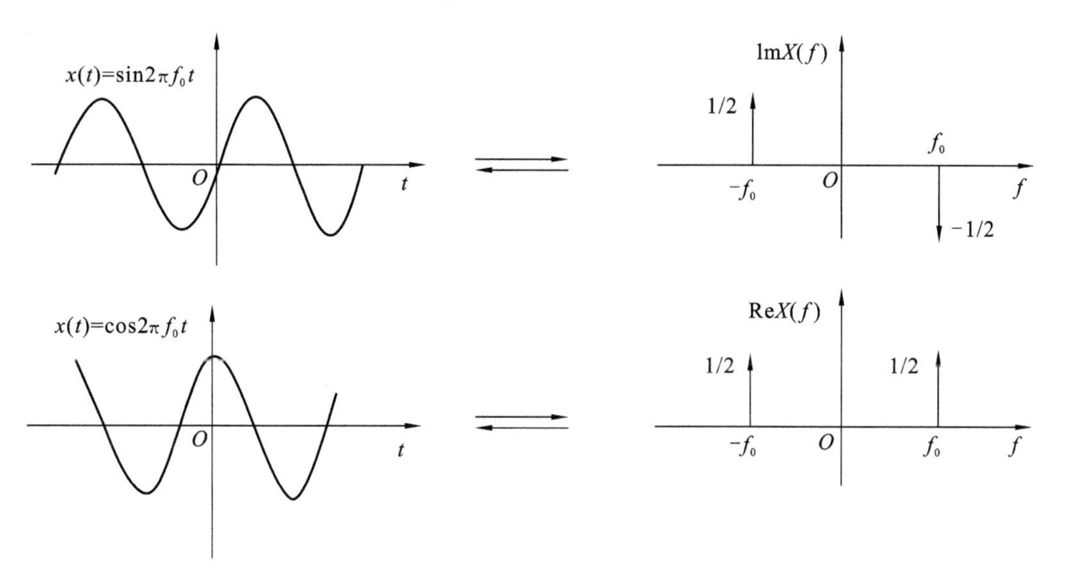

图3.22　正、余弦函数及其频谱

4) 周期单位脉冲序列的频谱

等间隔的周期单位脉冲序列常称为梳状函数，并用$\mathrm{comb}(t,T_s)$表示，即

$$\mathrm{comb}(t,T_s)=\sum_{n=-\infty}^{\infty}\delta(t-nT_s) \tag{3-66}$$

式中，T_s为单位脉冲序列的周期；n为整数，$n=0,\pm1,\pm2,\cdots$。

因为此函数是周期函数，所以可以把它表示为傅里叶级数的复指数函数形式

$$\mathrm{comb}(t,T_s)=\sum_{n=-\infty}^{\infty}c_k \mathrm{e}^{\mathrm{j}2\pi n f_s t} \tag{3-67}$$

式中，$f_s=1/T_s$；系数c_k为

$$c_k=\frac{1}{T_s}\int_{-T_s/2}^{T_s/2}\mathrm{comb}(t,T_s)\mathrm{e}^{-\mathrm{j}2\pi k f_s t}\mathrm{d}t \tag{3-68}$$

因为在$(-T_s/2,T_s/2)$区间内，式(3-66)只有一个δ函数$\delta(t)$，而当$t=0$时，$\mathrm{e}^{-\mathrm{j}2\pi f_s t}=\mathrm{e}^0=1$，所以$c_k=1/T_s$，式(3-67)可以写成

$$\mathrm{comb}(t,T_s)=\frac{1}{T_s}\sum_{k=-\infty}^{\infty}\mathrm{e}^{\mathrm{j}2\pi k f_s t} \tag{3-69}$$

所以

$$\mathrm{e}^{\mathrm{j}2\pi k f_s t}\Leftrightarrow\delta(f-kf_s) \tag{3-70}$$

可得，$\mathrm{comb}(t,T_s)$的频谱$\mathrm{comb}(f,f_s)$(见图3.23)，也是梳状函数

$$\mathrm{comb}(f,f_s)=\frac{1}{T_s}\sum_{k=-\infty}^{\infty}\delta(f-kf_s)=\frac{1}{T_s}\sum_{k=-\infty}^{\infty}\delta\left(f-\frac{k}{T_s}\right) \tag{3-71}$$

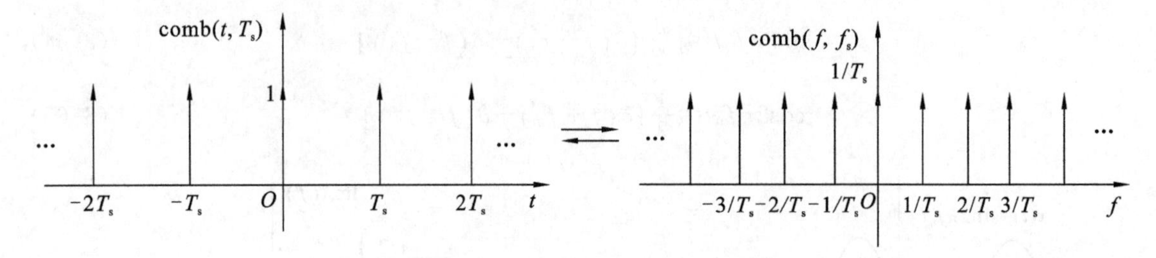

图 3.23　周期单位脉冲序列及其频谱

由图 3.23 可知，时域周期单位脉冲序列的频谱也是周期单位脉冲序列。若时域周期为 T_s，则频域脉冲序列的周期为 $1/T_s$；若时域脉冲强度为 1，则频域脉冲强度为 $1/T_s$。

3.3.3　功率谱分析

时域中的相关分析为在噪声背景下提取有用信息提供了途径。功率谱分析则从频域角度提供了相关技术的信息，它是研究平稳随机过程的重要方法。

1. 自功率谱密度函数

1）定义及其物理意义

假定 $x(t)$ 是零均值的随机过程，即 $\mu_x=0$（如果原随机过程是非零均值的，可以进行适当处理使其均值为零），又假定 $x(t)$ 中没有周期分量，那么当 $\tau\to\infty$，$R_x(\tau)\to 0$。这样，自相关函数 $R_x(\tau)$ 可以满足傅里叶变换条件 $\int_{-\infty}^{+\infty}|R_x(\tau)|\mathrm{d}\tau<\infty$。利用式(3-45) 和式(3-46) 可得到 $R_x(\tau)$ 的傅里叶变换 $S_x(f)$

$$S_x(f)=\int_{-\infty}^{+\infty}R_x(\tau)\mathrm{e}^{-\mathrm{j}2\pi f\tau}\mathrm{d}\tau \tag{3-72}$$

逆变换为

$$R_x(\tau)=\int_{-\infty}^{+\infty}S_x(f)\mathrm{e}^{\mathrm{j}2\pi f\tau}\mathrm{d}f \tag{3-73}$$

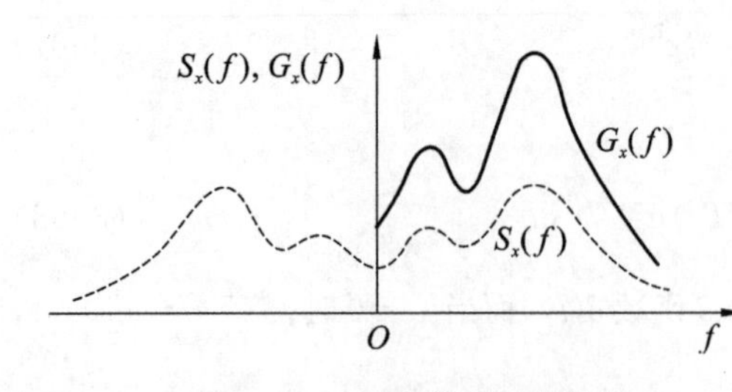

图 3.24　单边谱和双边谱

定义 $S_x(f)$ 为 $x(t)$ 的自功率谱密度函数，简称自谱或自功率谱。由于 $S_x(f)$ 和 $R_x(\tau)$ 之间是傅里叶变换对的关系，两者是唯一对应的，$S_x(f)$ 中包合着 $R_x(\tau)$ 的全部信息。因为 $R_x(\tau)$ 为实偶函数，则 $S_x(f)$ 亦为实偶函数。由此常用在 f 取 $(0,+\infty)$ 范围内的 $G_x(f)=2S_x(f)$ 来表示信号的全部功率谱，并把 $R_x(\tau)$ 称为信号的单边功率谱，如图 3.24 所示。

若 $\tau=0$，根据自相关函数 $R_x(\tau)$ 和自功率谱密度函数 $S_x(f)$ 的定义，可得到

$$R_x(0)=\lim_{T\to+\infty}\frac{1}{T}\int_0^T x^2(t)\mathrm{d}t=\int_{-\infty}^{+\infty}S_x(f)\mathrm{d}f \tag{3-74}$$

由此可见，$S_x(f)$ 曲线下和频率轴所包围的面积就是信号的平均功率，$S_x(f)$ 就是信号的功

率密度沿频率轴的分布，故称 $S_x(f)$ 为自功率谱密度函数。

2）巴塞伐尔定理

在时域中计算的信号总能量，等于在频域中计算的信号总能量，这就是巴塞伐尔定理，即

$$\int_{-\infty}^{+\infty} x^2(t)\mathrm{d}t = \int_{-\infty}^{+\infty} |X(f)|^2 \mathrm{d}f \tag{3-75}$$

式(3-75) 又称为能量等式。这个定理可以用傅里叶变换的卷积公式导出。

设

$$x(t) \Leftrightarrow X(f) \quad h(t) \Leftrightarrow H(f)$$

按照频域卷积定理有

$$x(t)h(t) \Leftrightarrow X(f) \otimes H(f) \tag{3-76}$$

即

$$\int_{-\infty}^{+\infty} x(t)h(t)\mathrm{e}^{-\mathrm{j}2\pi qt}\mathrm{d}t = \int_{-\infty}^{+\infty} X(f)H(q-f)\mathrm{d}f \tag{3-77}$$

令 $q=0$，得

$$\int_{-\infty}^{+\infty} x(t)h(t)\mathrm{d}t = \int_{-\infty}^{+\infty} X(f)H(-f)\mathrm{d}f \tag{3-78}$$

又令 $h(t)=x(t)$ 得

$$\int_{-\infty}^{+\infty} x^2(t)\mathrm{d}t = \int_{-\infty}^{+\infty} X(f)X(-f)\mathrm{d}f \tag{3-79}$$

$x(t)$ 是实函数，则 $X(-f)=X^*(f)$，所以

$$\int_{-\infty}^{+\infty} x^2(t)\mathrm{d}t = \int_{-\infty}^{+\infty} X(f)X^*(f)\mathrm{d}f = \int_{-\infty}^{+\infty} |X(f)|^2\mathrm{d}f \tag{3-80}$$

$|X(f)|^2$ 称为能谱，它是沿频率轴的能量分布密度。在整个时间轴上信号的平均功率为

$$P_{av} = \lim_{T\to+\infty}\frac{1}{T}\int_0^T x^2(t)\mathrm{d}t = \int_{-\infty}^{+\infty}\lim_{T\to+\infty}\frac{1}{T}|X(f)|^2\mathrm{d}f \tag{3-81}$$

因此，并根据式(3-74)，自功率谱密度函数和幅值谱的关系为

$$S_x(f) = \lim_{T\to+\infty}\frac{1}{T}|X(f)|^2 \tag{3-82}$$

利用这一种关系，就可以通过直接对时域信号作傅里叶变换来计算功率谱。

3）功率谱的估计

无法按式(3-82)来计算随机过程的功率谱，只能用有限长度的样本记录来计算样本功率谱，并以此作为信号功率谱的初步估计值。现以 $\tilde{S}_x(f)$、$\tilde{G}_x(f)$ 分别表示双边、单边功率谱的初步估计，即

$$\begin{cases} \tilde{S}_x(f) = \dfrac{1}{T}|X(f)|^2 \\ \tilde{G}_x(f) = \dfrac{2}{T}|X(f)|^2 \end{cases} \tag{3-83}$$

对于数字信号，功率谱的初步估计为

$$\begin{cases} \tilde{S}_x(k) = \dfrac{1}{N}|X(k)|^2 \\ \tilde{G}_x(k) = \dfrac{2}{N}|X(k)|^2 \end{cases} \tag{3-84}$$

也就是对离散的数字信号序列$\{x(n)\}$进行快速傅里叶变换(FFT),取其模的平方,再除以N(或乘以$2/N$)便可得到信号的功率谱初步估计。这种计算功率谱估计的方法称为周期图法,它也是一种最简单、常用的功率谱估计算法。

可以证明:功率谱的初步估计不是无偏估计,估计的方差为

$$\sigma^2[\tilde{G}_x(f)]=2G_x^2(f) \tag{3-85}$$

这就是说,估计的标准差$\sigma[\tilde{G}_x(f)]$和被估计量$G_x(f)$一样大。在大多数的应用场合中,如此大的随机误差是无法接受的,这样的估计值自然是不能用的。这也就是上述功率谱估计使用"～"符号而不是"∧"符号的原因。

为了减小随机误差,需要对功率谱估计进行平滑处理。最简单且常用的平滑方法是"分段平均",这种方法是将原来的样本记录长度$T_{总}$分成q段,每段时长$T=T_{总}/q$,然后对各段分别用周期图法求得其功率谱初步估计$\tilde{G}_x(f)_i$,最后求诸段初步估计的平均值,并作为功率谱估计值$\hat{G}_x(f)$,即

$$\hat{G}_x(f)=\frac{1}{q}[\tilde{G}_x(f)_1+\tilde{G}_x(f)_2+\cdots+\tilde{G}_x(f)_q]=\frac{2}{qT}\sum_{i=1}^{q}|X(f)_i|^2 \tag{3-86}$$

式中,$X(f)_i$、$\tilde{G}_x(f)_i$分别是由第i段信号求得的傅里叶变换和功率谱初步估计。

不难理解,这种平滑处理实际上是取q个样本中同一频率f的谱值的平均值。

当各段周期图不相关时,$\hat{G}_x(f)$的方差大约为$\tilde{G}_x(f)$方差的$1/q$,即

$$\sigma^2[\hat{G}_x(f)]=\frac{1}{q}\sigma^2[\tilde{G}_x(f)] \tag{3-87}$$

可见,所分的段数q愈多,估计方差愈小。但是,当原始信号的长度一定时,所分的段数q愈多,则每段的样本记录愈短,频率分辨力会降低,并增大偏度误差。通常应先根据频率分辨力的指标Δf,选定足够的每段分析长度T,然后根据允许的方差确定分段数q和记录总长$T_{总}$。为进一步增大平滑效果,可使相邻各段之间重叠,以便增加段数,实践表明,相邻两段重叠50%时效果最佳。

功率谱分析是信号分析与处理的重要内容。周期图法属于经典的谱估计法,是建立在FFT的基础上的,计算效率很高,适用于观测数据较长的情况,这种情况下有利于发挥FFT计算效率高的优点又能得到足够的谱估计精度。对短记录数据或瞬变信号,这种谱估计方法无能为力,可以选用其他方法。

4) 应用

自功率谱密度函数$S_x(f)$为自相关函数$R_x(\tau)$的傅里叶变换,故$S_x(f)$包含着$R_x(\tau)$中的全部信息。

自功率谱密度函数$S_x(f)$反映信号的频域结构,这一点和幅值谱$|X(f)|$一致,但是自功率谱密度所反映的是信号幅值的平方,因此其频域结构特征更为明显,如图3.25所示。

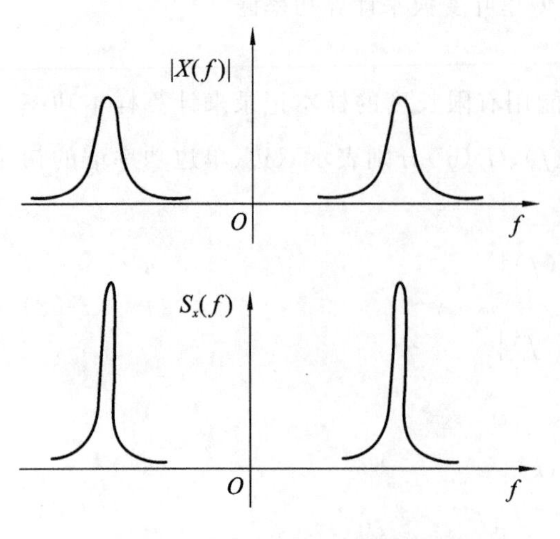

图3.25　自功率谱函数的频域结构

对于一个线性系统(见图 3.26),若其输入为 $x(t)$,输出为 $y(t)$,系统的频率响应函数为 $H(f)$,$x(t)\Leftrightarrow X(f)$,$y(t)\Leftrightarrow Y(f)$,则

$$Y(f)=H(f)X(f) \tag{3-88}$$

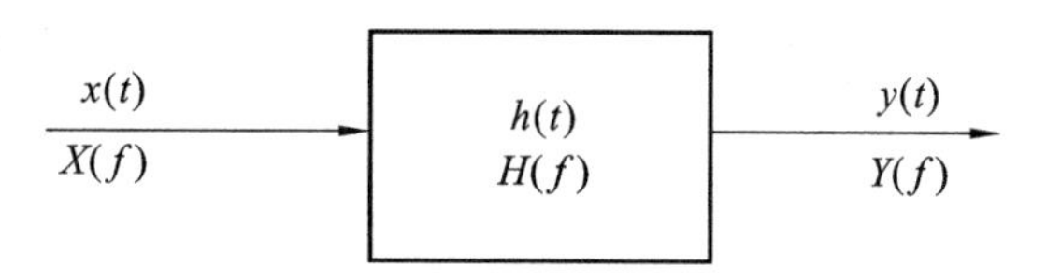

图 3.26 理想的单输入、单输出系统

不难证明,输入、输出的自功率谱密度函数与系统频率响应函数的关系如下:

$$S_y(f)=|H(f)|^2 S_x(f) \tag{3-89}$$

通过对输入、输出自功率谱的分析,就能得出系统的幅频特性,但是在这样的计算中丢失了相位信息,因此不能得出系统的相频特性。

自相关分析可以有效地检测出信号中有无周期成分,自功率谱密度函数也能用来检测信号中的周期成分。周期信号的频谱是脉冲函数,在某特定频率上的能量是无限的。但是在实际处理时,可用矩形窗函数对信号进行截断,这相当于在频域用矩形窗函数的频谱 sin$c$ 函数和周期频谱 δ 函数实行卷积,因此截断后的周期函数的频谱已不再是脉冲函数,原来为无限大的谱线高度变成有限长,谱线宽度由无限小变成有一定宽度。所以周期成分在实测的功率谱密度函数图形中以陡峭有限峰值的形态出现。

2. 互谱密度函数

1) 定义

如果互相关函数 $R_{xy}(\tau)$ 满足傅里叶变换的条件即 $\int_{-\infty}^{+\infty}|R_{xy}(\tau)|\mathrm{d}\tau<\infty$,则定义

$$S_{xy}(f)=\int_{-\infty}^{+\infty}R_{xy}(\tau)\mathrm{e}^{-\mathrm{j}2\pi f\tau}\mathrm{d}\tau \tag{3-90}$$

$S_{xy}(f)$ 称为信号 $x(t)$ 和 $y(t)$ 的互谱密度函数,简称互谱。根据傅里叶逆变换,有

$$R_{xy}(\tau)=\int_{-\infty}^{+\infty}S_{xy}(\tau)\mathrm{e}^{\mathrm{j}2\pi f\tau}\mathrm{d}\tau \tag{3-91}$$

互相关函数 $R_{xy}(\tau)$ 并非偶函数,因此 $S_{xy}(f)$ 具有虚、实两部分,同样,$S_{xy}(f)$ 保留了 $R_{xy}(\tau)$ 中的全部信息。

互谱估计的计算式如下:

对于模拟信号

$$\widetilde{S}_{xy}(f)=\frac{1}{T}X^*(f)_i Y(f)_i \tag{3-92}$$

$$\widetilde{S}_{yx}(f)=\frac{1}{T}X(f)_i Y^*(f)_i \tag{3-93}$$

式中,$X^*(f)$、$Y^*(f)$ 分别为 $X(f)$、$Y(f)$ 的共轭函数。

对于数字信号

$$\widetilde{S}_{xy}(k)=\frac{1}{N}X^*(k)Y(k) \tag{3-94}$$

$$\widetilde{S}_{yx}(k)=\frac{1}{N}X(k)Y^*(k) \tag{3-95}$$

这样得到的初步互谱估计 $\widetilde{S}_{xy}(f)$、$\widetilde{S}_{yx}(f)$ 的随机误差太大,不适合应用要求,应进行平滑处

理，平滑方法与上文相同。

2）应用

对图 3.26 所示的线性系统。可证明有

$$S_{xy}(f)=H(f)S_x(f) \tag{3-96}$$

故从输入的自谱和输入、输出的互谱就可以直接得到系统的频率响应函数。式(3-96)与式(3-89)不同，所得到的 $H(f)$ 不仅含有幅频特性而且含有相频特性，这是因为互相关函数中包含有相位信息。

如果一个测试系统受到外界干扰，如图 3.27 所示，$n_1(t)$ 为输入噪声，$n_2(t)$ 为加于系统中间环节的噪声，$n_3(t)$ 为加于输出端的噪声。显然该系统的输出 $y(t)$ 将为：

$$y(t)=x'(t)+n'_1(t)+n'_2(t)+n'_3(t) \tag{3-97}$$

式中，$x'(t)$、$n'_1(t)$、$n'_2(t)$ 分别为系统对 $x(t)$、$n_1(t)$ 和 $n_2(t)$ 的响应。

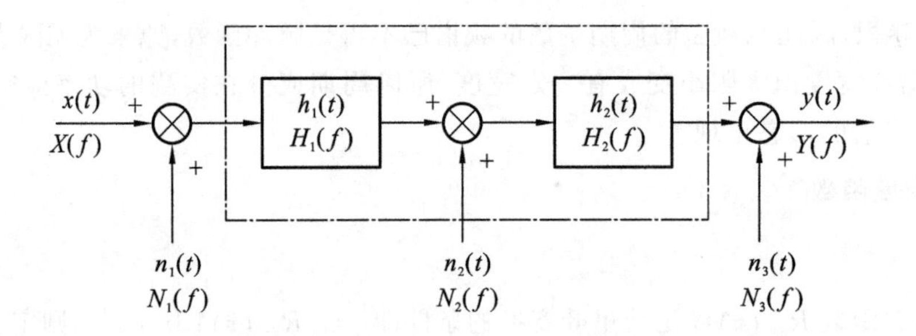

图 3.27 受到外界干扰的系统

输入 $x(t)$ 与输出 $y(t)$ 的互相关函数为

$$R_{xy}(\tau)=R'_{xx}(\tau)+R'_{xn_1}(\tau)+R'_{xn_2}(\tau)+R'_{xn_3}(\tau) \tag{3-98}$$

由于输入 $x(t)$ 和噪声 $n_1(t)$、$n_2(t)$、$n_3(t)$ 是独立无关的，故互相关函数 $R'_{xn_1}(\tau)$、$R'_{xn_2}(\tau)$ 和 $R'_{xn_3}(\tau)$ 均为零。所以

$$R_{xy}(\tau)=R'_{xx}(\tau) \tag{3-99}$$

故

$$S_{xy}(f)=S'_{xx}(f)=H(f)S_x(f) \tag{3-100}$$

式中，$H(f)=H_1(f)H_2(f)$，即所研究系统的频率响应函数。

由此可见，利用互谱进行分析将可排除噪声的影响，这是这种分析方法的突出优点，然而应当注意到，利用式(3-100)求线性系统的 $H(f)$ 时，尽管其中的互谱 $S_{xy}(f)$ 可不受噪声的影响，但是输入信号的自谱 $S_x(f)$ 仍然无法排除输入端测量噪声的影响，从而造成测量误差。

为了测试系统的动特性，有时故意给正在运行的系统以特定的已知扰动——输入 $z(t)$。从式(3-98)可以看出，只要 $z(t)$ 和其他各输入无关，在测量 $S_{xy}(f)$ 和 $S_z(f)$ 后就可以经计算得到 $H(f)$。这种在被测系统正常运行的同时对它进行测试的方法，称为在线测试。

评价系统的输入信号和输出信号之间的因果性，即输出信号的功率谱中有多少是输入量所引起的响应，在许多场合中是十分重要的。通常用相干函数 $\gamma_{xy}^2(f)$ 来描述这种因果性，其定义为

$$\gamma_{xy}^2(f)=\frac{|S_{xy}(f)|^2}{S_x(f)S_y(f)} \quad (0\leqslant\gamma_{xy}^2(f)\leqslant 1) \tag{3-101}$$

实际上，利用式(3-101)计算相干函数时，只能使用 $S_y(f)$、$S_x(f)$和 $S_{xy}(f)$的估什值，所得的相干函数也只是一种估计值；只有采用经多段平滑处理后的 $\hat{S}_y(f)$、$\hat{S}_x(f)$和 $\hat{S}_{xy}(f)$来计算，所得到的 $\hat{\gamma}_{xy}^2(f)$才是较好的估计值。

如果相干函数为零，表示输出信号与输入信号不相干；当相干函数为 1 时，表示输出信号与输入信号完全相干，系统不受干扰而且系统是线性的；相干函数在 0～1 之间，则表明有如下 3 种可能：①测试中有外界噪声干扰；②输出 $y(t)$是输入 $x(t)$和其他输入的综合输出；③联系 $x(t)$和 $y(t)$的系统是非线性的。

例如，图 3.28 所示是船用柴油机润滑油泵压油管的振动和压力脉冲间的相干分析。润滑油泵的转速 $n=781$ r/min，油泵齿轮的齿数 $z=14$。测得油压脉动信号和压油管振动信号 $y(t)$。压油管压力脉动的基频为 $f_0=nz/60=182.24$ Hz。

在图 3.28(c)中，当 $f=f_0=182.24$ Hz 时，$\gamma_{xy}^2(f)\approx 0.9$；$f=2, f_0\approx 361.12$ Hz 时，$\gamma_{xy}^2(f)\approx 0.37$；$f=3, f_0\approx 546.54$ Hz 时，$\gamma_{xy}^2(f)\approx 0.8$；$f=4, f_0\approx 722.24$ Hz 时，$\gamma_{xy}^2(f)\approx 0.75\cdots$。齿轮引起的各次谐频对应的相干函数值都比较大，而其他频率对应的相干函数值很小。由此可见，油管的振动主要是由油压脉动引起的。从 $x(t)$和 $y(t)$的自谱图[见图 3.28(a)、(b)]也明显可见油压脉动的影响。

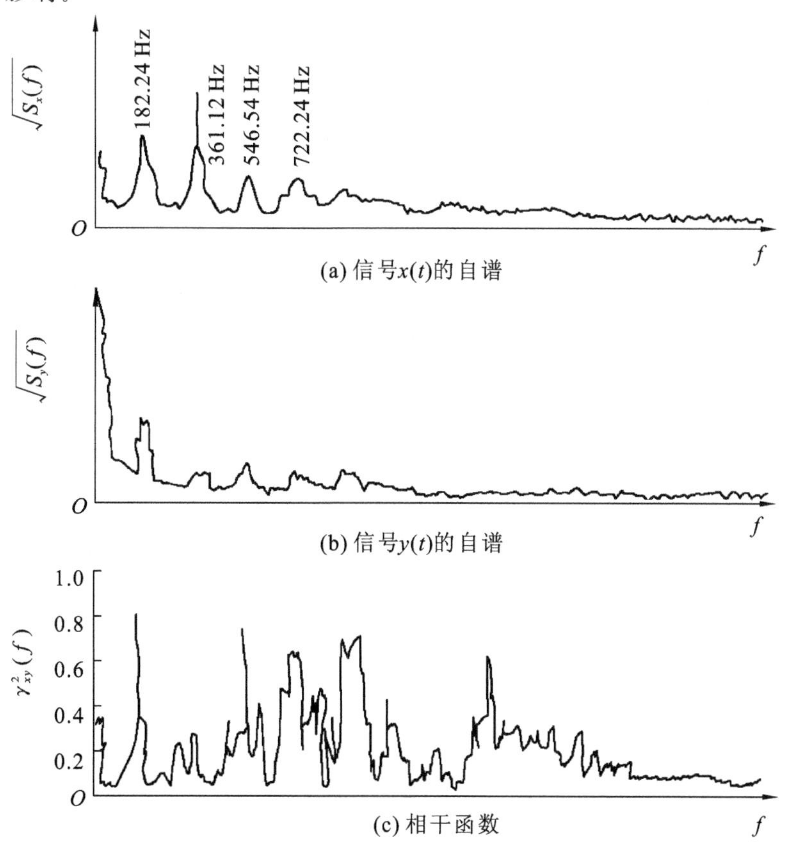

图 3.28　油压脉动与压油管振动的相干分析

3.4 数字信号分析与处理基础

数字信号处理是利用计算机或专用信号处理设备，以数值计算的方法对信号作采集、变换、综合、估值与识别等处理，从而达到提取有用信息并付诸于各种应用的目的。这是一项非常复杂的工作，涉及系统分析、传感器及其特性、信号采样等内容。一般而言，数字信号处理的一般方法如图 3.29 所示。

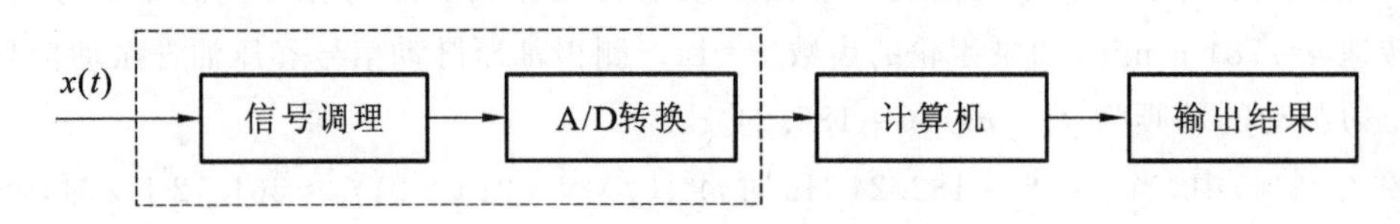

图 3.29　数字信号处理的一般方法

随着计算机和信息技术的飞速发展，数字信号处理技术也得到了迅猛的发展，形成了一套完整的理论体系，数字信号处理技术的理论主要包括：数字信号的分析、离散系统的描述与分析、信号处理中的快速算法(FFT、快速卷积等)、信号的估值、数字滤波、信号的建模、数字信号处理技术的实现与应用等。与模拟信号处理技术相比较，数字信号处理技术具有处理精度高、灵活性强、抗干扰性强和计算速度快等特点，数字信号处理设备一般也比模拟信号处理设备尺寸小、造价低。由于数字信号处理技术的这些突出优点，使它在几乎所有的工程技术领域中得到了广泛应用。

在用数字式分析仪或计算机分析处理信号时，需要对连续测量的动态信号进行数字化处理，将其转换成离散的数字序列。数字化处理的过程主要包括对模拟信号进行离散采样、幅值量化及编码。首先，采样保持器把预处理后的模拟信号按选定的采样间隔采样为离散序列，此时的信号变为时间离散而幅值连续的采样信号；然后，量化编码装置将每一个采样信号的幅值转换为数字码，最终把采样信号变为数字序列。

3.4.1　采样与采样定理

采样是指将连续信号离散化的过程，采样的过程如图 3.30 所示，其中，模拟信号为 $x(t)$，采样周期为 T 的采样脉冲函数为 $p(t)$。

将 $x(t)$ 和 $p(t)$ 相乘可得到离散时间信号 $x(n)$，故有

$$x(n)=\sum_{n=-\infty}^{+\infty}x(nT)\delta(t-nT) \qquad (3\text{-}102)$$

式中，$x(nT)$ 为模拟信号在 $t=nT$ 时的值。原函数的傅里叶变换为 $X(f)$，而脉冲函数 $p(t)$ 的傅里叶变换 $P(f)$ 也是脉冲序列，脉冲间距为 $1/T$，表示为

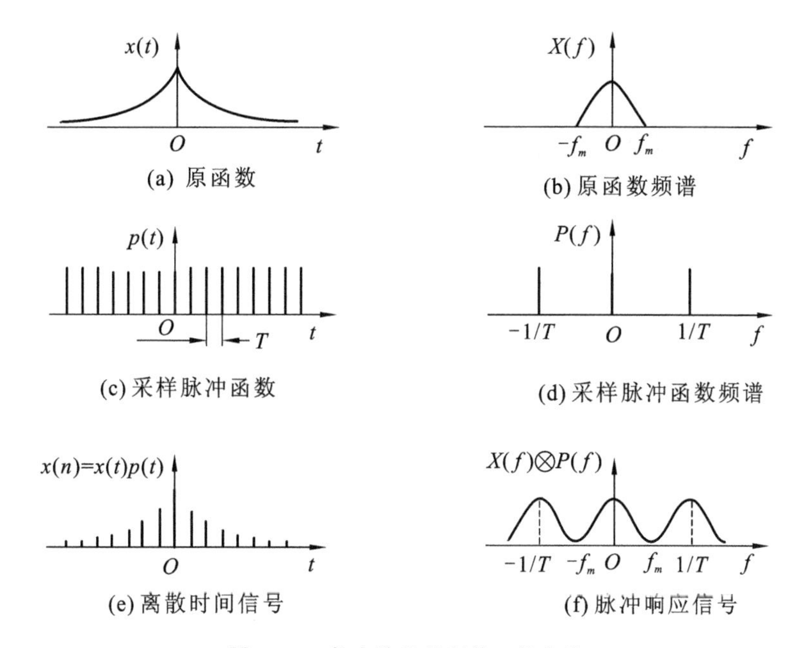

图 3.30　数字信号处理的一般方法

$$P(f)=\frac{1}{T}\sum_{n=-\infty}^{+\infty}\delta\left(f-\frac{m}{T}\right) \tag{3-103}$$

根据频域卷积定理可知:两个时域函数的乘积的傅里叶变换等于二者傅里叶变换的卷积,则离散序列 $x(n)$ 的傅里叶变换 $X(f)$ 可以写为

$$X(f)=\frac{1}{T}\sum_{n=-\infty}^{+\infty}X\left(f-\frac{m}{T}\right) \tag{3-104}$$

式(3-104)就是 $x(t)$ 经过时间间隔为 T 的采样之后所形成的采样信号频谱。一般而言,此频谱和原连续信号的频谱并不一定相同,但有联系,它是将原信号的频谱依次平移 $1/T$ 至各采样脉冲对应的频域序列点上,然后全部叠加而成的,如图 3.30(f) 所示。

由此可见,信号经时域采样之后成为离散信号,新信号的频域函数相应变为周期函数,周期为 $f_s=1/T$。

如果采样的间隔 T 太大,即采样频率 f_s 太小,使得平移距离 $1/T$ 过小,那么移至各采样脉冲处的频谱 $X(f)$ 就会有一部分相互重叠,新合成的 $X(f)\otimes P(f)$ 的图形与原 $X(f)$ 的图形完全不一致,这种现象称为混叠。频谱发生混叠后,改变了原来频谱中的部分幅值[见图 3.30(f) 中的虚线部分],这样就不可能从离散信号准确恢复原来的时域信号 $x(t)$。

如果 $x(t)$ 是一个限带信号,即信号最高频率 f_g 为有限值[见图 3.30(b)],当采样频率 $f_s>2f_g$ 时,采样后的频谱就不会发生混叠。若使该频谱通过一个中心频率为零,带宽为 $\pm f_s/2$ 的理想低通滤波器,就可以把原信号的频谱提取出来,也就是说有可能从离散序列中准确恢复原信号 $x(t)$。

通过上面的论述可知,为了避免混叠,以使采样处理后仍有可能准确反映其原信号,采样频率 f_s 必须大于处理信号中最高频率 f_g 的 2 倍,即有 $f_s>2f_g$,这就是采样定理。在实际工作中,采样频率的选择往往留有余地,一般应选取为处理信号中最高频率的 3 ～ 4 倍。另外,如果能够确定测量信号中的高频部分是由干扰噪声引起的，为了满足采样定理而且不至于使采样频率过高，可以对被测信号先进行低通滤波处理。

3.4.2　量化和量化误差

模/数转换器的位数是一定的，只能表达出有一定间隔的电平。当模拟信号采样点的电平落在两个相邻的电平之间时，就要舍入到相近的一个电平上，这一过程称为量化。假设两个相邻电平之间的增量为 Δ，那么量化误差 ε 最大为 $\pm\Delta/2$。而且可以认为 ε 在 $(-\Delta/2, +\Delta/2)$ 区间内各处出现的概率相等，概率分布密度为 $1/\Delta$，均值为零，则其均方值为

$$\sigma_z^2 = \int_{-\Delta/2}^{\Delta/2} \varepsilon^2 \frac{1}{\Delta} \mathrm{d}\varepsilon = \frac{\Delta^2}{12} \tag{3-105}$$

若设模/数转换器的位数为 N，采用二进制编码，转换器的转换范围为 $\pm V$，则可以将相邻电平之间的增量 Δ 表示为

$$\Delta = \frac{V}{2^{N-1}} \tag{3-106}$$

由量化误差的讨论及式(3-106)可知，对于 N 位二进制数的模/数转换模块，实际全量程内的相对量化误差 δ 为

$$\delta = \frac{1}{2^{N-1}} \times 100\% \tag{3-107}$$

量化误差是叠加在采样信号上的随机误差，但为了简化后续问题的讨论，我们暂且认为模/数转换器的位数为无限多，使得采样点所采集到的幅值就是原模拟信号上的幅值。

3.4.3　截断、泄漏和窗函数

信号的历程是无限的，而我们不可能对无限长的整个信号进行处理，所以要进行截断。截断是指在时域内将无限长的信号乘以有限时间宽度的函数，这个有限宽的函数就称为窗函数。最简单的窗函数是矩形窗函数，如图 3.31(a) 所示。

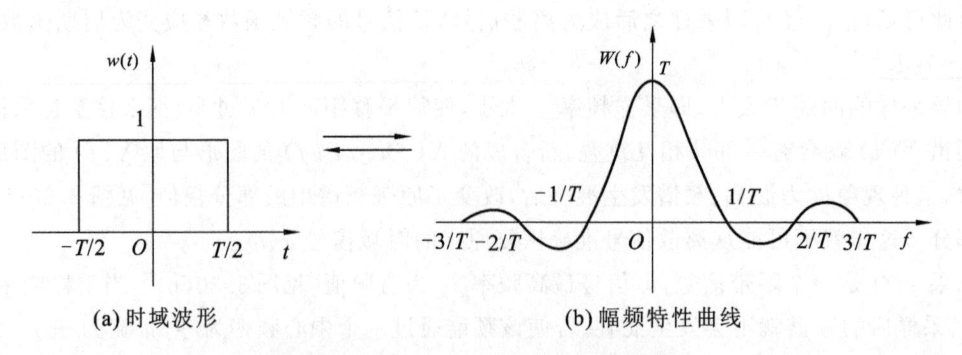

图 3.31　数字信号处理的一般方法

矩形窗函数 $w(t)$ 及其幅频特性 $W(f)$ 分别为

$$w(t) = \begin{cases} 1, & |t| < T/2 \\ 0, & |t| > T/2 \end{cases} \tag{3-108}$$

$$W(f) = T\frac{\sin\pi fT}{\pi fT} \tag{3-109}$$

若原信号 $x(t)$，其频谱函数为 $X(f)$，根据频域卷积定理可知，用矩形窗函数截断后的信号其频谱为 $X(f)$ 和 $W(f)$ 的卷积。由于 $W(f)$ 为一个频带无限的函数，所以即使 $x(t)$ 为限带信号，截断后的频谱也必然为频带无限的函数，这说明信号的能量分布扩展了。而且由于截断后的信号是无限带宽信号，所以无论采样频率选择得多高都将不可避免地产生混叠，由此可见，信号截断必然会导致一定的误差，这一现象称为泄漏。

如果增大截断长度，即图 3.31(a) 中的 T 增大，则从图 3.31(b) 中可以看出 $W(f)$ 的图形将被压缩变窄，虽然理论上其频谱范围仍为无穷宽，但中心频率以外的频率分量的衰减速度会加快，因而泄漏误差将减少。而当 $T\rightarrow\infty$ 时，$W(f)$ 函数将变为 $\delta(f)$ 函数，$W(f)$ 与 $\delta(f)$ 的卷积仍然为 $W(f)$，这说明不截断就没有泄漏误差。

另外，泄漏还和窗函数频谱的旁瓣有关。如果窗函数的旁瓣小，相应的泄漏也小。为了减小或抑制泄漏，可用各种不同形式的窗函数来对时域信号进行加权处理，以改善时域截断处的不连续状况。所选择的窗函数应力求其频谱的主瓣宽度窄些、旁瓣幅度小些，窄的主瓣可以提高频率分辨能力；小的旁瓣可以减小泄漏。这样窗函数的优劣大致可从旁瓣峰值与主瓣峰值之比、最大旁瓣 10 倍频程衰减率和主瓣宽度等三方面来评价。

3.4.4 离散信号的频谱分析

数字信号处理是利用计算机或专用信号处理设备，以数值计算的方法对信号作采集、变换、综合、估值与识别等处理，从而达到提取有用信息并付诸于各种应用的目的。

本节着重介绍数字信号处理中的离散傅里叶变换和快速傅里叶变换。

1. 离散傅里叶变换

对于一个非周期的连续时间信号 $x(t)$ 来说，它的傅里叶变换应该是一个连续的频谱 $X(f)$，其运算公式见 3.3.2 节中的式(3-45) 和式(3-46)。

由于计算机只能处理有限长度的离散数据序列，因此上两式不能直接被计算机处理，必须首先对其连续时域信号和连续频谱进行离散化并截取其有限长度的一个序列，这也就是离散傅里叶变换(Discrete Fourier Transform，DFT) 产生的基础。

对于无限连续信号的傅里叶变换共有以下四种情况(见图 3.32)。图 3.32(a) 所示为一非周期连续信号 $x(t)$ 及其傅里叶变换的频谱 $X(f)$，由图可见，通常 $x(t)$ 和 $X(f)$ 的范围均为 $-\infty\sim\infty$。图 3.32(b) 所示为一周期连续信号，此时傅里叶变换转变为傅里叶级数，因而其频谱是离散的，有

$$X(f_k) = \frac{1}{T}\int_{-T/2}^{T/2} x(t)\mathrm{e}^{\mathrm{j}2\pi f_k t}\,\mathrm{d}t \tag{3-110}$$

其逆变换为：

$$x(t) = \sum_{k=-\infty}^{+\infty} X(f_k)\mathrm{e}^{\mathrm{j}2\pi f_k t} \tag{3-111}$$

式中，$f_k = k\Delta f(k = 0, \pm 1, \pm 2, \cdots, \pm n)$；$\Delta f$ 为相邻谱线的间隔，也就是基频，即 $\Delta f = 1/T$。

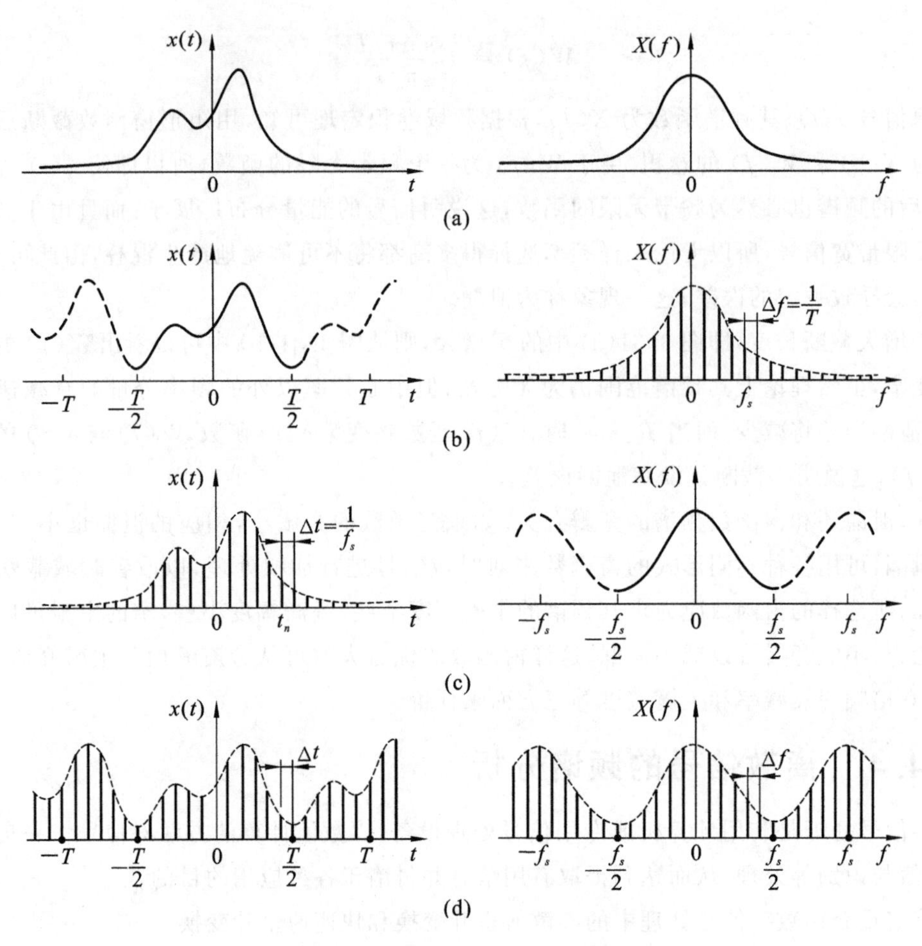

图 3.32　傅里叶变换的几种类型

图 3.32(c) 所示为一非周期离散信号的傅里叶变换。与图 3.32(a) 和图 3.32(b) 不同的是，图 3.32(c) 的时域信号是离散的脉冲序列，这种时间序列可看成是对一连续信号进行采样而得到的。可以证明，无限长的离散时间序列的傅里叶变换是一个周期性的连续频谱，即

$$X(f)=\sum_{n=-\infty}^{+\infty}x(t_n)\mathrm{e}^{-\mathrm{j}2\pi ft_n} \tag{3-112}$$

其逆变换为：

$$x(t_n)=\frac{1}{f_s}\int_{-f_s/2}^{f_s/2}X(f)\mathrm{e}^{\mathrm{j}2\pi ft_n}\mathrm{d}f \tag{3-113}$$

式中，$t_n=n\Delta t(n=0,\pm1,\pm2,\cdots,\pm n)$；$\Delta t$ 为脉冲序列的时间间隔，即采样间隔 $\Delta t=1/f_s$；f_s 为时域信号的采样频率，它等于该时间序列的频谱周期。

图 3.32(d) 所示为一周期离散时间序列的傅里叶变换，可以证明它的频谱也是周期离散的。设该时间序列的周期为 T，一个周期内有 N 个采样点，即采样间隔为 Δt，于是 $T=N\Delta t$。根据傅里叶变换的公式，它的频谱亦是周期的，周期 $f_s=1/\Delta t$，频率间隔 $\Delta f=1/T$，且它在一个周期内同样有 N 条谱线，即

$$f_s=N\Delta f$$

从图 3.32 所示的四个信号的时、频域转换中不难看出，若 $x(t)$ 是周期的，那么频域中 $X(f)$ 必然是离散的，反之亦然。同样，若 $x(t)$ 是非周期的，则 $X(f)$ 一定是连续的，反之亦然。尤其是对于第四种亦即时域和频域都是离散的信号，且都是周期的，这给人们利用计算机实施频谱分析提供了一种可能性。对这种信号的傅里叶变换，只需取其时域的一个周期（N 个采样点）和频域的一个周期（同样为 N 个采样点）进行分析，便可了解该信号的全部过程。这种对有限长度的离散时域（或频域）信号序列进行傅里叶变换（或逆变换），得到同样为有限长度的离散频域（或时域）信号序列的方法，便称为离散傅里叶变换（DFT）[或离散傅里叶逆变换（IDFT）]，从中导出离散傅里叶变换的公式为：

$$\text{DFT}: X(k)=\sum_{n=0}^{N-1}x(n)\mathrm{e}^{-\mathrm{j}\frac{2\pi}{N}nk}=\sum_{n=0}^{N-1}x(n)W_N^{nk}\quad k=0,1,\cdots,N-1 \tag{3-114}$$

$$\text{IDFT}: x(n)=\frac{1}{N}\sum_{n=0}^{N-1}X(k)\mathrm{e}^{\mathrm{j}\frac{2\pi}{N}nk}=\frac{1}{N}\sum_{n=0}^{N-1}X(k)W_N^{-nk}\quad n=0,1,\cdots,N-1 \tag{3-115}$$

式中，$W_N=\mathrm{e}^{-\mathrm{j}\frac{2\pi}{N}}$，$x(n)$和$X(k)$分别为$\hat{x}(n\Delta t)$和$\hat{X}(kf_0)$的一个周期，此处将 Δt 和 f_0 均归一化为 1。

显然离散傅里叶变换并不是一个新的傅里叶变换形式，它实际上来源于离散傅里叶级数的概念，只不过对时域和频域的信号各取一个周期，然后由这一周期作延拓，扩展至整个的$\hat{x}(n\Delta t)$和$\hat{X}(kf_0)$。

从周期离散的时域信号的傅里叶变换可以推导出离散傅里叶变换的计算公式，但在实际上还经常会碰到有限或无限长的非周期序列信号，对这样的信号作傅里叶变换得到的是周期的连续频谱 $X(f)$，$X(f)$ 不能直接被计算机所接受，因此必须要用公式(3-106) 或式(3-107) 对它进行处理。具体的做法是：对有限长序列 $x(n)$，令其长度为 N；而对无限长序列 $x(n)$，则用长度为 N 的窗函数将其截断，并将该 N 个点的数据序列视为周期序列 $\hat{x}(n)$的一个周期，因此 $\hat{x}(n)$是由 $x(n)$作周期延拓形成的。对 $\hat{x}(n)$进行离散傅里叶变换，得到的 $\hat{X}(k)$也是以 N 为周期的序列，它的一个周期为 $X(k)$ ($k=0,1,\cdots,N-1$)，因此 $X(k)$是$x(n)$的离散傅里叶变换或是其傅里叶变换的一种近似形式。

2. 快速傅里叶变换

从式(3-114)和式(3-115)可知，如按这两条公式来做 DFT 运算，求出 N 个点的 $X(k)$需做 N^2 次复数乘法和 $N(N-1)$次复数加法。而做一次复数乘法需要做四次实数相乘和两次实数相加，做一次复数加法需要做两次实数相加。因此当采样点数 N 很大时，计算量是很大的，比如当 N=1 024 时，需要做总共 1 048 576 次复数乘法，即 4 194 304 次实数乘法，这样的运算需占用计算机大量的内存和机时，难以实时实现。正是因为这一原因，尽管 DFT 的概念早已为人们所熟知，但却未被得到有效应用。直到 1965 年由库利和图基提出了一种适合于计算机运算的 DFT 的快速算法，即快速傅里叶变换（Fast Fourier Transform，FFT），DFT 的思想才被真正实现。FFT 的提出大大促进了数字信号分析技术的发展，同时也使科学分析的许多领域面貌一新。

FFT 算法的本质在于充分利用了 W_N 因子的周期性和对称性。

① 对称性：

$$W_N^{(nk+N/2)}=-W_N^{nk} \tag{3-116}$$

② 周期性：

$$W_N^{N+nk}=W_N^{nk} \tag{3-117}$$

根据上述两条性质，可以看到 W_N 因子中的 N^2 个元素实际上只有 N 个独立的值，即 W_N^0，$W_N^1,W_N^2,\cdots,W_N^{n-1}$，且其中 $N/2$ 个值的与其余 $N/2$ 个值的数值相等，仅仅符号相反。FFT 算法的基本思想便是避免在运算中的重复运算，将长序列的 DFT 分割为短序列的 DFT 的线性组合，从而达到整体降低运算量的目的。依照这一思想，库利和图基提出的 FFT 算法使原来的 N 个点的 DFT 的乘法计算量从 N^2 次降至 $\frac{N}{2}\log_2 N$ 次，如 $N=1\ 024$，则计算量现在为 5 120 次，仅为原计算量的 4.88%。在库利和图基提出 FFT 算法之后，人们又提出了许多新的不同算法，着眼于进一步提高计算效率和速度，其中有代表性的有以下两种类型，一种是令采样点数 N 等于 2 的整数次幂的算法，如基 2 算法、基 4 算法、实因子算法及分裂基算法等；另一种是 N 不等于 2 的整数次幂的算法，如素因子算法等。

3.5 项目设计实例

MATLAB 是 matrix 和 laboratory 两个词的组合，意为“矩阵实验室”，是当今流行的科学计算软件。信息技术、计算机技术的发展，使科学计算在各个领域得到了广泛的应用。在诸如控制论、时间序列分析、系统仿真、图像信号处理等方面存在大量的矩阵及其相应的计算问题，而编写大量的繁复的计算程序，不仅会消耗大量的时间和精力，减缓工作进程，而且往往质量不高。因此，美国 MathWork 软件公司推出了 MATLAB 软件，为人们提供了一条方便的数值计算的途径。

MATLAB 软件提供了大量的矩阵及其他运算函数，可以方便地进行一些很复杂的计算，而且运算效率极高，它的命令和数学中的符号、公式非常接近，可读性强，容易掌握，可利用它所提供的编程语言进行编程，完成特定的工作。除基本部分外，MATLAB 软件还根据各专门领域中的特殊需要提供了许多可选的工具箱，例如，信号处理工具箱、优化工具箱、自动控制工具箱、神经网络工具箱等，被广泛应用于工程计算、控制设计、信号处理与通信、图像处理、信号检测、金融建模设计与分析等领域。

本节将以信号时域分析为例，应用 MATLAB 软件进行编程讲解信号处理的基本方法，引导学生利用这个编程实验平台验证所学的相关信号的分析和处理知识，加深对基本原理的理解和应用。

3.5.1 时域统计指标分析

通过信号的时域波形分析可以得到一些统计特性参数，这些参数可用于判断机械运行状态。时域统计指标包含有量纲型的幅值参数和无量纲型参数。有量纲型的幅值参数包括方根幅值、均方幅值 x_{rms} 和峰值 x_p 等;无量纲型参数主要包括波形指标、峰值指标、脉冲指标、裕度指标等。

一些有量纲指标的具体公式如下。

峰值 x_p:
$$x_p = E[\max|x(t)|]$$

均值 $\bar{x}$:
$$\bar{x} = \frac{1}{T}\int_0^T |x(t)|\mathrm{d}t$$

峰 - 峰值 $x_{p\text{-}p}$:在一个周期中最大瞬时值与最小瞬时值之差,即 $x_{p\text{-}p} = |x_{\max} - x_{\min}|$

均方值 x_{rms}:
$$x_{rms} = \left[\frac{1}{T}\int_0^T x^2(t)\mathrm{d}t\right]^{1/2}$$

方差幅值 x_r:
$$x_r = \left[\frac{1}{T}\int_0^T \sqrt{|x(t)|}\mathrm{d}t\right]^2$$

【例 3-4】 对正弦信号的时域统计指标进行分析。

```
%时域波形
t=0:pi/500:4 *pi;
t=t(1:2000);                        %采样点 2000 个
y=sin(t);
y=y(1:2000);
figure('name', '正弦时域波形图')
plot(t,y);                          %作时域波形
axis([0,4 *pi,-1 ,1]);
title('正弦时域波形图');
xlabel('t');                        %定义坐标轴标题
ylabel('y');
grid;
% 求最值,均值,均方值,方差和均方差
fprintf('该正弦的最大值为:%g ; \n',max(y));
fprintf('最小值为: %g ;\n',min(y));
fprintf('均值为:%g ;\n',mean(y));
fprintf('均方值为: %g ;\n';,mean(y. * y));
a=y- mean(y);
b=mean(a. *a);
fprintf('方差为:%g ;\n',b);
fprintf('均方差为:%g ;\n',sqrt(b));
```

要求如下。

① 运行程序,得到程序的结果。

② 基于例 3-4 编写一个无量纲型参数的程序,并运行。

输出的正弦信号时域波形如图 3.33 所示。

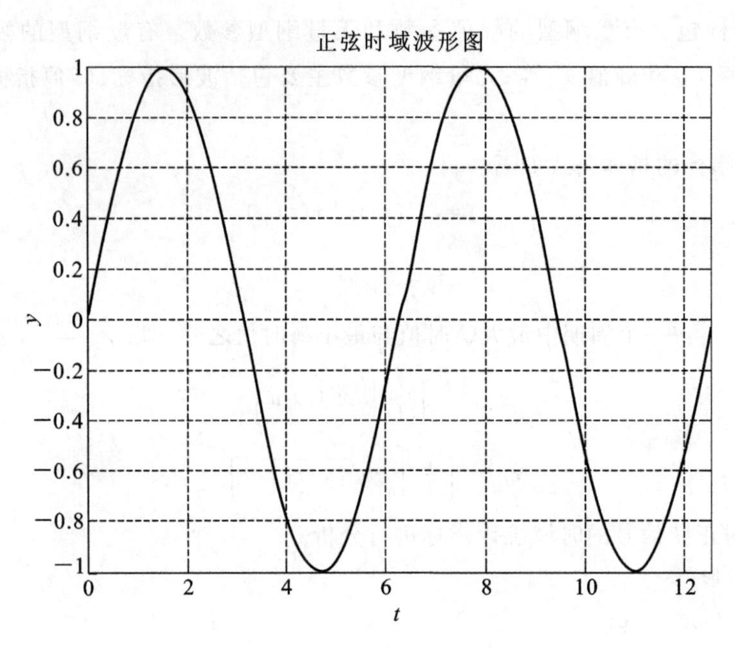

图 3.33 正弦信号时域波形

3.5.2 相关函数及应用

实际机械信号常常含有噪声,而自相关函数可以用于检测信号中是否包含有周期成分,因此可以利用自相关函数来提取机械信号中的周期成分。下面是观察自相关函数提取周期信号成分的效果的程序。运行程序可得含有噪声的信号和它的自相关函数。自相关函数消除了大量的噪声,周期成分变得非常明显,由它们的频谱可见,自相关函数的频谱中噪声很少。

【例 3-5】 自相关函数提取信号周期成分。

```
n=4096; fs=800;N=512;
t=(0: n-1)/fs;
f=(0: N/2-1) *fs/N;
f0=10;
x=sin(2 *pi *f0 *t);
n=randn(size(x));
z=x+n;
Yz=abs(fft(z(1:N)));
%自相关函数
[R, tao]=xcorr(z,600,'coeff');
YR=abs(fft(R(1: N)));
figure('name', '自相关函数 1');                    %作图
subplot(211);
plot(t(1: N),z(1: N));
```

```
subplot(212);
plot(tao,R) ;
figure('name', '自相关函数 2');                    %作图
subplot (211);
plot(f, Yz(1: N/2));
subplot(212);
plot(f, YR(1: N/2));
```

输出的自相关函数如图 3.34 和图 3.35 所示。

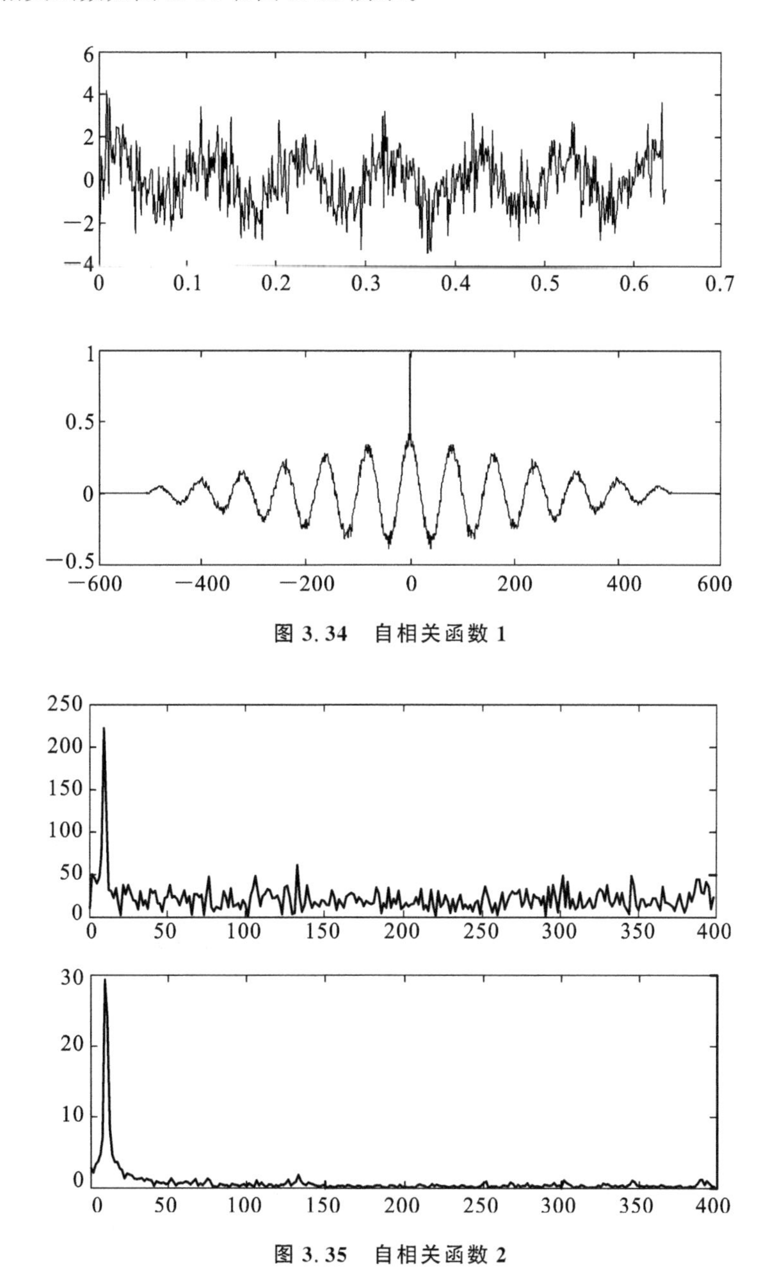

图 3.34　自相关函数 1

图 3.35　自相关函数 2

(1) 简述信号的几种描述方式。

(2) 简述信号的统计特征中几个常用参数及其在机械故障诊断中的应用。

(3) 周期信号和非周期信号的频谱图各有什么特点？它们的物理意义有何异同？

(4) 用傅里叶级数的三角函数展开式和复指数展开式，求图 3.36 所示周期三角波的频谱，并作频谱图。

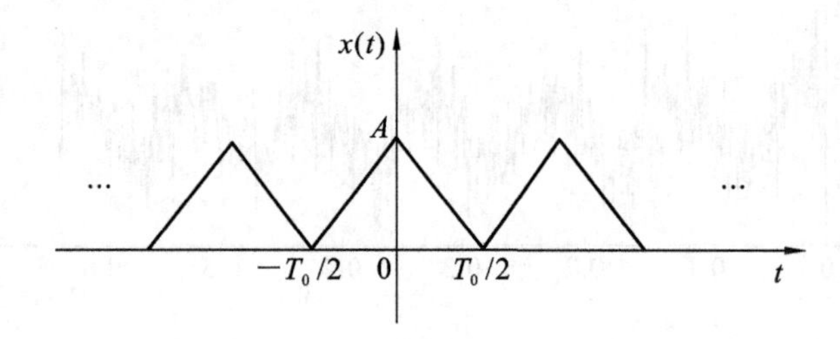

图 3.36　第(4)题图

(5) 求指数衰减函数 $x(t)=e^{-at}\cos\omega_0 t$ 的频谱函数 $X(f)$ $(a>0, t\geqslant 0)$，并画出信号及其频谱图。

(6) 什么是频谱混叠？什么是采样定理？怎样才能避免频谱混叠？

(7) 求 $h(t)$ 的自相关函数。

$$h(t)=\begin{cases} e^{-at}, & t\geqslant 0, a>0 \\ 0, & t<0 \end{cases}$$

第4章

信号转换与调理

虽然大多数的传感器已经将各种被测量转换为电量，但由于信号的种类、强度等方面的原因，传感器的输出往往不能直接用于信号传输、数据处理和在线控制。因此，在使用这些信号之前，必须根据具体要求，对信号的种类进行转换，对信号的幅值、能量、传输特性等进行调理。本章介绍了常用的信号转换与调理电路，包括电桥、调制与解调、滤波器等。

4.1 电桥

当传感器把被测量转换为电阻、电容、电感等电参数后，通过电桥可以把这些参数的变化转换为电压或电流的变化，以供后续测量环节使用，如指示仪表显示测量数据或送入放大器进行信号放大。由于电桥具有结构简单、精确度和灵敏度高、能预调平衡、易消除温度及环境的影响等特点，因此被广泛应用于信号测试系统中。

电桥按其激励电源性质的不同可分为直流电桥和交流电桥，两者结构相似，但直流电桥只能用于测量电阻的变化，而交流电桥可以用于测量电阻、电容和电感等参数的变化。电桥按其输出测量方式的不同可分为不平衡电桥和平衡电桥，不平衡电桥应用于偏位法，该电桥在不平衡条件下才有电压或电流的输出，适用于动态测量，动态电阻应变仪使用该电桥进行测量；平衡电桥应用于零位法，是在电桥平衡即电桥的输出始终为零的条件下进行测量的，适用于静态测量，静态电阻应变仪使用该电桥进行测量。

4.1.1 直流电桥

1. 直流电桥(见图4.1)的工作原理

采用直流电压供电的电桥称为直流电桥，直流电桥的桥臂只能为电阻，如图4.1所示，其中R_1、R_2、R_3、R_4为四个桥臂电阻，U_i为在a、c两端接入的供桥直流电压，U_0为在b、d两端输出的

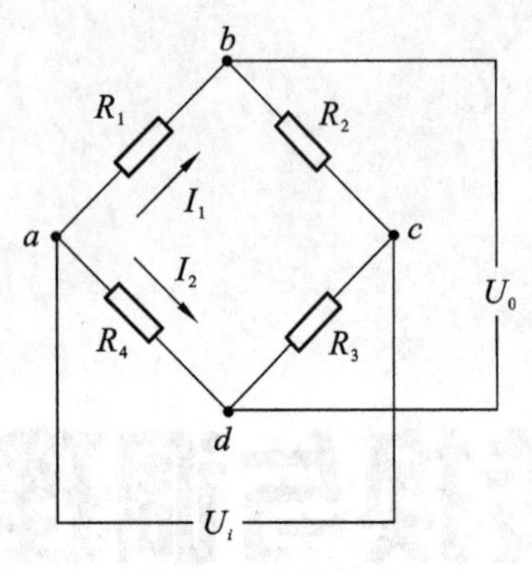

图 4.1　直流电桥

电压。当在输出端 b、d 接入的仪表或放大器的输入阻抗较大时，电路可视为开路，即输出电流为零，此时图 4.1 中电桥的电流 I_1、I_2 分别为

$$I_1=\frac{U_i}{R_1+R_2}$$

$$I_2=\frac{U_i}{R_3+R_4}$$

则电桥的输出电压为

$$\begin{aligned}U_0&=U_{ab}-U_{ad}=I_1R_1-I_2R_4=\left(\frac{R_1}{R_1+R_2}-\frac{R_4}{R_3+R_4}\right)U_i\\&=\frac{R_1R_3-R_2R_4}{(R_1+R_2)(R_3+R_4)}U_i\end{aligned}\tag{4-1}$$

由式(4-1)可知，当

$$R_1R_3=R_2R_4\tag{4-2}$$

时

$$U_0=0$$

即直流电桥输出电压为零，直流电桥达到平衡，式(4-2)称为直流电桥的平衡条件。实际使用时，可根据需要选择一个、两个或四个桥臂接入传感器作为工作桥臂。

调试电桥，使其初始输出电压为零即处于平衡状态，则当各桥臂电阻均发生不同程度的微小变化 ΔR_1、ΔR_2、ΔR_3、ΔR_4 时，电桥就失去平衡，由式(4-1)可知此时电桥的输出电压为

$$U_0=\frac{(R_1\pm\Delta R_1)(R_3\pm\Delta R_3)-(R_2\pm\Delta R_2)(R_4\pm\Delta R_4)}{(R_1\pm\Delta R_1+R_2\pm\Delta R_2)(R_3\pm\Delta R_3+R_4\pm\Delta R_4)}U_i\tag{4-3}$$

由于 $\Delta R\ll R$，忽略式(4-3)中分母中的 ΔR 项和分子中的 ΔR 高次项，则对于常用的全等臂电桥($R_1=R_2=R_3=R_4=R$)，式(4-3)可化简为

$$\begin{aligned}U_0&\approx\frac{(RR\pm R\Delta R_1\pm R\Delta R_3)-(RR\pm R\Delta R_2\pm R\Delta R_4)}{(R+R)(R+R)}U_i\\&=\frac{U_i}{4R}(\pm\Delta R_1\pm\Delta R_3\mp\Delta R_2\mp\Delta R_4)\end{aligned}\tag{4-4}$$

由式(4-2)和式(4-4)可见，在静止状态下，调节桥臂的电阻值使电桥平衡，输出电压为零，测量时，电桥的输入信号(工作桥臂上的电阻值发生变化)发生微小变化时，电桥平衡条件被破坏即此时电桥处于不平衡状态下，输出电压 U_0 与电阻变化量 ΔR 成正比。由此可以从较大的静态分量(例如直流偏置)中提取出微弱的有用信号。

直流电桥的主要优点是所需的高稳定度直流电源较易获得；电桥输出的是直流量，可以使用直流仪表测量，精度较高；对传感器与测量仪表的连接导线要求较低；电桥的预调平衡电路简单，仅需对纯电阻加以调整即可。其缺点是直流放大器比较复杂，输出信号易受零漂和接地电位的影响。

2. 电桥的连接方式

在测量过程中，根据电桥工作中电阻值发生变化的桥臂数的不同，电桥的连接方式可分为单臂电桥、差动半桥和差动全桥三种，如图 4.2 所示。

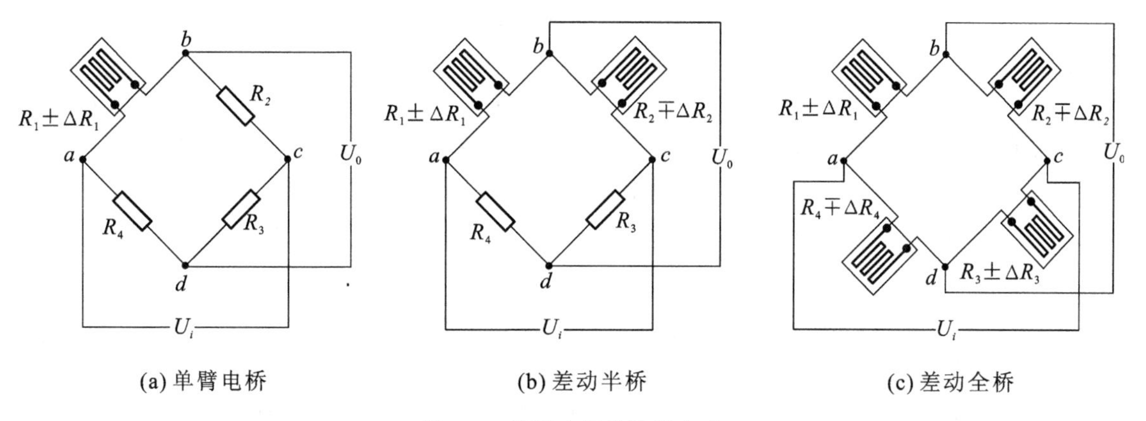

(a) 单臂电桥　　(b) 差动半桥　　(c) 差动全桥

图 4.2　直流电桥的连接方式

1）单臂电桥

如图 4.2(a)所示，测量时有一个桥臂的阻值随被测量的变化而变化，其余桥臂均为固定电阻。当 R_1 的阻值变化 $\Delta R_1 = \pm\Delta R$ 时，由式(4-4)可知电桥的输出电压为

$$U_0 = \frac{U_i}{4R}(\pm\Delta R \mp 0 \pm 0 \mp 0) = \pm\frac{1}{4}\frac{\Delta R}{R}U_i \tag{4-5}$$

电桥的灵敏度 S_g 的定义为电桥输出电压与电桥一个桥臂的电阻变化率之比，即

$$S_g = \frac{U_0}{\pm\Delta R/R} \tag{4-6}$$

则单臂电桥的灵敏度为

$$S_g = \frac{U_i}{4} \tag{4-7}$$

2）差动半桥

如图 4.2(b)所示，测量时有两个桥臂的阻值随被测量的变化而变化，且阻值变化方向相反，即 $\Delta R_1 = \pm\Delta R$、$\Delta R_2 = \mp\Delta R$，其余桥臂均为固定电阻。由式(4-4)可知电桥的输出电压为

$$U_0 = \frac{U_i}{4R}(\pm\Delta R_1 \mp \Delta R_2 \pm \Delta R_3 \mp \Delta R_4) = \frac{U_i}{4R}[\pm\Delta R - (\mp\Delta R) + 0 - 0] = \pm\frac{1}{2}\frac{\Delta R}{R}U_i \tag{4-8}$$

电桥的灵敏度为

$$S_g = \frac{U_i}{2} \tag{4-9}$$

3）差动全桥

如图 4.2(c)所示，测量的四个桥臂的阻值都随被测量的变化而变化，且相邻桥臂阻值变化方向相反，相对桥臂阻值变化方向相同，即 $\Delta R_1 = \Delta R_3 = \pm\Delta R$、$\Delta R_2 = \Delta R_4 = \mp\Delta R$，由式(4-4)可知电桥的输出电压为：

$$U_0 = \frac{U_i}{4R}(\pm\Delta R_1 \mp \Delta R_2 \pm \Delta R_3 \mp \Delta R_4) = \frac{U_i}{4R}[\pm\Delta R - (\mp\Delta R) + (\pm\Delta R) - (\mp\Delta R)] = \pm\frac{\Delta R}{R}U_i \tag{4-10}$$

电桥的灵敏度为

$$S_g = U_i \tag{4-11}$$

由式(4-7)、式(4-9)、式(4-11)可知，电桥的连接方式不同其灵敏度也不同，差动全桥的灵敏度最高，是差动半桥的两倍、单臂电桥的四倍。

$$S_{g全}=2S_{g半}=4S_{g单} \tag{4-12}$$

电桥的灵敏度不仅与电桥的连接方式有关，还与供桥电源电压 U_i 成正比，提高 U_i 也可以提高其灵敏度，但一般桥臂电阻的功率有限，例如应变片电阻电桥中要求应变片电流不超过 20～30 mA，所以供桥电压亦不能过高，否则会导致电桥的电流和功耗过大。

3. 电桥的加减特性及其应用

由式(4-4)可知：相邻两桥臂电阻的变化[如图 4.2(c)中的 R_1 和 R_2]，所产生的输出电压为该两桥臂各阻值变化所产生的输出电压之差；相对两桥臂电阻的变化[如图 4.2(c)中的 R_1 和 R_3]，所产生的输出电压为该两桥臂各阻值变化所产生的输出电压之和。由此可得，若相邻两桥臂电阻同向变化(即两电阻同时增大或同时减小)，相对两桥臂电阻反向变化(即两电阻一个增大一个减小)，所产生的输出电压的变化将相互抵消；若相邻两桥臂电阻反向变化，相对两桥臂电阻同向变化，所产生的输出电压的变化将相互叠加。

4. 电桥测量的误差及其补偿

对于电桥来说，误差主要来源于非线性误差和温度误差。由式(4-5)可知，当测量时采用单臂电桥接法时，其输出电压近似正比于 $\Delta R/R$，这主要是输出电压的非线性造成的，减少非线性误差的办法是采用差动半桥和差动全桥接法，这时，不仅消除了非线性误差，而且输出灵敏度也成倍提高。

另一种误差是温度误差，这是因为温度变化而引起的阻值变化的不同造成的，即差动半桥接法中 $\Delta R_1\neq\Delta R_2$，差动全桥接法中 $\Delta R_1\neq\Delta R_2$ 或 $\Delta R_3\neq\Delta R_4$，因此，使用电阻应变片时，为减少温度误差，在贴应变片时应尽量使各应变片的温度一致，并采用温度补偿片或差动半桥或差动全桥接法。

电桥的应用很多，如由电阻应变式传感器组成的电桥可以测量应力、应变、加速度、扭矩等，由金属热电阻传感器可构成测温电桥，还可用于热电偶的冷端温度补偿等。下面举例说明电桥加减特性在测量中的应用。

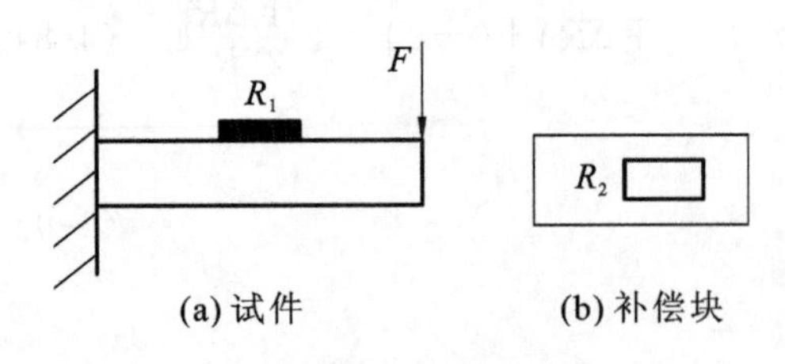

图 4.3 利用补偿块实现温度补偿

如图 4.3(a)所示试件，欲测量作用在试件上的力 F，采用两片标准电阻值和灵敏度系数都相同的应变片 R_1 和 R_2，其中 R_1 贴在试件的测量点上，为工作应变片；R_2 贴在与试件材质相同且不受力的补偿块上，为温度补偿应变片，如图 4.3(b)所示。R_1 和 R_2 处于相同的温度场中，并按图 4.2(a)所示的方式接入电桥的相邻桥臂中，其中 R_3 和 R_4 为固定电阻，其值与 R_1 和 R_2 的标准电阻值相等。因为应变片 R_1 和 R_2 的特性相同，当试件受力且环境温度变化时，由式(4-4)可知

$$U_0=\frac{U_i}{4}\left(\frac{\Delta R_1}{R}-\frac{\Delta R_2}{R}\right)=\frac{U_i}{4}\left(\frac{\Delta R_F}{R}+\frac{\Delta R_t}{R}-\frac{\Delta R_t}{R}\right)=\frac{1}{4}\frac{\Delta R_F}{R}U_i \tag{4-13}$$

式中，ΔR_F 是由力 F 引起的电阻的变化量，ΔR_t 是由温度引起的电阻的变化量。由式(4-13)可知，测量结果中仅保留了由力 F 引起的电阻变化率 $\frac{\Delta R_F}{R}$，消除了温度引起的影响 $\frac{\Delta R_t}{R}$，从而减少

了测量误差。这种桥路补偿方法在常温测量中经常采用。

测量如图4.4所示的纯弯矩试件的弯矩，采用差动半桥进行测量时，将特性相同的应变片R_1和R_2分别贴于试件上下两个表面，上面的应变片在弯矩的作用下受拉产生拉应变，下面的应变片在弯矩的作用下受压产生压应变，将R_1和R_2按图4.2(b)所示方式接线，则在弯矩M和环境温度的作用下，由式(4-4)可得

$$U_0=\frac{U_i}{4}\left(\frac{\Delta R_1}{R}-\frac{\Delta R_2}{R}\right)=\frac{U_i}{4}\left[\left(\frac{\Delta R_M}{R}+\frac{\Delta R_t}{R}\right)-\left(-\frac{\Delta R_M}{R}+\frac{\Delta R_t}{R}\right)\right]=\frac{1}{2}\frac{\Delta R_M}{R}U_i$$

与单臂电桥相比，采用差动半桥并利用电桥的加减特性进行测量提高了测量灵敏度，使输出电压增加2倍，且实现了温度补偿。

对于纯弯试件也可以采用差动全桥测量，如图4.4(b)所示，应变片R_1和R_3贴在试件的上表面，R_2和R_4贴在试件的下表面，并按图4.2(c)所示方式接成等臂差动全桥。则在弯矩M和环境温度的作用下，由式(4-4)可得

$$U_0=\frac{U_i}{4R}(\Delta R_1-\Delta R_2+\Delta R_3-\Delta R_4)=\frac{\Delta R_M}{R}U_i$$

即差动全桥测量方案不仅实现了温度补偿，减小了测量误差，而且电桥的输出电压为单臂电桥的4倍，大大提高了测量的灵敏度。

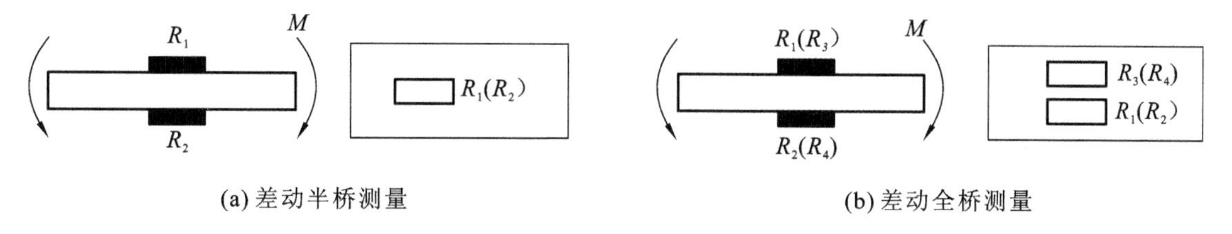

(a) 差动半桥测量　　(b) 差动全桥测量

图4.4　差动半桥、全桥测量

4.1.2　交流电桥

由直流电桥原理可知，在已知输入电压及电阻的情况下，电桥可以通过输出电压的变化测出电阻的变化值。当输入电源为交流电源时，这时的电桥称为交流电桥。交流电桥的四个桥臂可以是纯电阻、电容、电感或其组合。若电桥的四个桥臂中有电容或电感时，则必须采用交流电桥。交流电桥电路如图4.5所示。如果桥臂的阻抗、电流及电压都用复数表示，则关于直流电桥的平衡关系式对交流电桥也是适用的，即交流电桥平衡时必须满足

$$Z_1Z_3=Z_2Z_4 \tag{4-14}$$

复阻抗中包含有幅值和相位的信息，把各阻抗用指数式表示，则电桥平衡关系式为

$$Z_{01}Z_{03}e^{j(\varphi_1+\varphi_3)}=Z_{02}Z_{04}e^{j(\varphi_2+\varphi_4)} \tag{4-15}$$

式中，Z_{01}、Z_{02}、Z_{03}、Z_{04}分别为各阻抗的模；φ_1、φ_2、φ_3、φ_4分别为各阻抗的阻抗角，即各桥臂电压与电流之间的相位差。纯电阻时电流与电压同相位，$\varphi=0$；采用电感性阻抗时电压超前于电流，$\varphi>0$(纯电感时$\varphi=90°$)；采用电容性阻抗时电压滞后于电流，$\varphi<0$(纯电容时$\varphi=-90°$)。

若式(4-15)成立，则必须同时满足

$$\begin{cases}Z_{01}Z_{03}=Z_{02}Z_{04}\\ \varphi_1+\varphi_3=\varphi_2+\varphi_4\end{cases} \tag{4-16}$$

即交流电桥平衡必须满足两个条件:相对两桥臂阻抗之模的乘积应相等,并且它们的阻抗角之和也必须相等,前者称为交流电桥的幅值平衡,后者称为交流电桥的相位平衡。

1. 电容电桥

如图 4.6 所示是一种常用的电容电桥,相邻两臂为差动电容式传感器 C_1 和 C_2,R_1 和 R_2 为电容介质损耗的等效电阻,另外相邻两臂为纯电阻 R_3 和 R_4。由式(4-16)可知该电桥平衡时须满足

$$\left(R_1+\frac{1}{\mathrm{j}\omega C_1}\right)R_3=\left(R_2+\frac{1}{\mathrm{j}\omega C_2}\right)R_4 \tag{4-17}$$

令式(4-17)中的实部和虚部分别相等,则有

$$R_1R_3=R_2R_4 \tag{4-18}$$

$$\frac{R_3}{C_1}=\frac{R_4}{C_2} \tag{4-19}$$

即电容电桥平衡时必须同时满足电阻平衡和电容平衡。

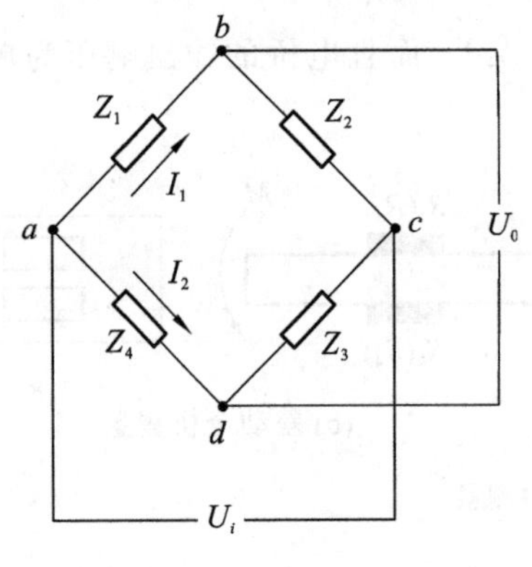

图 4.5 交流电桥

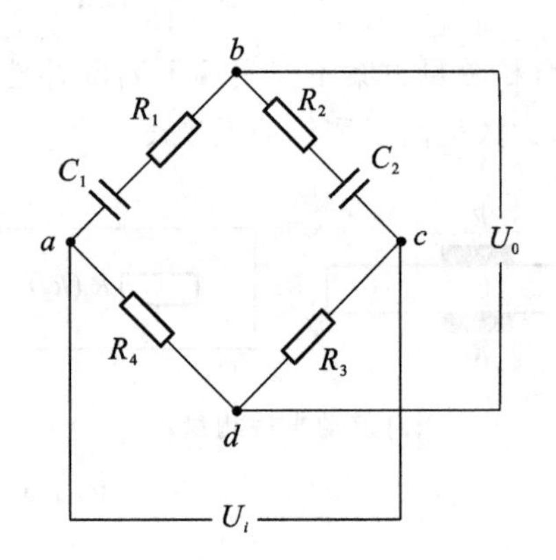

图 4.6 电容电桥

2. 电感电桥

如图 4.7 所示是一种常用的电感电桥,相邻两臂为差动电感式传感器 L_1 和 L_2,R_1 和 R_2 为电感线圈的等效电阻,另外相邻两臂为纯电阻 R_3 和 R_4。由式(4-16)可知该电桥平衡时须满足

$$(R_1+\mathrm{j}\omega L_1)R_3=(R_2+\mathrm{j}\omega L_2)R_4 \tag{4-20}$$

即电感电桥平衡时须同时满足式(4-21)和式(4-22)的电阻平衡和电感平衡。

$$R_1R_3=R_2R_4 \tag{4-21}$$

$$L_1R_3=L_2R_4 \tag{4-22}$$

3. 纯电阻电桥

对于电阻应变片组成的交流电桥,即各桥臂均为电阻,但由于应变片的敏感栅及导线间都存在分布电容,相当于每个桥臂上都并联了一个电容(见图 4.8)。因此除了电阻平衡外,还须考虑电容平衡。否则由于桥臂的阻值不可能完全相等(应变片阻值差异、导线电阻及接触电阻等因素的影响)以及桥臂电容的不对称性,使电桥在未工作前就失去平衡,产生零位输出,有时零位输出甚至大于由被测应变所引起的电桥输出,致使仪器无法工作。因此,一般电阻应变仪都采用了相应的预调平衡装置。

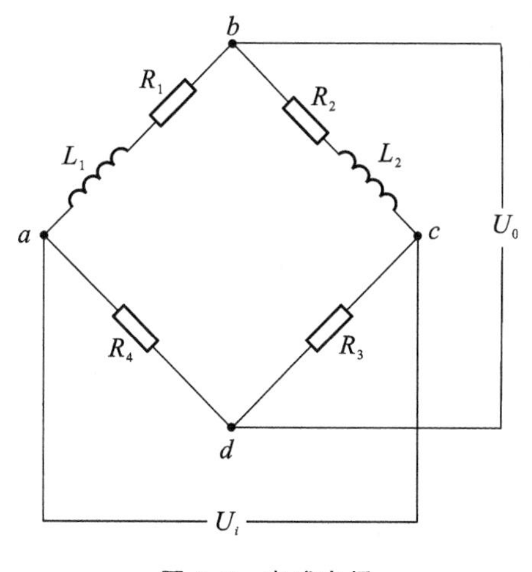

图 4.7　电感电桥

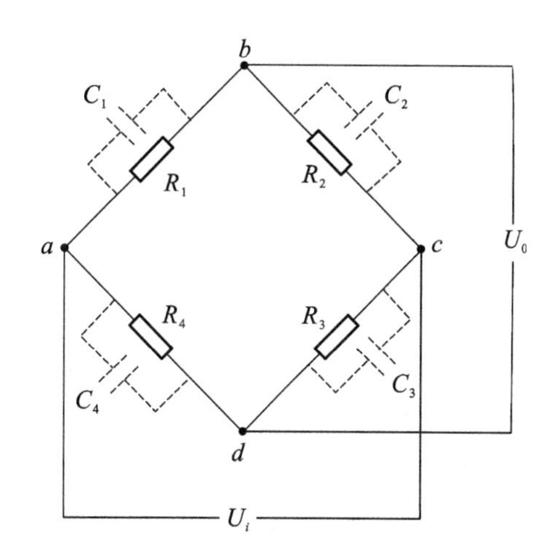

图 4.8　纯电阻交流电桥

如图 4.9 所示是一种用于动态电阻应变仪中的具有电阻和电容预调平衡的交流电桥。电阻 R_1、R_2 和电位器 R_p 用来调节电桥的电阻平衡，改变开关 K 的位置及调节电位器，即改变了并联于相邻桥臂的电阻的大小。电容 C_1 是差动可变电容器，旋转电容平衡旋钮时，电容器左右两部分的电容一部分增加，另一部分减小，使并联于相邻两桥臂的电容值改变，实现电容平衡。

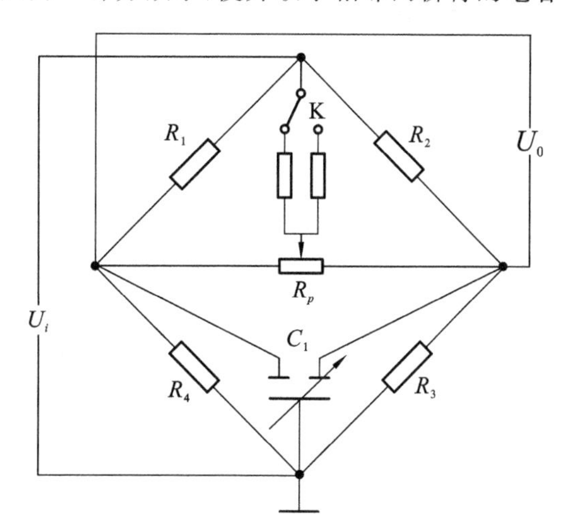

图 4.9　具有电阻电容平衡的交流电桥

工程中交流电桥电源必须具有稳定的电压波形与频率，若电源电压波形畸变(即包含高次谐波)，对基波而言电桥可达到平衡，而对于高次谐波电桥则不一定能平衡，此时将有高次谐波电压输出。因此一般采用音频交流信号(5～10 kHz)作为电桥电源，此时电桥输出为调制波，外界干扰不易从线路中引入，使得后续交流放大电路简单而无零漂。

4.1.3　直流电桥与交流电桥的比较

对于直流电桥，有以下几方面的优点。

① 由于直流电源稳定性高，直流电桥采用直流电源作激励电源，因此电桥具有较高的稳定性。

② 由于直流电桥的输出是直流量，因此可用直流仪表测量，精度较高。

③ 直流电桥与后接仪表间的连接导线不会形成分布参数，因此对导线连接的方式要求较低。

④ 直流电桥的平衡电路简单，只需对纯电阻的桥臂进行调整，因此实现起来较容易。

直流电桥的缺点是易引入工频干扰。由于输出为直流量，故需对其作直流放大，而直流放大器一般都比较复杂，易受零漂和接地电位的影响，因此对静态量的测量，使用交流电桥较好。

对于交流电桥，它的平衡必须同时满足幅值与阻抗角两个条件，因此与直流电桥相比，交流电桥平衡要复杂得多。

① 交流电桥的电桥导线之间形成的分布电容，会影响桥臂阻抗值，因此调节电阻平衡的同时，需调节电容的平衡。

② 影响交流电桥测量精度及误差的因素比直流电桥要多得多，这些因素包括：电桥各元件之间的互感耦合；泄漏电阻以及元件间、元件与地间的分布电容；邻近交流电路对电桥的感应影响，对这些影响应采取适当措施加以消除。

③ 交流电桥的激励电源的电压波形和频率必须具有良好的稳定性，否则将影响到电桥的平衡。

4.2 调制与解调

工程中的一些物理量，如力、位移、温度等，经过传感器转换后，输出往往是一些微弱的缓变信号（可能还伴有各种噪声），需要进一步放大。直流放大器存在零漂和级间耦合两个主要问题，实现不失真放大比较困难，因此，一般先把缓变信号变为频率适当的交流信号，用交流放大器放大后，再恢复为原来的缓变信号。信号的这种变换过程就是调制与解调。

交流放大器可在较高的频率范围内工作，且不易产生幅值和相位失真。把被测的低频信号提高到交流放大器的工作频带上去，需要进行调制。调制就是用被测信号来调整和制约高频振荡波的某个参数（幅值、频率或相位），使高频振荡波的被调参数按照被测信号的规律变化，以便放大和传输。当被控制的量是高频振荡波的幅值时，称为调幅（AM）；当被控制的量是高频振荡波的频率和相位时，则分别称为调频（FM）和调相（PM）。

控制高频振荡波的被测信号称为调制波，用于载送被测信号的高频振荡波称为载波，经过调制的高频振荡波称为已调波，根据调制原理不同，已调波又分为调幅波、调频波等，如图 4.10 所示。

对已经放大的已调波进行鉴别以恢复缓变的被测信号的过程称为解调。本节主要介绍在动态测试中常用的调幅、调频及其相应的解调原理。

4.2.1 调幅及其解调

1. 调幅原理

调幅是将高频正弦或余弦信号（载波）与被测信号（调制信号）相乘，使高频载波信号的幅值

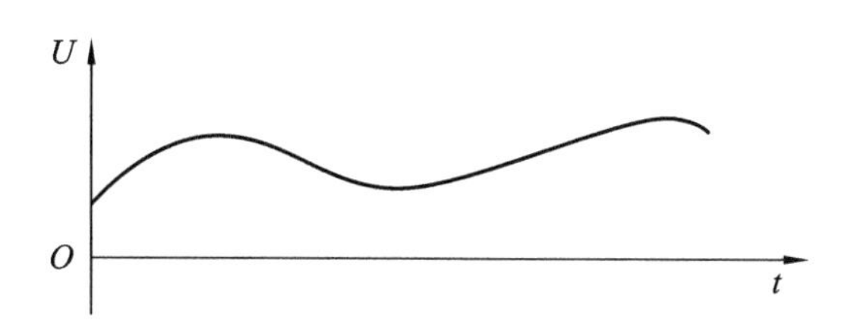

(a) 调制波

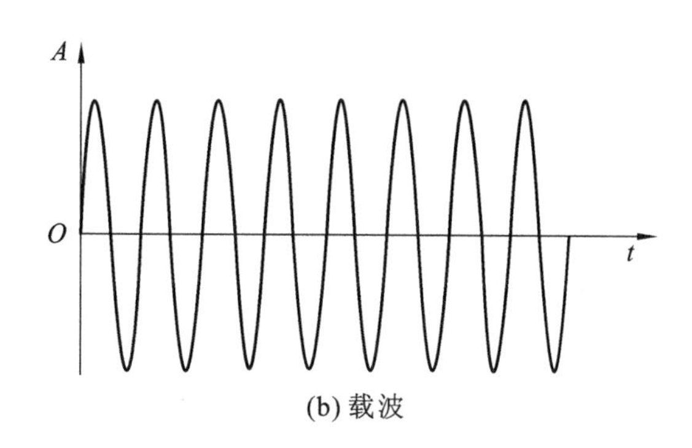

(b) 载波

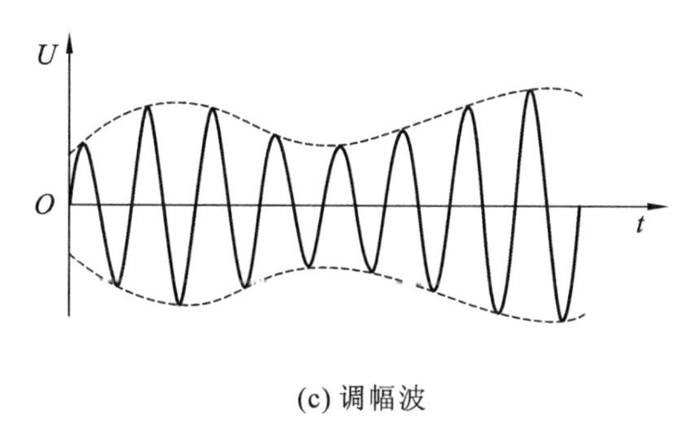

(c) 调幅波

(d) 调频波

图 4.10 调制波、载波和已调波

随调制信号的幅值变化而变化。调幅过程如图4.11所示，假设载波是频率为 f_0 的余弦信号 $\cos 2\pi f_0 t$。由图4.11可知，调幅就是调制波与载波在时域内相乘的过程。

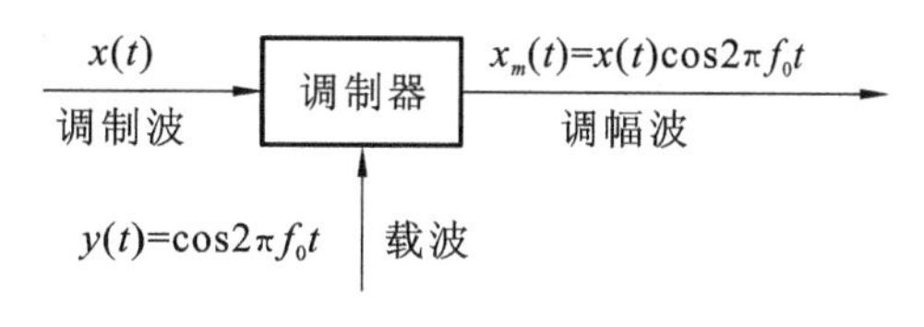

图 4.11 调幅过程

由傅里叶变换的性质可知，在时域中两个信号相乘，对应于频域中这两个信号进行卷积，即

$$x(t)y(t) \Leftrightarrow X(f) \otimes Y(f) \tag{4-23}$$

余弦函数的频谱是一对脉冲谱线，即

$$y(t)=\cos(2\pi f_0 t) \Leftrightarrow \frac{1}{2}\delta(f-f_0)+\frac{1}{2}\delta(f+f_0) \tag{4-24}$$

一个函数与脉冲函数卷积的结果是将其以坐标原点为中心的频谱平移至该脉冲函数处。所以若以高频余弦信号 $\cos 2\pi f_0 t$ 作载波，把调制信号 $x(t)$ 和载波信号相乘，在频域中相当于把调制信号频谱由原点平移至载波频率 f_0 处，同时幅值减半，其时域和频域波形如图4.12所示，且有

$$x(t)y(t)=x(t)\cos(2\pi f_0 t) \Leftrightarrow \frac{1}{2}X(f)\otimes\delta(f-f_0)+\frac{1}{2}X(f)\otimes\delta(f+f_0) \tag{4-25}$$

综上所述，调幅过程在时域是调制波与载波相乘的运算；在频域是调制波频谱与载波频谱卷积的运算，是频率“搬移”的过程。

从调幅原理和图4.12可知，载波频率 f_0 必须高于调制信号中的最高频率 f_m，这样才能使已调波保持原信号的频谱而不产生频谱混叠。欲减小放大电路可能引起的失真，调制信号的最高频率相对载波频率应越小越好。工程应用中，载波频率 f_0 至少应为调制信号最高频率 f_m 的10倍以上，但是载波频率的提高也受到放大电路截止频率的限制。

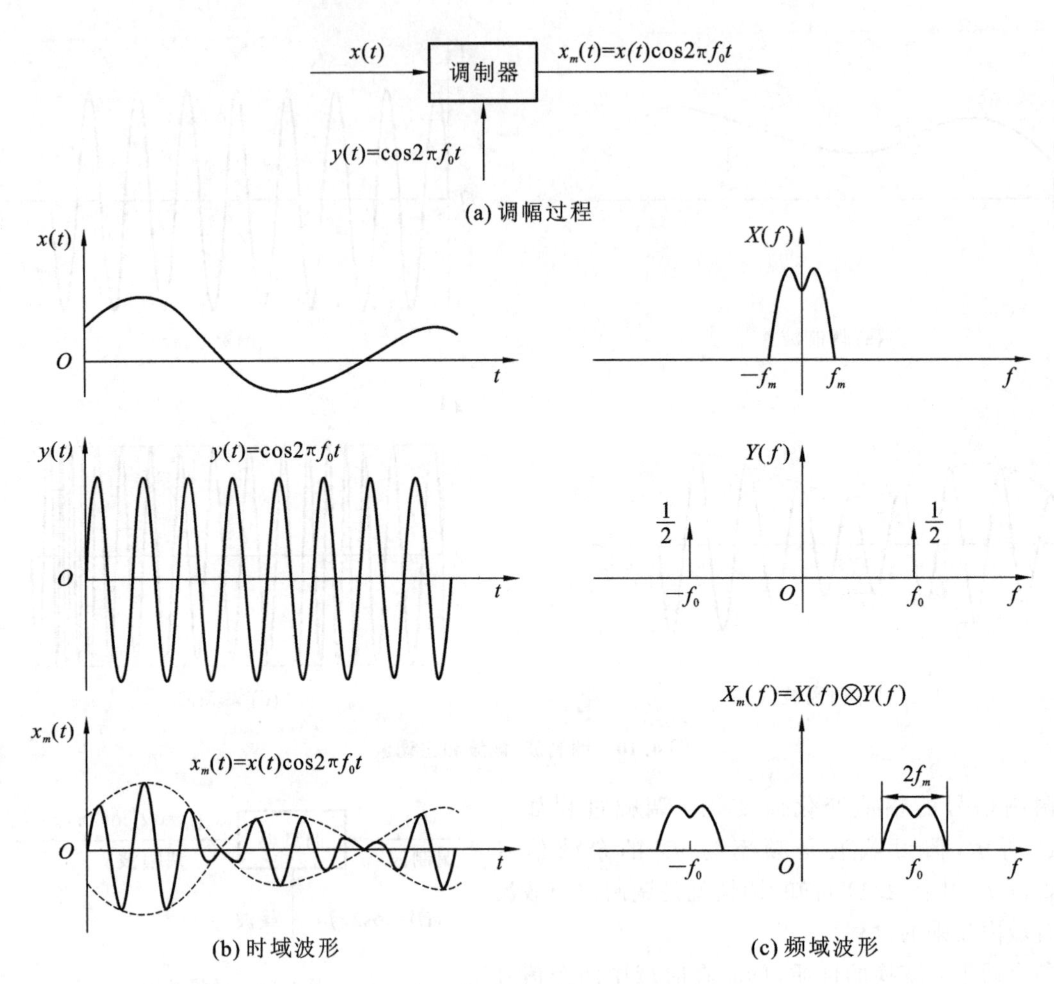

图 4.12　调幅的时域和频域波形

幅值调制装置实质上是一个乘法器，现在已有性能良好的线性乘法器组件。由前面的分析和交流电桥输出电压的公式不难看出，交流电桥实质上也是一个调制器。设交流电桥的供桥电源电压为高频余弦波，即

$$U_i=E_0\cos2\pi f_0t$$

式中，E_0 为载波电压(供桥电源电压)的最大幅值；f_0 为载波电压的频率。

若电桥为差动全桥接法，4 个桥臂均接入应变片，则电桥输出为

$$U_0=\frac{\Delta R}{R}E_0\cos2\pi f_0t=SE_0\varepsilon\cos2\pi f_0t \tag{4-26}$$

式中，S 为应变片的灵敏度系数；ε 为应变片的应变。

2. 解调原理

1) 同步解调

若把调幅波再次与载波信号相乘，则频域信号将再一次进行"搬移"。由于载波频谱与原来调制时的频谱相同，而使第二次"搬移"后的频谱有一部分又"搬移"到原点处。所以频谱中包含有与原调制信号相同的频谱和附加的高频频谱两部分，其结果如图 4.13 所示。若利用低通滤

波器滤除中心频率为 $2f_0$ 的高频成分，就可以恢复出被测信号（只是其幅值减小一半，可用放大处理来补偿），这一过程称为同步解调。“同步”是指解调时相乘的信号与调制时的载波信号具有相同的频率和相位。通过时域分析也可以看到

$$x_m(t)y(t)=x(t)\cos 2\pi f_0 t\cos 2\pi f_0 t=\frac{1}{2}x(t)+\frac{1}{2}x(t)\cos 4\pi f_0 t \tag{4-27}$$

式(4-27)中前面一项 $\frac{1}{2}x(t)$ 就是解调出来的被测信号即调制信号，后面一项可通过低通滤波器滤除。这种解调方法需要性能良好的线性乘法器件。

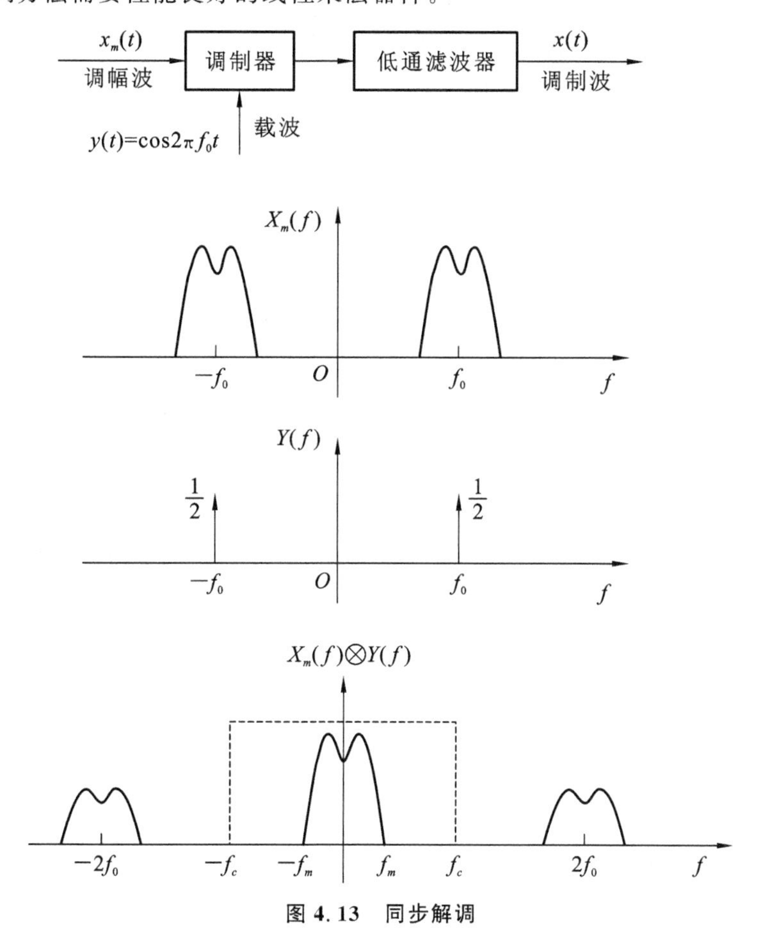

图 4.13 同步解调

由上述分析可见，调幅的目的是使缓变信号便于放大和传输，解调的目的则是为了恢复被测信号即调制信号。例如，广播电台把声音信号调制到某一频段，既便于放大和传输，也可避免各电台之间的干扰。在测试工作中，也常用调幅-解调技术在一根导线中传输多路信号。

2）包络检波

包络检波在时域内的流程如图 4.14 所示。若把调制信号 $x(t)$ 进行偏置，叠加一直流分量 D，使偏置后的信号 $x_D(t)$ 都具有正电压，然后再与高频载波信号相乘得到调幅波 $x_m(t)$，则其包络线具有调制波的形状。调幅波经过包络检波（整流、滤波）后可以恢复偏置后的信号 $x_D(t)$，最后再将所加直流分量减掉，即可恢复调制信号 $x(t)$。

若所加的直流偏置电压 D 未能使信号 $x_D(t)$ 具有正电压，则对调幅波进行简单的包络检波

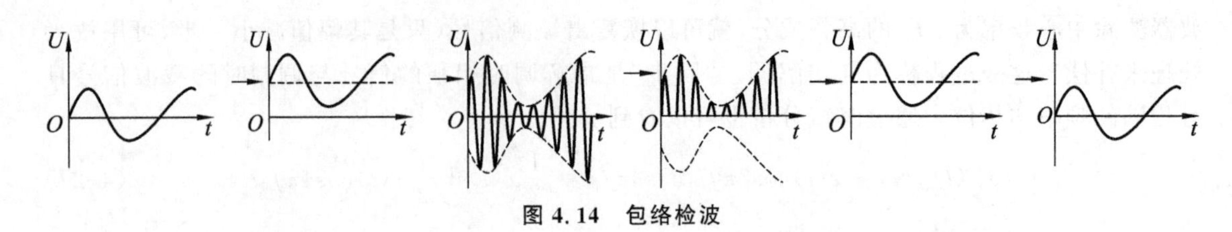

图 4.14　包络检波

就不能恢复出调制信号。另外，在调制解调过程中有一个加减直流电压的过程，实际工作中要使每一个直流成分很稳定，且使两个直流成分完全对称较难实现，结果会导致原始波形与恢复后的波形虽然在幅值上可以成比例(中间有放大环节未标出)，但在分界正负极性的零点上可能有漂移，进而导致分辨原波形正负极性时出现差错。

3）相敏检波

工程中检测到的信号(原始信号)往往是矢量，经调幅后信号的极性与原始信号有所不同，为了辨识原始信号的极性，需要对调幅信号进行相敏检波。

相敏检波是利用载波作为参考信号来鉴别调幅波的极性。相敏检波电路(与滤波器配合)可以将调幅波还原成原始信号波形，起解调作用，并具有鉴别信号相位的能力。常用的相敏检波电路有半波相敏检波电路和全波相敏检波电路。下面介绍典型的二极管全波相敏检波电路(见图 4.15)及其工作原理。

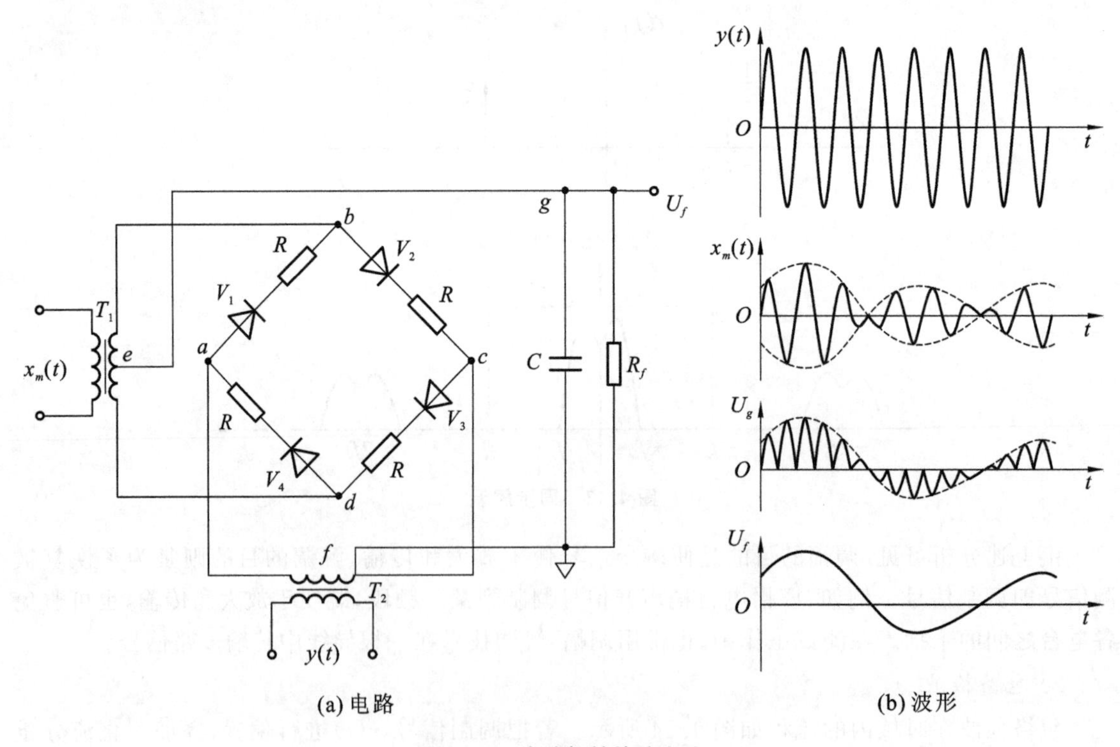

图 4.15　全波相敏检波电路

如图 4.15 所示，相敏检波电路由四个特性相同的二极管 $V_1 \sim V_4$ 沿同一方向串联成一个桥式回路，桥臂上有附加电阻，桥路的四个端点分别接在变压器 T_1 和 T_2 的次级线圈上，变压器 T_1 的输入信号为调幅波 $x_m(t)$，T_2 的输入信号为载波 $y(t)$，C、R_f 组成低通滤波器，U_f 为输出。

二极管的导通与截止完全由 T_2 的输出决定，因此要求 T_2 的输出大于 T_1 的输出。

① 当 $x(t)>0$ 时，$x_m(t)$ 与 $y(t)$ 同相。

a. 当 $y(t)>0$、$x_m(t)>0$ 时，二极管 V_3、V_4 导通。

当只有 V_3 导通时，电流的方向为地→f→c→V_3→d→e→g→地，忽略二极管和 R 上的压降，此时

$$U'_g=\frac{1}{2}x_m(t)-\frac{1}{2}y(t) \tag{4-28}$$

当只有 V_4 导通时，电流的方向为地→g→e→d→V_4→a→f→地，忽略二极管和 R 上的压降，此时

$$U''_g=\frac{1}{2}x_m(t)+\frac{1}{2}y(t) \tag{4-29}$$

当二极管 V_3、V_4 同时导通时，

$$U_g=U'_g+U''_g=x_m(t) \tag{4-30}$$

b. 当 $y(t)<0$、$x_m(t)<0$ 时，二极管 V_1、V_2 导通。

当只有 V_1 导通时，电流的方向为地→f→a→V_1→b→e→g→地，忽略二极管和 R 上的压降，此时

$$U'_g=\frac{1}{2}x_m(t)-\frac{1}{2}y(t) \tag{4-31}$$

当只有 V_2 导通时，电流的方向为地→g→e→b→V_2→c→f→地，忽略二极管和 R 上的压降，此时

$$U''_g=\frac{1}{2}x_m(t)+\frac{1}{2}y(t) \tag{4-32}$$

当二极管 V_1、V_2 同时导通时，

$$U_g=U'_g+U''_g=x_m(t) \tag{4-33}$$

② 当 $x(t)<0$ 时，$x_m(t)$ 与 $y(t)$ 反相。

a. 当 $y(t)>0$、$x_m(t)<0$ 时，二极管 V_3、V_4 导通。

当只有 V_3 导通时，电流的方向为地→f→c→V_3→d→e→g→地，忽略二极管和 R 上的压降，此时

$$U'_g=-\frac{1}{2}x_m(t)-\frac{1}{2}y(t) \tag{4-34}$$

当只有 V_4 导通时，电流的方向为地→g→e→d→V_4→a→f→地，忽略二极管和 R 上的压降，此时

$$U''_g=-\frac{1}{2}x_m(t)+\frac{1}{2}y(t) \tag{4-35}$$

当二极管 V_3、V_4 同时导通时，

$$U_g=U'_g+U''_g=-x_m(t) \tag{4-36}$$

b. 当 $y(t)<0$、$x_m(t)>0$ 时，二极管 V_1、V_2 导通。

当只有 V_1 导通时，电流的方向为地→f→a→V_1→b→e→g→地，忽略二极管和 R 上的压降，此时

$$U'_g=-\frac{1}{2}x_m(t)-\frac{1}{2}y(t) \tag{4-37}$$

当只有 V_2 导通时，电流的方向为地→g→e→b→V_2→c→f→地，忽略二极管和 R 上的压降，此时

$$U''_g=-\frac{1}{2}x_m(t)+\frac{1}{2}y(t) \tag{4-38}$$

当二极管 V_1、V_2 同时导通时，

$$U_g=U'_g+U''_g=-x_m(t) \tag{4-39}$$

由以上分析可知，当 $x(t)>0$ 时，即调幅波与载波同相时，相敏检波器的输出电压为正；当 $x(t)<0$ 时，即调幅波与载波反相时，输出电压为负。将电压 U_g 由低通滤波器滤去高频载波分量，而只让低频的调制信号(即被测信号)通过可得输出电压 U_f，由图 4.15 可知，U_f 的大小仅与调幅波的幅值成比例，而与载波电压无关。这种检波方法既可以反映调制信号的幅值，又可辨别其极性。

动态电阻应变仪是电桥调幅与相敏检波的典型实例，如图 4.16 所示。电桥由振荡器提供等幅高频振荡电源(相当于载波)，被测量(力、应变等，相当于调制波)通过电阻应变片控制电桥输出。电桥输出为调幅波 $x_m(t)$，经过放大、相敏检波、低通滤波后提取出所需的被测信号。

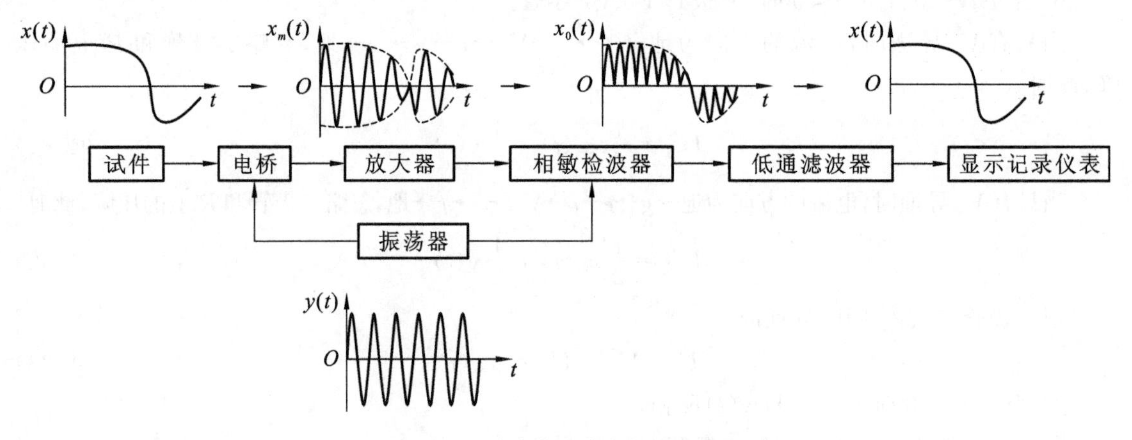

图 4.16　动态电阻应变仪原理框图

4.2.2　调频及其解调

1. 调频原理

调频是利用低频调制信号的幅值控制高频载波信号的频率，调频波是等幅波，但其频率与调制信号的幅值成正比，当幅值为零时，调频波的频率等于载波频率(即中心频率)；幅值为正时，调频波的频率高于中心频率，到幅值的正峰值处，调频波的频率达到最大值；幅值为负时，调频波的频率低于中心频率，到幅值的负峰值处，调频波的频率降至最小值。在整个调制过程中，调频波的幅值保持不变，而瞬时频率随调制信号幅值作相应的变化。所以调频波是随被调制信号而变化的疏密不等的等幅波，其频率结构非常复杂，虽和调制信号频谱有关，但却不像调幅那样进行简单的“搬移”，也不能用简单的函数关系描述。为保证测量精度，载波中心频率应远高于调制信号的最高频率成分。调频可以理解为电压—频率的转换过程，根据转换电路的不同，载波可以是正弦波、三角波或方波。

噪声干扰会直接影响信号的幅值，而调频波对影响幅值的噪声不敏感，因此信号经调频后

具有抗干扰能力强、便于远距离传输、不易错乱或失真等优点。

直接调频是指把被测量的变化直接转换成谐振电路频率的变化的过程。谐振电路是由电容、电感(或电阻)元件构成的电路,测试中常用并联谐振电路。如图4.17所示,电路的谐振频率为

$$f_n=\frac{1}{2\pi\sqrt{LC}} \tag{4-40}$$

式中,f_n 为谐振电路的谐振频率,单位为Hz;L 为电感量,单位为H;C 为电容量,单位为F。

当并联揩振电路中电感 L 保持不变,电容 C 随被测量的变化而变化,此时对式(4-40)微分可得

$$\frac{\partial f}{\partial C}=\left(-\frac{1}{2}\right)\left(\frac{1}{2\pi}\right)(LC)^{-\frac{3}{2}}L=\left(-\frac{1}{2}\right)\left(\frac{1}{2\pi}\right)\frac{L}{LC\sqrt{LC}}=\left(-\frac{1}{2}\right)\frac{f}{C} \tag{4-41}$$

设电容器初始电容为 C_0 时,振荡器频率为 f_0,且 $\Delta C\ll C_0$,则 $\pm\Delta C$ 引起的频率偏移为

$$\Delta f=-\frac{f_0}{2}\frac{\pm\Delta C}{C_0}=\mp\frac{\Delta C}{C_0}\frac{f_0}{2} \tag{4-42}$$

$$f=f_0+\Delta f=f_0\left(1\mp\frac{\Delta C}{2C_0}\right) \tag{4-43}$$

即当电容在小范围内变化时,振荡器输出频率与被测信号呈近似的线性关系。

2. 鉴频原理

调频波的解调又称为鉴频或频率检波,是将频率变化的等幅调频波按其频率变化复现调制信号波形的过程,其实质是频率—电压转换的过程,实现鉴频作用的电路又称为鉴频器。

图4.17所示为利用变压器耦合的揩振回路进行鉴频,其过程通常分两步完成:第一步是先将等幅的调频波转换为幅值随频率变化的调频调幅波,第二步是检测幅值的变化,获得调制信号。

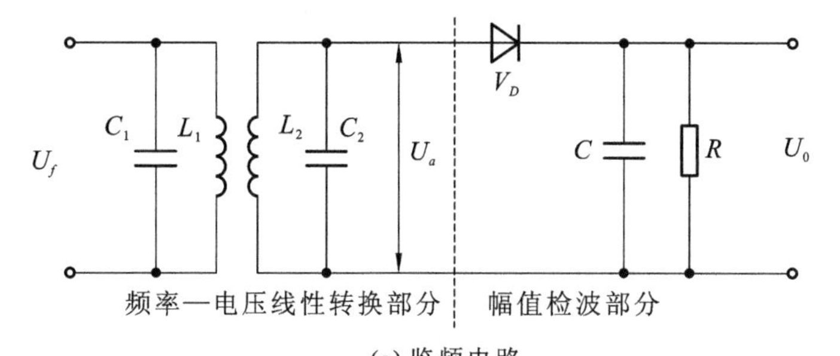

(a) 鉴频电路

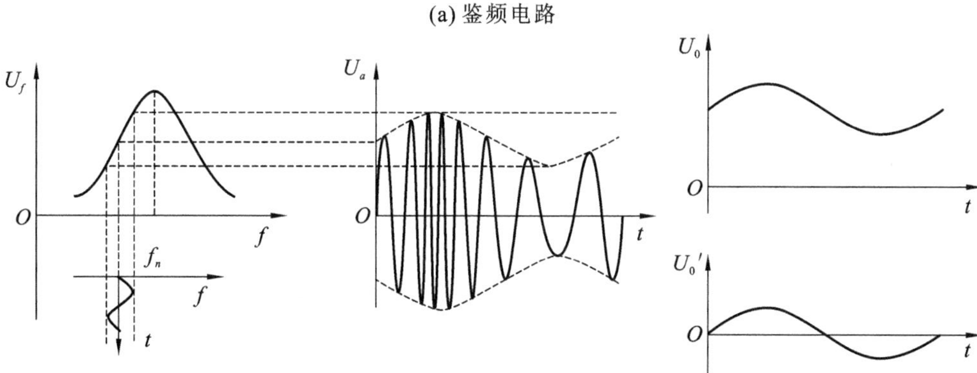

(b) 频率—电压特性曲线

图4.17 利用谐振回路进行鉴频

如图 4.17(a)所示,频率—电压线性转换部分的作用是把等幅的调频波转换为调频调幅波,图 4.17(a)中的 L_1 和 L_2 是变压器耦合的原、副边线圈,它们与 C_1、C_2 组成并联揩振电路。若输入的等幅调频波 U_f 的频率在回路的揩振频率 f_n 处,则线圈 L_1 和 L_2 中的耦合电流最大,副边输出电压 U_a 也最大。U_f 的频率偏离 f_n 后,U_a 也随之下降。U_a 的频率虽然和调频波 U_f 保持一致,但 U_a 的幅值却不恒定,而是随谐振曲线上 U_f 频率所对应的电压而变化,即 U_a 是既有频率变化又有幅值变化的调频调幅波,如图 4.17(b)所示。为获得较好的线性,通常利用揩振曲线的亚谐振区近似直线的部分实现频率—电压转换,将调频时的载波频率 f_0 设计在谐振曲线上升或下降区域(亚谐振区)内近似直线段的中心。由于在谐振曲线的线性区工作,所以 U_a 的幅值变化与频率变化呈线性关系。显然,输入调频波 U_f 后,便可获得上下对称的调频调幅波 U_a。

幅值检波部分是常见的整流滤波电路,调频调幅波 U_a 经过幅值检波后得到叠加了偏置电压的调制波 U_0,去掉 U_0 中的直流偏置电压即可获得原调制信号 U'_0。

如图 4.18 所示为由一个高通滤波器(R_1、C_1)及一个包络检波器(V_D、C_2)构成的鉴频装置。从高通滤波器幅频特性的过渡带[见图 4.18(b)]可以看到,随输入信号频率的不同,输出信号的幅值便不同。通常在幅频特性的过渡带上选择一段线性好的区域来实现频率—电压的转换,并使调频信号的载波频率 f_0 位于这段线性区的中点。由于调频信号的瞬时频率正比于调制信号 $x(t)$,经过高通滤波器后,原来等幅的调频信号的幅值变为随调制信号 $x(t)$ 变化的调幅信号,即包络形状大小正比于调制信号 $x(t)$,但频率仍与调频信号保持一致。该信号经后续包络检波器检出包络,即可恢复出反映被测量变化的调制信号 $x(t)$。

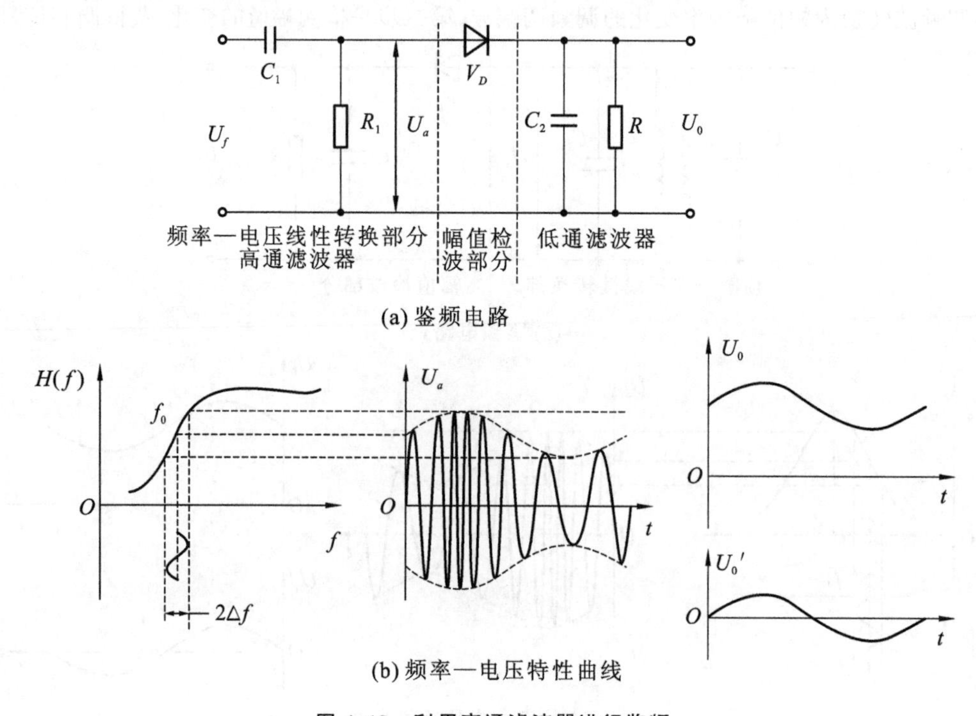

图 4.18 利用高通滤波器进行鉴频

4.3 滤波器

实际系统中的输入信号往往会因干扰等原因而包含一些不必要的成分，因此必须借助滤波电路将有用信号提取出来，同时将干扰信号衰减到足够小的程度。滤波电路是一种选频电路，即允许信号中特定的频率成分通过，而极大地衰减其他频率成分，实现滤波作用的电路称为滤波器，能通过滤波器的信号频率范围称为滤波器的通带，被衰减的信号频率范围称为滤波器的阻带，通带与阻带之间分界的频率称为截止频率。在测试系统中，滤波器具有滤除干扰噪声、提高信噪比、进行频谱分析或分离不同频率成分的信号等功能。在调幅和调频的解调电路中，都需要低通滤波器将缓变的调制信号从高频载波中分离出来；在数据采集系统中，也需要在 A/D 转换之前进行抗混叠滤波。各类仪器仪表都有一定的工作频率范围，说明它们本身都有滤波作用。

本节主要介绍测试装置中常用的滤波电路的原理，通过这些电路可构成各种模拟滤波器。

4.3.1 滤波器的分类

1. 按选频特性分类

滤波器根据其选频特性不同可分为低通、高通、带通和带阻滤波器，如图 4.19 所示。这四种滤波器的通带与阻带之间存在一个过渡带，其幅频特性是一条斜线，过渡带内不同频率信号受到不同程度的衰减，过渡带是滤波器所不希望存在的，但也是不可避免的。

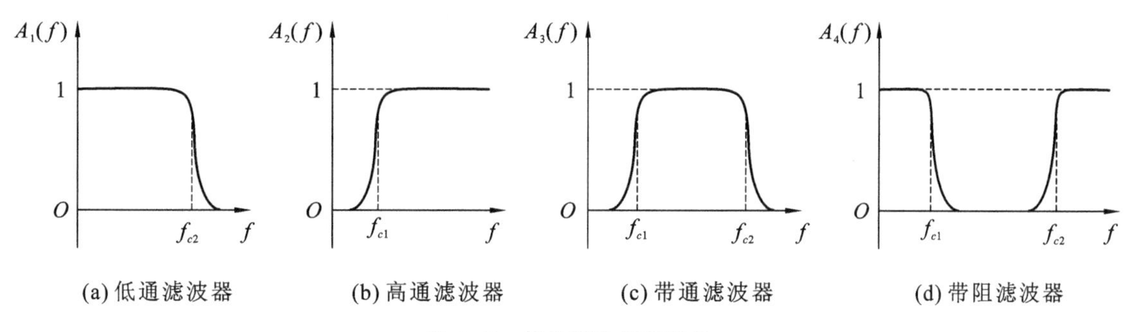

(a) 低通滤波器　(b) 高通滤波器　(c) 带通滤波器　(d) 带阻滤波器

图 4.19　滤波器的幅频特性

① 低通滤波器，其幅频特性如图 4.19(a)所示，在 $0\sim f_{c2}$ 频率之间的幅频特性平直，即其通频带在 $0\sim f_{c2}$ 之间。它可以使信号中低于 f_{c2} 的频率成分几乎不受衰减地通过，而高于 f_{c2} 的频率成分受到极大衰减。

② 高通滤波器，其幅频特性如图 4.19(b)所示，与低通滤波器相反，在频率 $f_{c1}\sim\infty$ 范围内其幅频特性平直。它可以使信号中高于 f_{c1} 的频率成分几乎不受衰减地通过，而低于 f_{c1} 的频率成分受到极大衰减。

③ 带通滤波器，其幅频特性如图 4.19(c)所示，其通频带在 $f_{c1}\sim f_{c2}$ 之间。它可以使信号中

高于 f_{c1} 而低于 f_{c2} 的频率成分几乎不受衰减地通过，而其他频率成分受到极大衰减。

④ 带阻滤波器，其幅频特性如图 4.19(d)所示，其阻带在 $f_{c1} \sim f_{c2}$ 之间。与带通滤波器相反，它使信号中高于 f_{c1} 而低于 f_{c2} 的频率成分受到极大衰减，而其他频率成分几乎不受衰减地通过。

2. 按构成滤波器的元件分类

滤波器根据其构成元件不同可分为 LC 滤波器、RC 滤波器和由特殊元件构成的滤波器。

LC 滤波器由电感和电容等元件组成，在高频场合具有良好的频率选择性，但电感元件体积大，不便于集成。

RC 滤波器由电阻和电容等元件组成，属于无感滤波器，一般适用于低频场合。

由特殊元件构成的滤波器主要有机械滤波器、压电陶瓷滤波器、晶体谐振滤波器、声表面波滤波器等，它们的工作原理是通过电能与机械能、分子振动能等的相互转换，并与器件的固有频率谐振来实现频率选择，在一些特殊场合中可用，其频率选择性很高。

3. 按电路性质分类

滤波器根据其电路性质不同可分为无源滤波器和有源滤波器。

无源滤波器单纯由无源器件(电感、电容、电阻)组成，这种滤波器对信号衰减较大，性能也较差。

有源滤波器由具有能量放大功能的有源器件(运算放大器、晶体管等)和电阻、电容等元件组成，其性能较好，应用也非常广泛。但受有源器件带宽的限制，这种滤波器一般不适用于高频场合。

滤波器还有其他不同的分类方法，如根据滤波器传递函数的阶数不同可分为一阶滤波器、二阶滤波器等，根据滤波器所处理的信号性质不同可分为模拟滤波器和数字滤波器等。

4.3.2 滤波器的特性

1. 理想模拟滤波器

理想模拟滤波器是一个理想化的模型，在物理上是不可能实现的，但是对它的讨论有助于进一步了解实际滤波器的传输特性。这是因为从理想滤波器得出的概念对实际滤波器具有普遍意义。另外，也可以利用一些方法来改善实际滤波器的特性，从而达到逼近理想滤波器的目的。

理想模拟滤波器是指能使通带内信号的幅值和相位都不失真，阻带内的频率成分都衰减为零，其通带和阻带之间有明显分界线的滤波器，也即理想滤波器在通带内的幅频特性为常数，相频特性的斜率亦为常数，在通带外的幅频特性为零，其幅频特性和相频特性曲线如图 4.20 所示，其频率特性为：

$$H(f)=\begin{cases}A_0 e^{-j2\pi f t_0}, & |f|<f_c \\ 0, & 其他\end{cases} \tag{4-44}$$

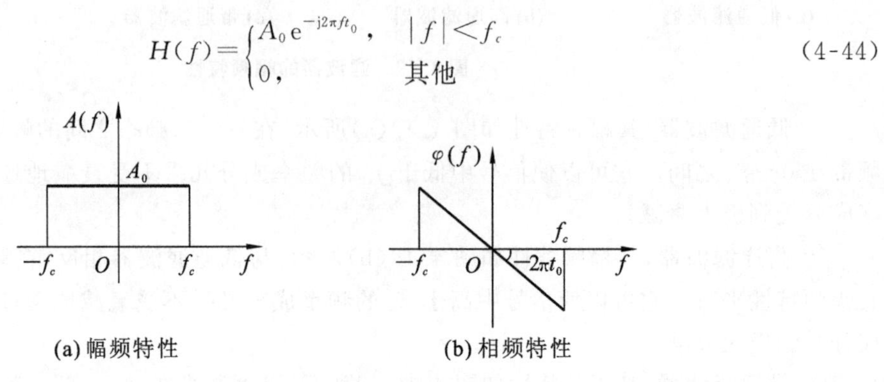

图 4.20 理想低通滤波器

图 4.20 中幅频特性是以双边谱形式画出，相频特性的直线斜率为 $-2\pi t_0$。

2. 实际滤波器

图 4.21 所示为理想带通滤波器（细实线）与实际带通滤波器（粗实线）的幅频特性。对于理想滤波器，只需规定截止频率即可说明其性能。而实际滤波器的特性曲线没有明显的转折点，通带中的幅频特性也并非常数，因此需要用更多的参数来描述其性能。

1）波纹幅度 d

实际滤波器在通带内的幅频特性不像理想滤波器那样平直，可能呈波纹状，其波动的幅度称为波纹幅度 d。波纹幅度与通带内幅频特性的平均值 A_0 相比越小越好，即 $d \ll A_0/\sqrt{2}$。

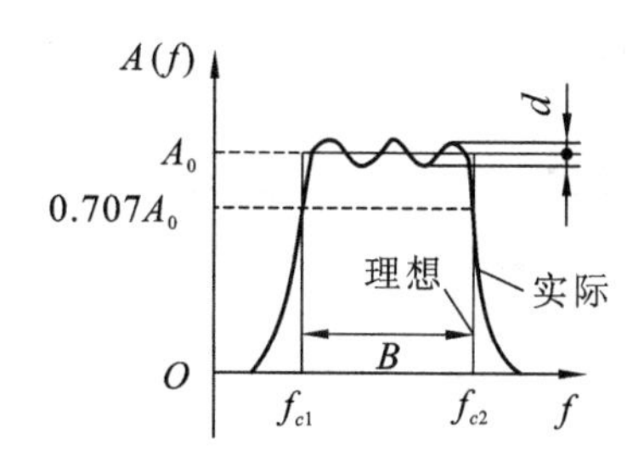

图 4.21　理想带通滤波器与实际带通滤波器的幅频特性

2）截止频率 f_c

为保证通带内的信号幅值不会产生较明显的衰减，一般规定幅频特性值等于 $A_0/\sqrt{2}$ 时所对应的频率 f_{c2}、f_{c1} 分别为滤波器的上、下截止频率，以 A_0 为参考值，$A_0/\sqrt{2}$ 对应于 -3 dB 点，即相对于 A_0 衰减 -3 dB。若以信号的幅值平方表示信号功率，则 -3 dB 点正好是半功率点。

3）带宽 B 和品质因数 Q

上、下截止频率之间的频率范围称为滤波器的带宽 B，或称为 -3 dB 带宽 $B_{-3\text{ dB}}$，单位为 Hz。带宽决定了滤波器分离信号中相邻频率成分的能力——频率分辨力。

滤波器的品质因数 Q 是中心频率 f_0 和带宽 B 的比值。中心频率的定义是上、下截止频率之积的平方根，即

$$f_0 = \sqrt{f_{c1} f_{c2}} \tag{4-45}$$

因此

$$Q = \frac{f_0}{B} = \frac{\sqrt{f_{c1} f_{c2}}}{f_{c2} - f_{c1}} \tag{4-46}$$

品质因数 Q 也用来衡量滤波器分离相邻频率成分的能力。Q 值越大，滤波器的分辨力越高。

4）倍频程选择性

实际滤波器存在过渡带，过渡带内幅频曲线的倾斜程度代表了幅值衰减的快慢，它决定了滤波器对通带外频率成分的衰减能力，通常用倍频程选择性来表征。所谓倍频程选择性，是指在上截止频率 f_{c2} 与 $2f_{c2}$ 之间，或者在下截止频率 f_{c1} 与 $\frac{1}{2}f_{c1}$ 之间的幅频特性的衰减值，即频率变化一倍频程时的衰减量，以 dB 为单位。滤波器的倍频程选择性数值越大，对通带外频率成分的衰减越厉害，滤波性能越好。

5）滤波器因数（或矩形系数）λ

滤波器选择性的另一种表示方法是用滤波器因数 λ 表示，即滤波器幅频特性的 -60 dB 带宽与 -3 dB 带宽的比值，即

$$\lambda=\frac{B_{-60\ \mathrm{dB}}}{B_{-3\ \mathrm{dB}}}$$

理想滤波器的 λ 等于 1，通常所用滤波器的 λ 在 1～5 之间，λ 越小表明滤波器的选择性越好。

4.4 项目设计实例

动态心电图(Dynamic Electrocardiography，DCG，又称为 Holter 心电图)可以连续记录患者 24 h 的心电活动，其信息量远远大于常规心电图，能够反映常规检查不易发现的阵发性心律失常和一过性心肌缺血等症状，是临床分析病情、确立诊断、判断疗效的重要依据。但是动态心电图也容易受到各种干扰和伪差的影响，基线漂移就是一种很常见的伪差。基线漂移是指由于人体呼吸、电极移动、电极与皮肤接触不良等原因造成的心电信号整体缓慢地移动，其频率一般小于 5 Hz。

可以根据基线漂移的特点，利用 MATLAB 编程构造滤波器，滤除心电图中的基线漂移干扰。具体程序如下：

```
[n,wn]=buttord(5/985,20/985,0.5,20);  %设计巴特沃斯低通滤波器
[b,a]=butter(n,wn);                    %b 为分子多项式的系数,a 为分母多项式的系数
drift_line=filtfilt(b,a,ecg_signal);  %对原始心电信号滤波,获取基线信号
no_drift=ecg_signal- drift_line+ mean(drift_line);      % 获取最终处理结果
subplot(3,1,1);                        %建立 3 行 1 列的绘图区,并选择第一个区域绘图
plot(ecg_signal);                      %绘制带基线漂移的原始心电图
axis tight;                            %坐标轴的范围等于数据范围
xlabel('带基线漂移的原始心电信号');     %x 轴添加标注,以下程序作用类似
subplot(3,1,2), plot(drift_line), axis tight, xlabel('基线信号');
subplot(3,1,3), plot(no_drift), axis tight;
xlabel('滤除基线漂移后的心电信号');
```

程序中的 buttord 函数的作用是根据滤波器指标要求设计最低阶次的巴特沃斯低通滤波器，要求通带截止频率 f_c 为 5 Hz，通带内信号衰减不大于 0.5 dB；阻带边界频率 f_s 为 20 Hz，阻带内信号衰减 20 dB。两个边界频率 f_c 和 f_s 的取值范围是 0～1，其中 1 对应奈奎斯特频率；过渡带介于 5～20 Hz 之间。buttord 函数计算出的滤波器阶次和截止频率分别返回至参数 n 和 wn，根据这两个参数利用 butter 函数计算滤波器的传递函数。filtfilt 函数可完成原始心电信号的无相移滤波，该函数先将输入信号按顺序滤波，然后将所得结果逆序排列后反向通过滤波器，最后再将所得结果逆序排列，即可获得零相位失真的输出信号。

程序运行结果如图 4.22 所示，其中最上面显示的是带基线漂移的原始心电信号，中间显示

的是对原始信号滤波后得到的基线信号，最下面显示的是滤除基线漂移后的心电信号。可以看出，经过滤波处理后基线漂移已经很好地被滤除掉。

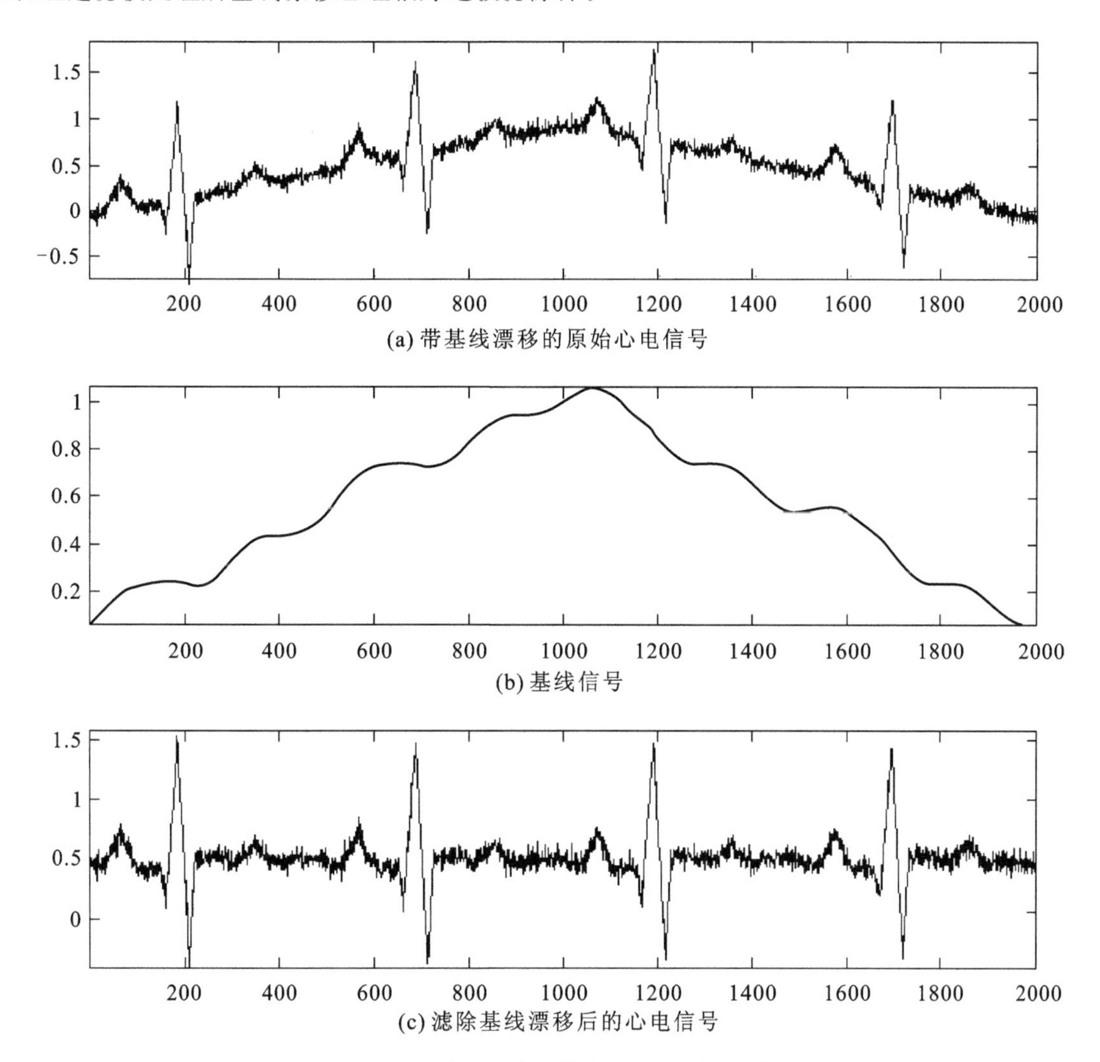

图 4.22　心电信号滤除基线漂移前后效果对比

(1) 以阻值 $R=120\ \Omega$、灵敏度 $S_g=2$ 的电阻丝应变片与阻值为 $120\ \Omega$ 的固定电阻组成电桥，供桥电压为 3 V，并假定负载电阻为无穷大，当应变片的应变为 2 $\mu\varepsilon$ 和 2 000 $\mu\varepsilon$（$1\ \mu\varepsilon=1\times10^{-6}$）时，分别求出单臂电桥、差动半桥的输出电压，并比较两种情况下的灵敏度。

(2) 有人在使用电阻应变仪时，发现灵敏度不够，于是试图在工作电桥上增加电阻应变片的数量以提高灵敏度。试问，在下列情况下，是否可提高灵敏度？并说明为什么。

① 半桥双臂各串联一片电阻应变片；

② 半桥双臂各并联一片电阻应变片。

(3) 为什么在动态应变仪上除了设有电阻平衡旋钮外，还设有电容平衡旋钮？

(4) 用电阻应变片接成全桥电路，测量某一构件的应变，已知其信号变化规律为 $\varepsilon(t)=A\cos 10t+B\cos 100t$，如果电桥激励电压 $U_i=E\sin 10\,000t$，试求此电桥的输出信号的频谱。

(5) 有一薄壁圆管式拉力传感器如图 4.23 所示，已知其弹性元件材料的泊松比为 0.3，电阻应变片的灵敏度为 2，贴片位置如图 4.23 所示。若受拉力 P 的作用。问：

① 欲测量拉力 P 的大小，应如何正确组装电桥？

② 当供桥电压 $U_i=2$ V，$\varepsilon_1=\varepsilon_2=500$ $\mu\varepsilon$ 时，输出电压是多少（$1\ \mu\varepsilon=1\times10^{-6}$）？

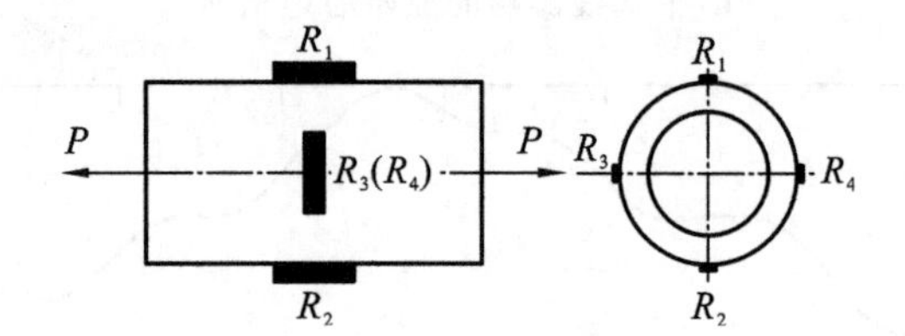

图 4.23 第(5)题图

(6) 什么叫调幅？什么叫调频？对调幅波进行解调常用的方法有哪几种？

(7) 已知调幅波 $x_a(t)=(100+30\cos 2\pi f_1 t+20\cos 6\pi f_1 t)\cos\omega_c t$，其中 $f_c=10$ kHz，$f_1=500$ Hz。试求：

① $x_a(t)$所包含的各分量的频率及幅值；

② 绘出调制信号与调幅波的频谱图。

(8) 调幅波是否可以看作是载波与调制信号的叠加？为什么？

(9) 试从调幅原理说明，为什么某动态应变仪的电桥激励电压频率为 10 kHz，而工作频率为 0～1 500 Hz？

(10) 什么是滤波器的分辨力？它与哪些因素有关？

(11) 设一带通滤波器的下截止频率为 f_{c1}，上截止频率为 f_{c2}，中心频率为 f_0，试指出下列描述是否正确并说明原因。

① $f_0=\sqrt{f_{c1}f_{c2}}$；

② 滤波器的截止频率就是此通带的幅值为-3 dB 处的频率；

③ 滤波器的带宽 $B=f_{c2}-f_{c1}$；

④ 滤波器的带宽越宽，品质因数越大。

第5章 测试技术在机械工程中的应用

5.1 对应力(应变)、扭矩、流量的测量及应用

在机械工程中，对应变、力和扭矩的测量非常重要，通过这些测量可以分析零件或结构的受力状态及工作状态的可靠性程度，验证设计计算结果的正确性，确定整机在实际工作时的负载情况等。由于这些测量是研究某些物理现象机理的重要手段之一，因此它对发展设计理论，保证设备的安全运行，以及实现自动检测、自动控制等都具有重要的意义。而且其他与应变、力及扭矩有密切关系的量，如应力、功率、力矩、压力等，其测试方法与应变和力及扭矩的测试方法也有共同之处，多数情况下可先将它们转变成应变或力的测试，然后再转换成实测物理量。

5.1.1 应变的测量

对应力、应变进行测量在工程中常见的测量方法之一是应变电测法，它是通过电阻应变片，先测出构件表面的应力，再根据应力、应变的关系来确定构件表面的应力状态的一种试验应力分析方法。这种方法的主要特点是测量精度高，变换后得到的电信号可以很方便地进行传输和各种变换处理，并可进行连续的测量和记录或直接和计算机数据处理系统相连接等。

在研究机器零件的刚度、强度，设备的力能关系以及工艺参数时都要进行应力、应变的测量。当材料在外力作用下不能产生位移时，它的几何形状和尺寸将发生变化，这种形变就称为应变。

1. 应变测量原理

应变电测法的测量系统主要由电阻应变片、测量电路、显示与记录仪器或计算机等设备

组成,如图 5.1 所示,它的基本原理是:把所使用的应变片按构件的受力情况,合理地粘贴在被测构件产生变形的位置上,当构件受力产生变形时,应变片敏感栅也随之变形,敏感栅的电阻值就会发生相应的变化,其变化量的大小与构件变形成一定的比例关系,可通过测量电路(如电阻应变测量装置)转换为与应变成比例的模拟信号,经过分析处理,最后得到受力后的应力、应变值或其他的物理量。因此,任何物理量只要能设法转变为应变,都可以利用应变片进行间接测量。

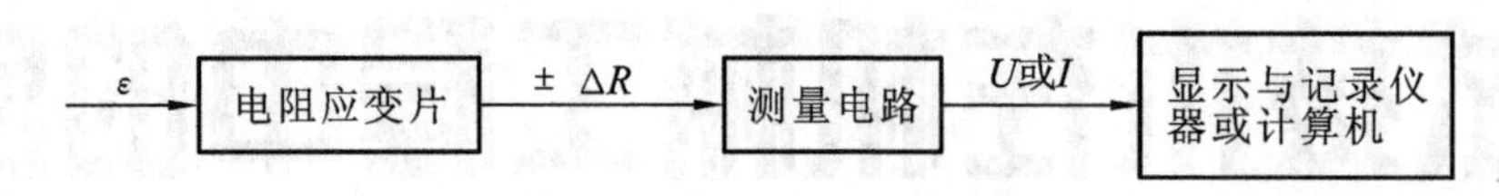

图 5.1　应变测试框图

2. 应变测量装置

应变测量装置也称为电阻应变仪,它由电桥、前置放大器、功率放大器、相敏检波器、低通滤波器、振荡器和稳压电源组成,电阻应变仪将应变片的电阻变化转换为电路的电压(或电流)变化,然后通过放大器将此微弱的信号进行放大,以便指示和记录。

电阻应变仪中的电桥是将电阻、电感、电容等参数的变化转变为电压或电流输出的一种测量电路,其输出既可用指示仪表直接测量,也可以送入放大器进行放大。桥式测量电路简单,具有较高的精确度和灵敏度,在测量装置中被广泛应用。通常使用交流电桥应变仪,其电桥由振荡器产生的数千赫兹的正弦交流电作为供桥电压(载波)。在电桥中,载波信号被应变信号所调制,电桥输出的调幅信号经交流放大器放大、相敏检波器解调和滤波后输出。这种应变仪能较容易地解决仪器的稳定性问题,其结构简单,对元件的要求较低。目前,我国生产的应变仪基本上属于这种类型。

根据被测应变的性质和工作频率的不同,可采用不同的应变仪。对于静态荷载作用下的应变,以及变化十分缓慢或变化后能很快稳定下来的应变,可采用静态电阻应变仪。以静态应变测量为主,兼作 200 Hz 以下的低频动态测量也可采用静态电阻应变仪。0～2 kHz 范围内的动态应变,可采用动态电阻应变仪,这类应变仪通常具有 4～8 个通道。测量 0～20 kHz 的动态过程以及爆炸、冲击等瞬态变化过程,可采用超动态电阻应变仪。

应变仪多采用交流电桥,供桥电源为交流电压,四个桥臂均为电阻,由可调电容来平衡分布电容。电桥输出的电压可用式(5-1)来计算,即

$$U_0=\frac{U_e}{4}\left(\frac{\Delta R_1}{R}-\frac{\Delta R_2}{R}+\frac{\Delta R_3}{R}-\frac{\Delta R_4}{R}\right) \tag{5-1}$$

式中,U_e 为供桥电源;R 为四个桥臂的标称电阻;ΔR_1、ΔR_2、ΔR_3、ΔR_4 分别为各桥臂的电阻变化量。当各桥臂应变片的灵敏度系数 S 相同时,式(5-1)可改写为

$$U_0=\frac{U_e}{4}S(\varepsilon_1-\varepsilon_2+\varepsilon_3-\varepsilon_4)$$

这就是电桥的和差特性。应变仪电桥的工作方式和输出电压如表 5.1 所示。

表 5.1 应变仪电桥的工作方式和输出电压

工作方式	单臂	双臂	四臂
应变片所在桥臂	R_1	R_1、R_2	R_1、R_2、R_3、R_4
输出电压	$\frac{1}{4}U_eS\varepsilon$	$\frac{1}{2}U_eS\varepsilon$	$U_eS\varepsilon$

5.1.2 应力的测量

材料发生变形时其内部产生了与外力大小相等但方向相反的反作用力以抵抗外力，把分布内力在一点的集度称为应力。按照应力和应变的方向关系，可将应力分为正应力 σ 和切应力 τ。正应力的方向与应变方向平行，而切应力的方向与应变方向垂直。按照荷载作用的形式不同，应力又可分为拉伸压缩应力、弯曲应力和扭转应力。

1. 应力测量原理

应力测量原理实际上是先测量受力物体的变形量，然后根据胡克定律换算出待测力的大小。显然，这种测力方法只能用于被测构件（材料）在弹性范围内变形的条件下；又由于应变片只能粘贴于构件表面，所以这种测力方法的应用被限定于单向或双向应力状态下构件的受力研究。尽管如此，由于该方法具有结构简单、性能稳定等优点，所以它仍是当前技术最成熟、应用最多的一种测力方法，能够满足机械工程中大多数情况下对应力测试的需要。

2. 荷载测量中应变片的排列和连接

应变片承受的是构件表面某点的拉伸或压缩变形。有时应变可能是由多种内力（如有拉有弯）造成的，为了测量某种内力所造成的变形，而排除其余内力的应变，必须合理选择应变片的贴片位置、方向和组桥方式，这样才能利用电桥的加减特性达到测量目的，同时达到温度补偿的效果。

进行荷载测量时，可根据需要采用半桥测量或全桥测量。半桥测量时，工作半桥与电桥盒采用如图 5.2(a)所示的接线柱相连的方式，并通过短接片与桥盒中的精密无感电阻连接，组成测量电路，接入应变仪。全桥测量时，工作应变片组成的全桥与电桥盒采用如图 5.2(b)所示的接线柱相连的方式，此测量电路通过电桥盒接入应变仪。

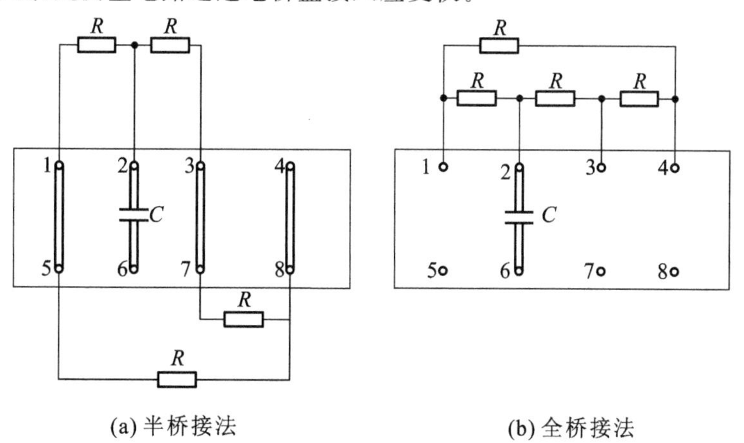

(a) 半桥接法　　(b) 全桥接法

图 5.2 电桥盒接线方法

1) 拉(压)荷载的测量

如图 5.3(a)所示,试件受外力作用,外力方向已知。为测量力的大小,可沿力的作用方向贴一工作电阻应变片,而在另一块与试件处于同一温度环境下且不受力的相同材料的金属块上贴一温度补偿片。将 R_1 和 R_2 接入电桥中,构成测量的桥路,如图 5.3(a)所示。因此,该电桥可获得相互补偿,输出电压为

$$U_0=\frac{1}{4}\frac{\Delta R}{R}U_i=\frac{1}{4}K\varepsilon U_i \tag{5-2}$$

还可将温度补偿片 R_2 也贴在同一试件上,如图 5.3(b)所示,组成半桥,如图 5.3(c)所示。其输出电压增加了$(1+\mu)$倍(μ 为泊松比),即

$$U_0=\frac{1}{4}K\varepsilon U_i(1+\mu) \tag{5-3}$$

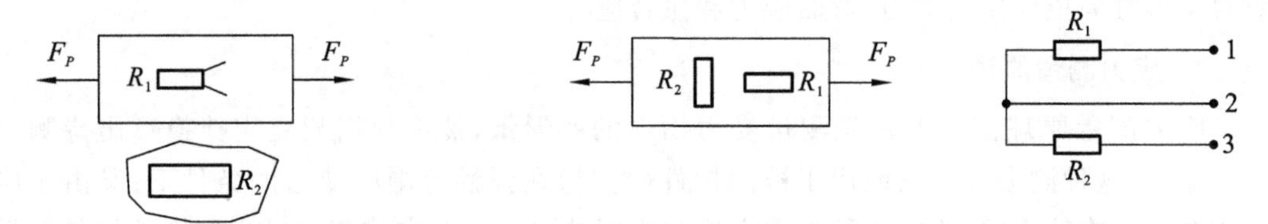

(a) 工作应变片与温度补偿片分开放置　(b) 工作应变片与温度补偿片放在一起　(c) 构成桥路

图 5.3　拉(压)荷载的测量

显然,上述两种贴片、接桥方式不能排除试件弯曲的影响。如有弯曲,也会引起电阻变化而产生电压输出。拉力 F_P 的大小可按

$$F_P=\sigma A=E\varepsilon A \tag{5-4}$$

计算。

式中,E 为试验材料的弹性模量;ε 为所测量的应变值(即机械应变);A 为试件的截面面积。

2) 弯曲荷载的测量

试件受一弯矩 M 的作用,如图 5.4(a)所示,在试件上贴一工作电阻应变片 R_1,温度补偿片 R_2 贴在一块同一温度环境下且不受力的相同材料的金属块上,将 R_1 和 R_2 接入半桥[见图 5.4(c)],即为测量弯矩 M 的电桥,其输出电压为

$$U_0=\frac{1}{4}\frac{\Delta R}{R}U_i=\frac{1}{4}K\varepsilon U_i$$

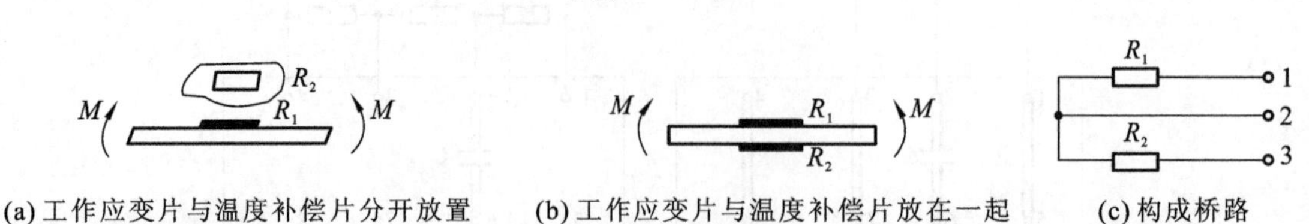

(a) 工作应变片与温度补偿片分开放置　(b) 工作应变片与温度补偿片放在一起　(c) 构成桥路

图 5.4　弯矩的测量

也可用图 5.4(b)所示的方法,在试件上贴 R_1 和 R_2 两片工作应变片,R_1、R_2 互为温度补偿。R_1 贴在压缩区,R_2 贴在拉伸区,两者电阻变化大小相等,符号相反,按图 5.4(c)所示组成半桥。此时输出为图 5.4(a)所示接法的 2 倍,即

$$U_0=\frac{1}{2}K\varepsilon U_i$$

弯矩 M 可按下式计算

$$M=W\sigma=WE\varepsilon \tag{5-5}$$

式中,W 为试件的抗弯截面模量。

3) 拉压及弯矩联合作用时的测量

如果只测量弯矩值,可按图 5.5(a)、图 5.5(b)所示来贴片和组桥,这时 R_k 不产生作用,因为这时拉或压产生的应变使ΔR_1 和ΔR_2 大小相等、符号相同,在电桥臂上相互抵消,不会对电桥的输出产生影响,因此该测量电桥的输出自动消除了拉(或压)的影响,正好只反映了弯矩 M 的大小,其输出电压为

$$U_0=\frac{1}{2}K\varepsilon U_i$$

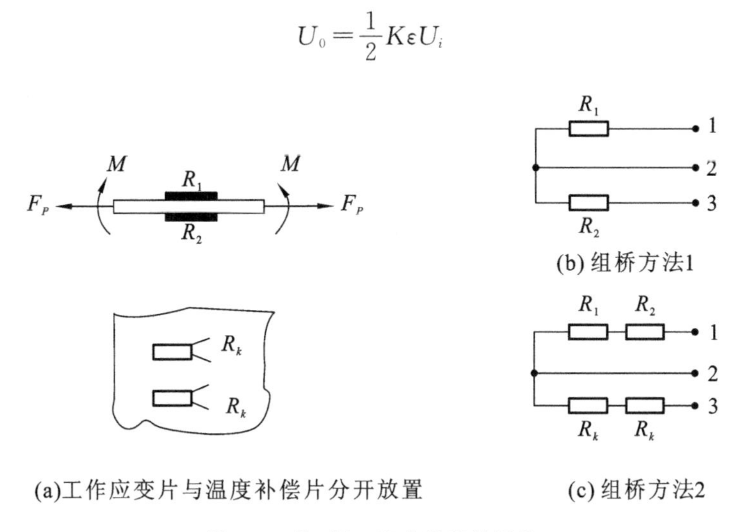

图 5.5　拉(压)、弯曲载荷的测量

如果只测拉(压)而不考虑弯曲的作用,可按图 5.5(a)、图 5.5(c)所示来贴片和组桥。R_1 和 R_2 串联成桥臂,另一臂用两片温度补偿片 R_k 串联组成。R_k 贴在与试件相同环境、相同材质且不受力的零件上,此时电桥的输出只能反映拉(或压)荷载的大小。弯矩 M 引起的 R_1 和 R_2 的电阻变化的绝对值相等、符号相反,且在一个电桥臂上相互抵消,所以电桥的输出指标是拉(压)荷载,其输出电压为

$$U_0=\frac{1}{4}K\varepsilon U_i$$

4) 切应力的测量

电阻应变片只能测量正应力,不能直接测量切应力,因为切应力不能使电阻应变片变形,所以只能利用由切应力引起的正应力来测量切应力。

如图 5.6(a)所示,F_q 为被测切应力,在 a_1 和 a_2 处粘贴电阻应变片 R_1 和 R_2,该两点所在截面的弯矩分别为 $M_1=F_qa_1$ 和 $M_2=F_qa_2$。由材料力学知,$M_1=E\varepsilon_1W$,$M_2=E\varepsilon_2W$(ε_1、ε_2 分别为 a_1、a_2 处的应变值),则 $F_q=\frac{E\varepsilon_1W}{a_1}$或 $F_q=\frac{E\varepsilon_2W}{a_2}$。所以只要用应变片测出某截面的应变值,即可求出相应的切应力 F_q。

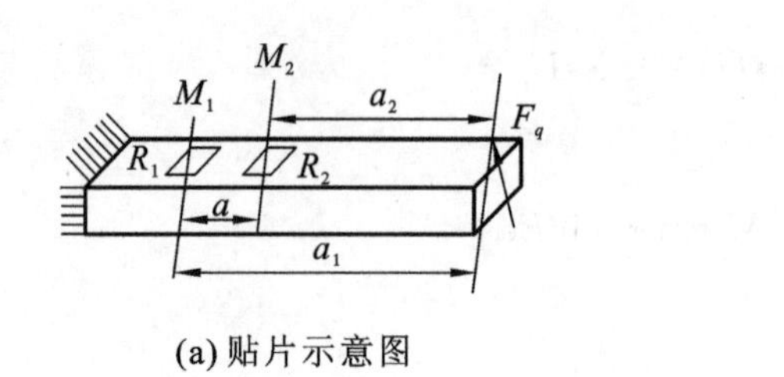

(a) 贴片示意图

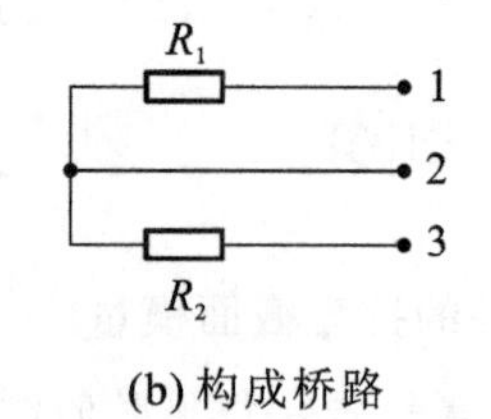

(b) 构成桥路

图 5.6　切应力测量

这种方案的缺点是，当 F_q 的作用点改变时(a_1 或 a_2 改变)，就会影响测量结果。况且在有些情况下，a_1 或 a_2 的值无法精确测量，但是两应变片 R_1 和 R_2 之间的贴片位置可精确测量，因此，上述方法可改为

$$M_1-M_2=F_qa_1-F_qa_2=F_q(a_1-a_2)=F_qa \tag{5-6}$$

式中，a 为两应变片 R_1 和 R_2 之间的距离。由此可得出

$$F_q=\frac{\varepsilon_1EW-\varepsilon_2EW}{a}=\frac{\varepsilon_1-\varepsilon_2}{a}EW \tag{5-7}$$

将 R_1 和 R_2 按图 5.6(b)所示组成半桥，此时测量电路的输出和($\varepsilon_1-\varepsilon_2$)成正比，而和切应力 F_q 的作用点的变化无关。a、E、W 均为常数，则可用式(5-7)算出切应力 F_q。

3. 应变片的布置与接桥方法

由于应变片粘贴于试件后，所承受的是试件表面的拉应力或压应力，因此应变片的布置位置和电桥的连接方式应根据测量的目的、对荷载分布的估计而定，这样才能便于利用电桥的特性达到测出所需的应变而排除其他因素的干扰的目的。例如，当测量复合荷载作用下的应变时，就需要通过应变片的布置位置和接桥方法来消除荷载间相互影响的作用。因此，布片和接桥应符合下列原则：在分析试件受力的基础上选择主应力最大点为贴片位置；合理地应用电桥的和差特性使得只有需要测的应变影响电桥的输出，并保证足够的灵敏度和线性度，使试件贴片位置的应变与外荷载成线性关系。

表 5.2 列举了在轴向拉伸(或压缩)荷载下进行应变测试的应变片的布置和接桥方法。从表中可以看出，不同的应变片布置方法和接桥方法对测试系统的灵敏度、温度补偿情况和消除弯矩影响的作用是不同的。一般应优先选用输出信号大、能实现温度补偿、贴片方便和便于分析的方案。

5.1.3　扭矩的测量

旋转轴上的扭矩是改变物体转动状态的物理量，是力和力臂的乘积，扭矩的单位是 N · m。测量扭矩的方法甚多，基本分为两大类：一是通过测量由剪应力引起的应变进而达到测量扭矩的目的；二是通过测量轴向相邻两个截面间的相对转角而达到测量扭矩的目的。其中，通过转轴的应变、应力、扭转角来测量扭矩的方法最常用，即根据弹性元件在传递扭矩时所产生的物理参数的变化(变形、应力或应变)来测量扭矩。例如，在被测机器的轴上或是在装于机器上的弹性元件上粘贴应变片，然后测量其应变，其中装在机器上的弹性元件属于扭矩传感器的一部分，这种传感器专用于测量轴的扭矩，目前，常用扭矩传感器如表 5.3 所示。

表 5.2　轴向拉伸(或压缩)荷载下进行应变测试的应变片的布置和接桥方法图例

序号	受力状态简图	应变片的数量	电桥组合形式		温度补偿情况	电桥输出电压	测量项目及应变值	特点
			电桥形式	电桥接法				
1	F R_1 R_2 F	2	半桥式	R_1 R_2 a b c	另设补偿片	$U_0=\frac{1}{4}U_eS\varepsilon$	拉(压)应变 $\varepsilon=\varepsilon_i$	不能消除弯矩的影响
2	F R_2 R_1 F				互为补偿	$U_0=\frac{1}{4}U_eS\varepsilon(1+\mu)$	拉(压)应变 $\varepsilon=\frac{\varepsilon_i}{(1+\mu)}$	输出电压提高$(1+\mu)$倍，不能消除弯矩的影响
3	F R_1 R_2 F R_1 R_2	4	半桥式	R_1 R_2 a b c R_1 R_2	另设补偿片	$U_0=\frac{1}{4}U_eS\varepsilon$	拉(压)应变 $\varepsilon=\varepsilon_i$	可以消除弯矩的影响
4		4	全桥式	a b c d R_1 R_1' R_2 R_2'		$U_0=\frac{1}{2}U_eS\varepsilon$	拉(压)应变 $\varepsilon=\frac{\varepsilon_i}{2}$	输出电压提高一倍，且可消除弯矩的影响
5	F R_1 R_2 R_3 R_4 F	4	半桥式	R_1 R_2 R_3 R_4 a b c	互为补偿	$U_0=\frac{1}{4}U_eS\varepsilon(1+\mu)$	拉(压)应变 $\varepsilon=\frac{\varepsilon_i}{(1+\mu)}$	输出电压提高$(1+\mu)$倍，且可消除弯矩的影响
6	F $R_2(R_4)$ $R_1(R_3)$ F	4	全桥式	a b c d R_1 R_2 R_3 R_4		$U_0=\frac{1}{2}U_eS\varepsilon(1+\mu)$	拉(压)应变 $\varepsilon=\frac{\varepsilon_i}{2(1+\mu)}$	输出电压提高$2(1+\mu)$倍，且可消除弯矩的影响

表中符号说明：S 为应变片的灵敏度；U_e 为拱桥电压；μ 为被测件的泊松比；ε_i 为应变仪测读的应变值，即指示应变；U_0 为输出电压；ε 为所要测量的机械应变值。

表 5.3 常用扭矩传感器

敏感元件	信号传输形式	公司及代表产品
电阻应变片	接触式:通过滑环和电刷传送激励电压和测量信号	德国 HBM 公司 T1、T2 系列传感器
	非接触式: ① 通过变压器形式传送激励电压和测量信号; ② 用变压器或电池供电,以调频/发射机遥控测计来传送数据	德国 HBM 公司 T30FN 系列传感器 韩国 SETech 公司 YDSN 系列传感器 北京斯创尔公司 BHF 系列
磁(齿)栅式位移传感器	非接触测量:磁(齿)栅电感应信号	德国 ASM 公司 PMIS3 系列 贵阳新天公司 MR 磁栅式线位移传感器 美国 Atek 公司 MLS-1 磁栅式位移传感器
其他元件,如光栅、电容、齿轮等	非接触测量:用光栅、电容、齿轮等感应信号	

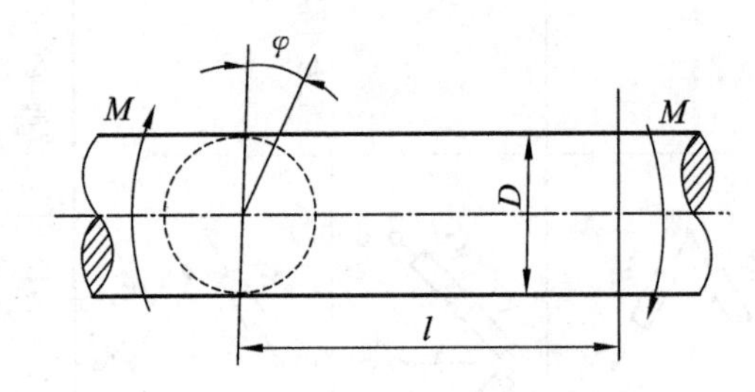

图 5.7 用于测量扭矩的弹性轴

1. 应变式扭矩传感器的工作原理

应变式扭矩传感器所测得的是在扭矩作用下转轴表面的主应变 ε。由材料力学可知,该主应变和所受到的扭矩成正比关系。也可利用弹性轴把扭矩转换为角位移,再由角位移转换成电信号输出。

如图 5.7 所示为一种用于扭矩传感器的扭矩弹性元件。把这种弹性轴连接在驱动源和负载之间,弹性轴在力矩作用下将产生扭矩,所产生的扭矩转角为

$$\varphi=\frac{32l}{\pi GD^4}M \tag{5-8}$$

式中,φ 为弹性轴的扭转角(rad);l 为弹性轴的测量长度(m);D 为弹性轴的直径(m);M 为扭矩(N·m);G 为弹性轴材料的切变模量($\mathrm{N/m^2}$)。

由于扭转角与扭矩 M 成正比,在实际测量中,常在弹性轴圆轴上安装两个齿轮盘,齿轮盘之间的扭转角即为弹性轴扭转角,通过电磁耦合将信号转换成电信号,再经标定得到输出扭矩值。

按弹性变形测量时,有

$$M=\frac{\pi GD^4}{32l}\varphi \tag{5-9}$$

按弹性轴应力测量时,有

$$M=\frac{\pi GD^3\sigma}{16} \tag{5-10}$$

式中,σ 为转轴的剪切应力(Pa)。

按弹性轴应变测量时，有

$$M=\frac{\pi GD^3\varepsilon_{45^\circ}}{16}=\frac{\pi GD^3\varepsilon_{135^\circ}}{16} \tag{5-11}$$

式中，ε_{45°、ε_{135°分别为弹性轴上与轴线成 45°、135°角方向上的主应变。

从上式可以看出，当弹性轴的参数固定，扭矩对弹性轴作用时，产生的扭转角或应力、应变与扭矩大小成正比关系。因此，只要测得扭转角或应力、应变，便可知扭矩的大小。按扭矩信号的产生方式可以设计为光电式、光学式、磁电式、电容式、电阻应变式、振弦式、压磁式等各种扭矩传感器。

2. 应变片式扭矩传感器

当扭矩传感器上的弹性轴发生扭转时，在与轴中心线成45°角的方向上会产生压缩或拉伸力，从而将力加在旋转轴上。如果在弹性轴上沿轴线的45°或135°方向粘贴应变片，当传感器的弹性轴受扭矩 M 的作用时，应变片产生应变，其应变 ε 与扭矩 M 呈线性关系。

对于空心圆柱形弹性轴，有

$$\varepsilon_{45^\circ}=\varepsilon_{135^\circ}=\frac{8M}{\pi GD^3}\left[\frac{1}{1-(d^4/D^4)}\right] \tag{5-12}$$

式中，G 为弹性轴材料的切变模量；d、D 分别为空心转轴的内径和外径。

对于正方形截面弹性轴，有

$$\varepsilon_{45^\circ}=-\varepsilon_{135^\circ}=2.4\frac{M}{a^3G} \tag{5-13}$$

式中，a 为弹性轴的边长。

当测量弹性轴扭矩时，将应变片 R_1、R_2 按图 5.8(a)所示的方向(与轴线成45°角，并且两片应变片互相垂直)贴在弹性轴上，则沿应变片 R_1 方向的应变为

$$\varepsilon_1=\frac{\sigma_1}{E}-\mu\frac{\sigma_3}{E} \tag{5-14}$$

沿应变片 R_2 方向的应变为

$$\varepsilon_3=\frac{\sigma_3}{E}-\mu\frac{\sigma_1}{E} \tag{5-15}$$

式中，E 为弹性轴材料的弹性模量。因 $\sigma_1=-\sigma_3$，故 $\varepsilon_1=-\varepsilon_3$。

图 5.8(a)所示的半桥接法不但能使测量灵敏度比贴一片45°方向的应变片时高一倍，而且还能消除由于弹性轴安装不善所产生的附加弯矩和轴向力的影响，但这种接桥方式不能消除附加横向剪切力的影响。

如果在弹性轴上粘贴四片应变片并将它们接成半桥或全桥，就能消除附加横向剪切力的影响，如图 5.8(b)、(c)所示。在弹性轴的适当部位粘贴四片应变片后，作为全桥连接构成的扭矩传感器，若能保证应变片粘贴位置准确、应变片特性匹配，则这种装置就具有良好的温度补偿特性，可消除弯曲应力、轴向应力的影响。粘贴后的应变片必须准确地与轴线成45°，应变片 R_1 和 R_3、R_2 和 R_4 应贴在弹性轴的两端。在应变片直接粘贴在弹性轴上的情况下，有时为了提高测试系统的灵敏度，将机器弹性轴的一部分设计成空心轴，以提高应变变量。

3. 磁电式扭矩传感器

如图 5.9 所示是磁电式扭矩传感器的工作原理。在驱动源和负载之间的扭转轴的两侧安

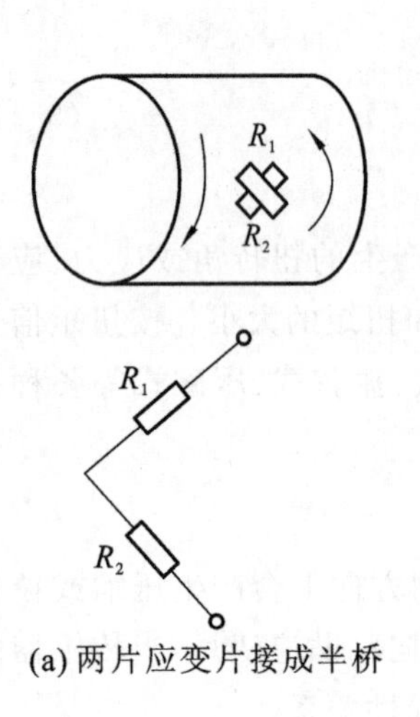

(a) 两片应变片接成半桥

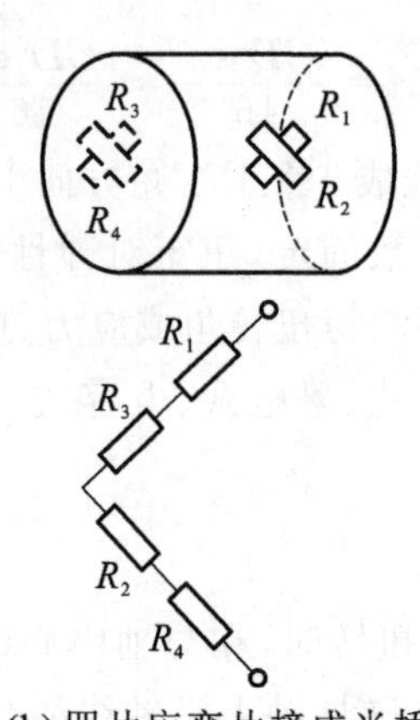

(b) 四片应变片接成半桥

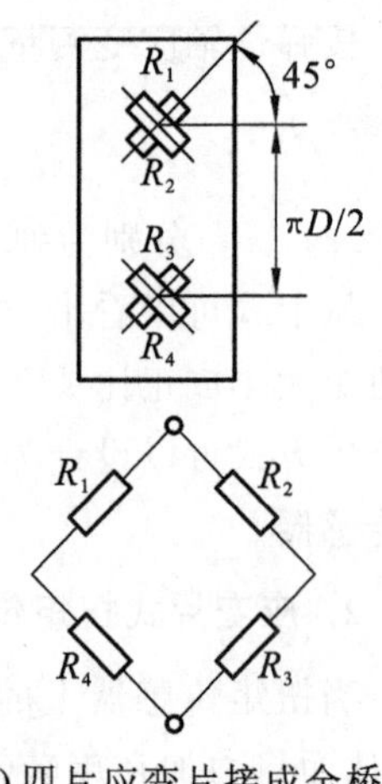

(c) 四片应变片接成全桥

图 5.8　弹性轴上应变片的粘贴

装有齿形圆盘，它们旁边装有相应的两个磁电式传感器。与磁电式转速传感器的工作原理相同，当齿形圆盘旋转时，圆盘齿凸凹引起磁路气隙的变化，于是磁通量也发生变化，线圈中可感应出交流电压，其频率等于圆盘上齿数与转速的乘积。

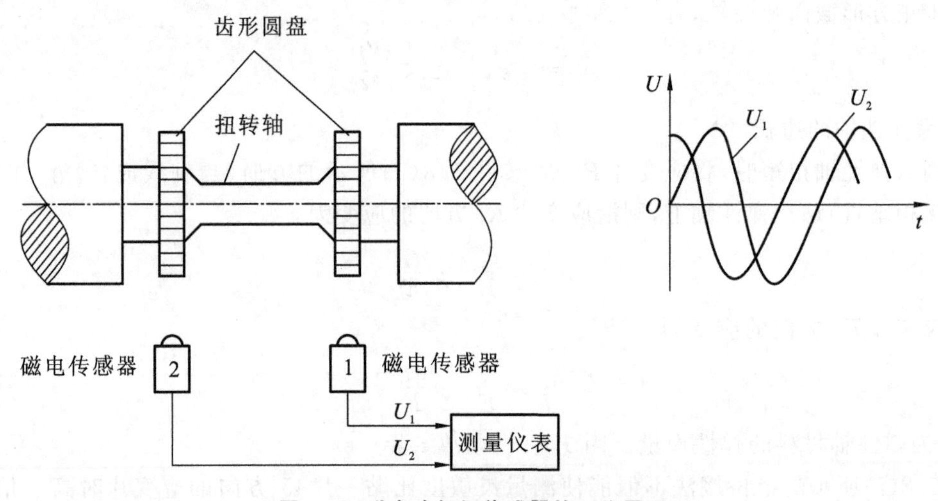

图 5.9　磁电式扭矩传感器的工作原理

当扭矩作用在扭转轴上时，两个磁电式传感器输出的感应电压 U_1 和 U_2 存在相位差。这个相位差与扭转轴的扭转角成正比。这样，传感器就可以把扭矩引起的扭转角转换成有相位差的电信号，通过测量相位差就可以得到扭矩值。

5.1.4　流体参量的测试

工程领域中常常要进行流体压力、流速和流量等参量的测量，如通风机性能试验中求在给定转速下的流量、压力是否达到设计要求及其相互关系。

流体参量的测量装置虽然在原理和结构上差别很大，但它们都是通过中间转换元件，将流体的压力、流量等转换为中间机械量，然后再用相应的传感器将中间机械量转换为电量输出。

1. 压力的测量

流体垂直作用在单位面积上的作用力定义为流体的压强，工程上习惯称其为压力，单位为Pa(帕)，1 Pa=1 N/m^2。压力有绝对压力和相对压力(简称为表压力)两种表示方法。流体垂直作用在容器单位面积上的全部压力(包括大气压力)称为绝对压力，绝对压力与大气压力之差称为表压力。工程中的压力测量多采用表压力作为指示值，当表压力为负值时，称为真空度。

1) 弹性压力敏感元件

指针式压力计和压力传感器都是根据弹性变形原理工作的。某种形式的弹性敏感元件在被测流体压力下，将产生与被测压力成一定函数关系的机械变形(或应变)，即中间机械量。这种中间机械量可以通过放大杠杆或齿轮等转换为指针的偏转，直接指示出被测压力的大小。中间机械量也可通过位移传感器(应变为中间机械量时，可通过应变片)及相应的测量电路转换为电量输出，这就是压力变送器和压力传感器。所以，感受压力的弹性敏感元件是压力计和压力传感器的关键元件。

常用的弹性敏感元件有波登管、膜片和波纹管三类。

① 如图5.10所示为各种结构形式的波登管。多数波登管是横截面呈椭圆形或扁圆形的空心金属管，当波登管的一侧通入有一定压力的流体时，由于内外侧压力差(外侧一般为大气压力)，迫使管子的椭圆形截面向圆形变化，这种变形导致波登管的自由端产生变位。但对于扭转型波登管，其输出的变位则是自由端的角位移。

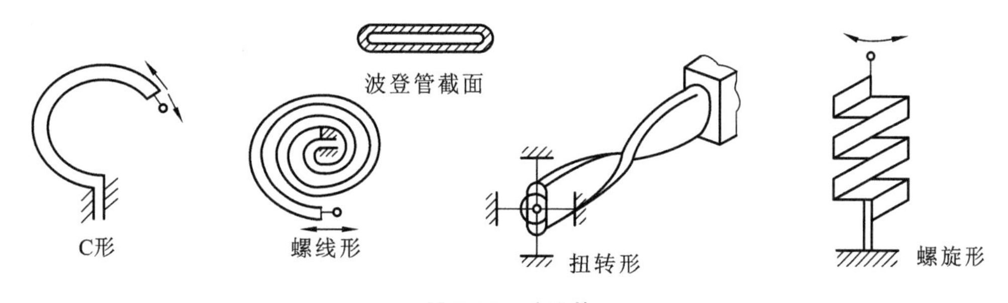

图5.10 波登管

研究表明，波登管横截面的纵横直径比愈大，其灵敏度愈高，但强度减弱。C形波登管可用于测量高达几百兆帕的压力。螺线形和螺旋形波登管在同样的压力下可得到大的输出变位，但其主要用于测7 MPa以下的压力。扭转形波登管的自由端设有交叉稳定结构，其径向刚度大，其端部的转动是柔性的，因此减小了由于冲击和振动引起的端部径向运动，可用于测20 MPa左右的压力。

不同材料的波登管适用于不同的被测压力。当被测压力在20 MPa以下时，采用磷青铜材料；当被测压力高于20 MPa时则采用不锈钢或其他高强度合金钢材料。

波登管作为压力敏感元件，可以得到较高的测量精确度，但它的尺寸较大，固有频率较低且有较大的滞后，故不宜作为动态压力传感器的敏感元件。

② 如图5.11所示，膜片是用弹性材料制成的圆形薄片，主要有平膜片、波纹膜片和悬链膜片三种。应用时，膜片的边缘刚性固定，在压力的作用下，膜片的中心位移和膜片的应变在小变形时均与压力近似成正比。

当被测压力较小，膜片产生的变形过小，不能达到所要求的最小输出时，可将两个膜片的边缘对焊起来，构成膜盒；或将几个膜盒连接起来，构成膜盒组，以增大输出位移。

一般波纹膜片中心的最大变形量约为直径的 2%，可用于稳态低压（低于几兆帕）测量或作为流体介质的密封元件。

图 5.11　膜片

③ 如图 5.12 所示，波纹管是一种表面上有许多环状波纹的薄壁圆筒。制造波纹管的材料为弹性较好的合金，如磷青铜和全波青铜。波纹管作为敏感元件，使用时将其开口端焊接于固定基座上。被测流体经开口端进入管内，在流体压力作用下，密封的自由端会产生一定的位移。在波纹管的弹性范围内，自由端的位移与作用压力呈线性关系。

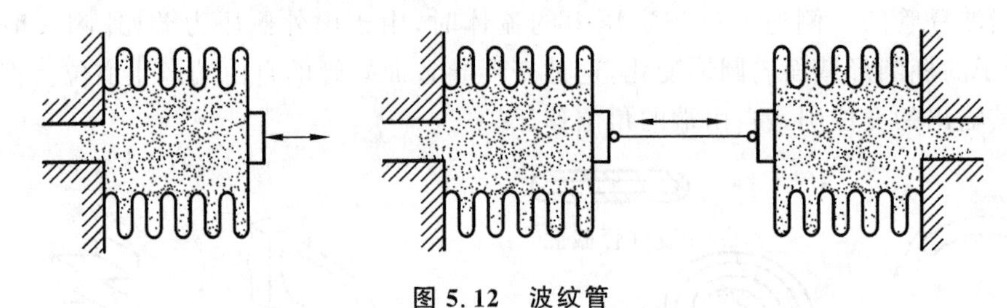

图 5.12　波纹管

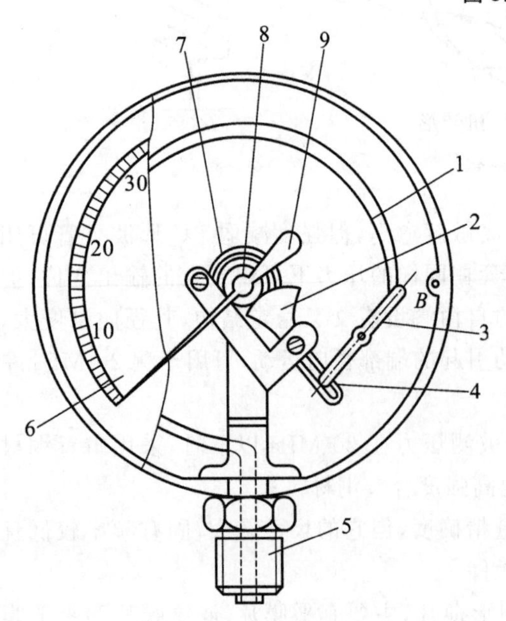

图 5.13　普通压力表的结构

1—C 形波登管；2—扇形齿轮；3—拉杆；4—调节螺钉；5—接头；6—表盘；7—游丝；8—中心齿轮；9—指针

2）常用压力传感器

（1）普通压力表

在工业生产中，对静态压力的检测常用到普通压力表，如图 5.13 所示。C 形波登管 1 的一端固定在接头 5 上，另一端为自由端与拉杆 3 连接，拉杆与扇形齿轮 2、游丝 7、中心齿轮 8 和指针 9 构成传动机构，压力表通过接头 5 与通有流体的管道连接。管道内的流体由接头 5 进入波登管，在流体压力作用下，波登管自由端移动，通过传动机构带动指示压力的指针转动。

（2）应变式压力传感器

如图 5.14 所示，应变式压力传感器的应变片粘贴在弹性圆筒上，在流体压力作用下，弹性圆筒的变形引起应变片电阻的变化。

这种传感器的响应速度很高，固有频率可达

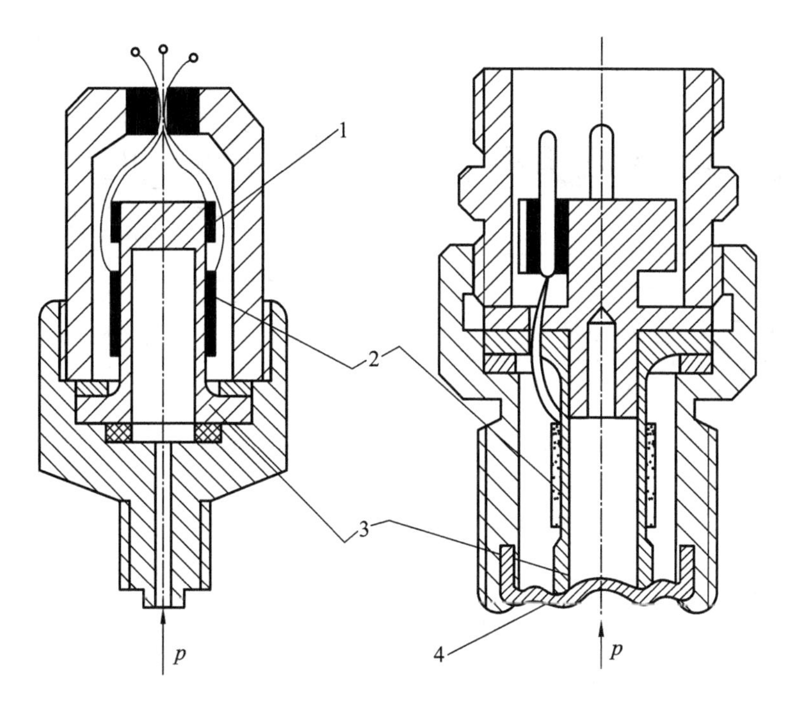

图 5.14　应变式压力传感器

1—补偿片；2—工作片；3—弹性圆筒；4—感压膜片

35 kHz，可用于动态压力的测量。

(3) 压阻式压力传感器

压阻式压力传感器如图 5.15 所示，压阻式压力传感器采用硅膜片作为敏感元件，硅膜片是用 N 型半导体材料单晶硅做成的硅片。利用集成电路工艺，按一定晶轴方向和应变规律，在硅片上相应部位扩散一层 P 型杂质。该导电 P 型层形成条形或栅形电阻，因此，硅膜片亦称为扩散型半导体应变片。硅膜片的加厚边缘烧结在有同样膨胀系数的玻璃基座上，以保证温度变化时硅膜片不受附加应力。当硅膜片受到流体压力或压差作用时，其内部产生应力，从而使扩散在其上的电阻发生变化(压阻效应)。硅膜片的灵敏度一般比金属材料的应变片高 70 倍左右。

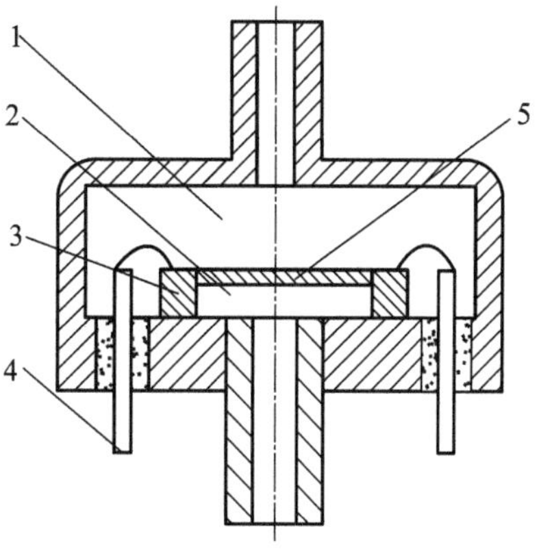

图 5.15　压阻式压力传感器

1—低压腔；2—高压腔；
3—硅杯；4—引线；5—硅膜片

(4) 电容式压力传感器

如图 5.16 所示为电容式压力传感器。两金属镀层为固定极板，金属膜片为动极板，从而形成两电容。在 A、B 处施加压力，产生两电容的差动变化。

(5) 霍尔式压力传感器

如图 5.17 所示为霍尔式压力传感器。这种传感器是用霍尔元件将流体压力引起的波纹膜片中心变形转换为电压(霍尔电势)输出。

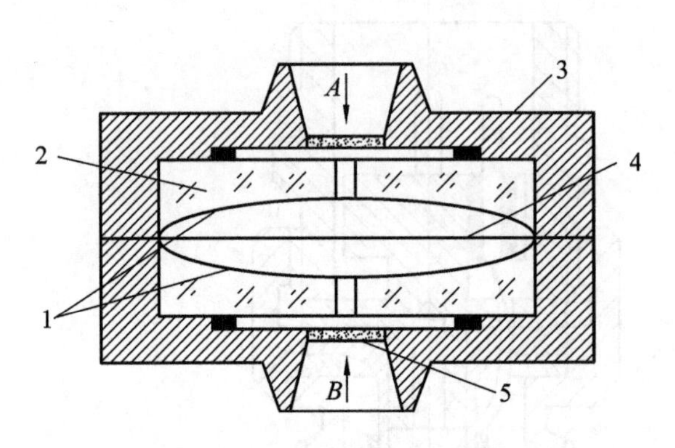

图 5.16　电容式压力传感器

1—金属镀层(固定极板);2—玻璃;3—垫圈;
4—金属膜片(动极板);5—多孔金属滤油器

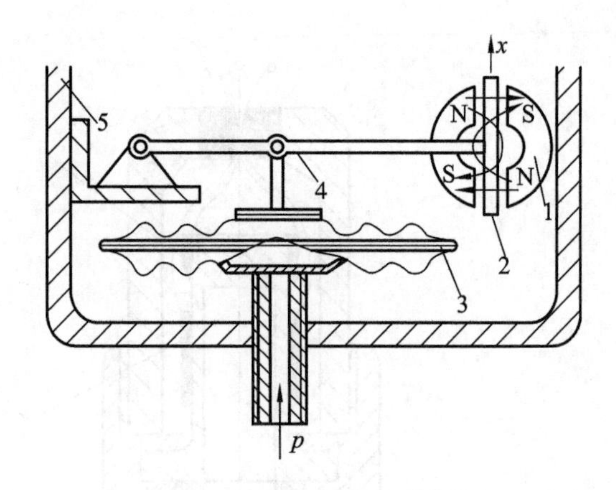

图 5.17　霍尔式压力传感器

1—磁铁;2—霍尔元件;3—波纹膜片;4—杠杆;5—壳体

2. 流量的测量

液体的体积流量(简称流量)是指单位时间内流过某一管道的液体体积,单位为 m^3/s。工程上对流量的测量采用液体流量计。液体流量计是通过某种中间转换元件或机构,将管道中流体的流量转换为压差、位移、力、转速等参量,然后再将这些参量转换为电量。转换出的电量与被测流体的流量成一定的函数关系。

1) 差压流量计

差压流量计是在管道中安装孔板、喷嘴、文丘里管等节流元件,如图 5.18 所示。当流体流过节流元件时,在节流元件的前后形成与流量成一定函数关系的压力差。通过测量压力差,就可确定通过节流元件的流量,即

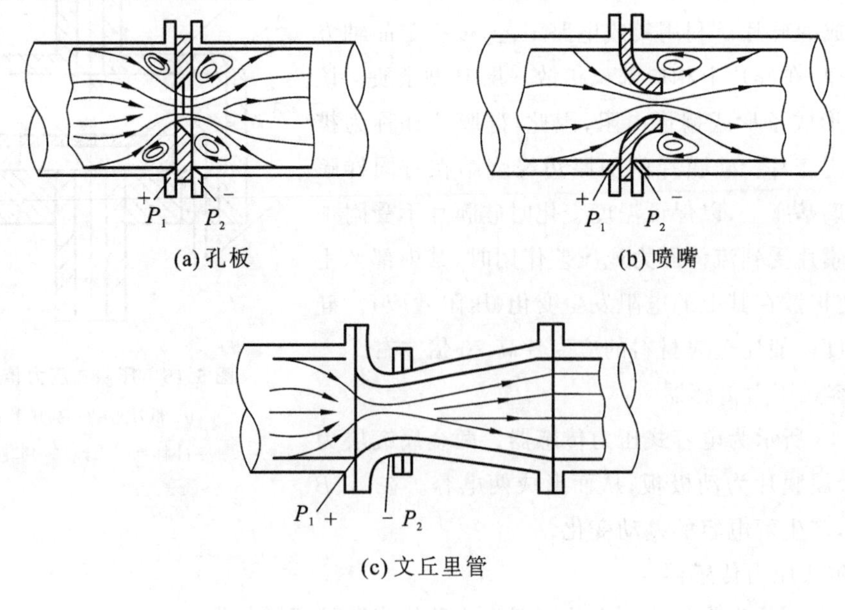

图 5.18　节流装置

$$q_v=\alpha A_0\sqrt{\frac{2}{\rho}(P_1-P_2)} \tag{5-16}$$

式中，q_v 为体积流量；ρ 为流体的密度；α 为流量系数。

2）转子（浮子）流量计

在小流量测量中，常用如图 5.19 所示的转子流量计。转子流量计是利用流体流动的节流原理工作的流量测量装置。图 5.19 中，一个能上下浮动的浮子被置于圆锥形的测量管内，当被测流体自下而上流动时，由于浮子和管壁之间形成的环形缝隙的节流作用，在浮子上、下端出现压差，此压差对转子产生一个向上的推力。该推力克服浮子的重量使浮子向上移动，从而使得环形缝隙过流截面积增大，压差下降，直到压差产生的向上推力与浮子的重量平衡为止。

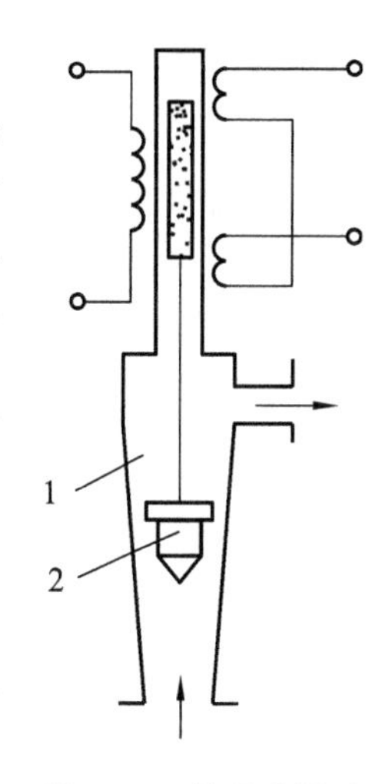

图 5.19　转子流量计
1—锥形测量管；2—浮子

设浮子上下端的压力分别为 P_1 和 P_2，则流体的体积流量可由式(5-16)求得。当 $\Delta P=P_1-P_2$、ρ、α 均为常数，则流量 q_v 与环形缝隙节流口面积 A_0 成正比。对于圆锥形测量管，节流口面积 A_0 与浮子所处高度成近似的正比关系，故可采用差动变压器式等位移传感器，将流量转化为成比例的电量输出。

3）椭圆齿轮流量计

容积式流量计实际是一种液动机，液体从进口进入液动机，经过工作容腔，由出口排出，使得液动机转动。容积式流量计有椭圆齿轮流量计、腰形流量计、螺旋流量计等，这里以椭圆齿轮流量计为例，介绍其工作原理。

椭圆齿轮流量计如图 5.20 所示。在金属壳体内，有一对精密啮合的椭圆齿轮，当流体自左向右通过时，在压力差的作用下产生力矩，驱动齿轮转动。当齿轮处于图 5.20(a)所示位置时，$P_1>P_2$，A 轮左侧压力大，右侧压力小，产生的力矩使 A 轮作逆时针转动，A 轮把它与壳体间月牙形容积内的流体排至出口，同时带动 B 轮转动；当处在图 5.20(b)所示位置时，A 轮和 B 轮都产生力矩而继续转动，并逐渐将流体封入 B 轮和壳体间的月牙形空腔内；当处在图 5.20(c)所示位置时，作用在 A 轮上的力矩为零，而 B 轮的左侧的压力大于右侧，产生力矩，使 B 轮成为主动轮，带动 A 轮继续转动，并将月牙形容器内的流体排至出口。如此继续下去，椭圆齿轮每转一

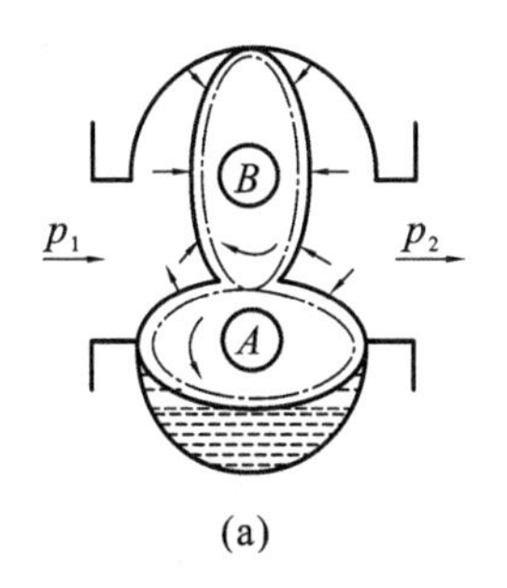

(a)

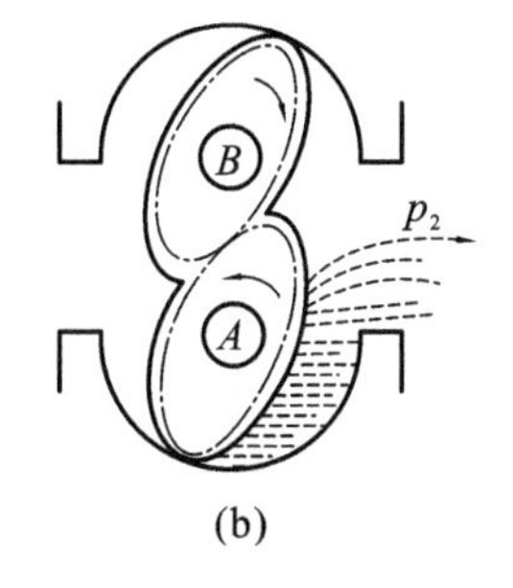

(b)

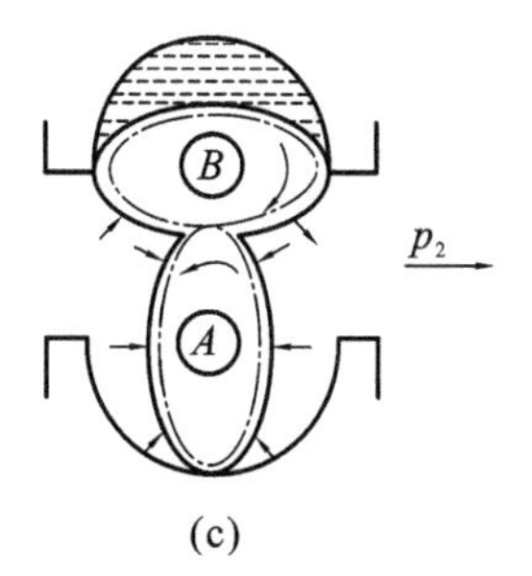

(c)

图 5.20　椭圆齿轮流量计

周，向出口排出四个月牙形容积的流体。通过椭圆齿轮流量计的流量为

$$q_V = 4V_0 n$$

式中，V_0 为月牙空腔容积；n 为椭圆齿轮的转速。所以，只要测出椭圆齿轮的转速 n，便可确定通过流量计的流量大小。

4）涡轮流量计

涡流流量计如图 5.21 所示。涡轮转轴的轴承由固定在壳体上的导流器所支承，流体顺着导流器流过涡轮时，推动涡轮叶片使涡轮转动，其转速与流体流量 q_v 成一定的函数关系，通过测量转速就可确定出对应的流量。

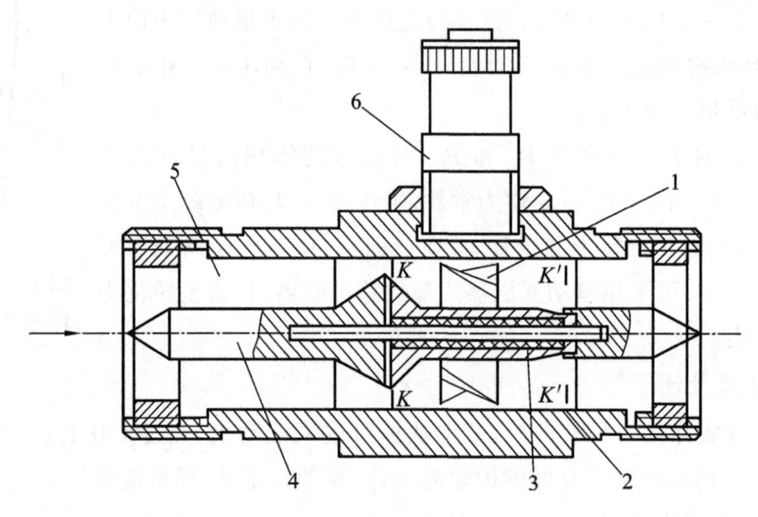

图 5.21　涡轮流量计

1—涡轮；2—壳体；3—轴承；4—支承；5—导流器；6—磁电式转速传感器

由于涡轮是封闭在管道中的，因此可采用非接触式磁电式转速传感器测量涡轮转速。在不导磁的管壳外面安装的磁电式转速传感器是一个套有感应线圈的永久磁铁，由不导磁材料制成的涡轮叶片每次经过磁铁下面时，都使磁路的磁阻发生一次变化，从而输出一个电脉冲。输出的脉冲频率与转速成正比，测量脉冲频率就可确定瞬时流量；若累计一定时间段内的脉冲数，便可得到该时间段内的累计流量。

3. 流速测量

普朗特毕托管的构造如图 5.22 所示，由图 5.22 可以看出这种毕托管是由两根空心细管组成。测量流速时使总压管下端出口方向正对水流流速方向，测压管下端出口方向与流速垂直。在两细管上端用橡皮管分别与压差计的两根玻璃管相连接。

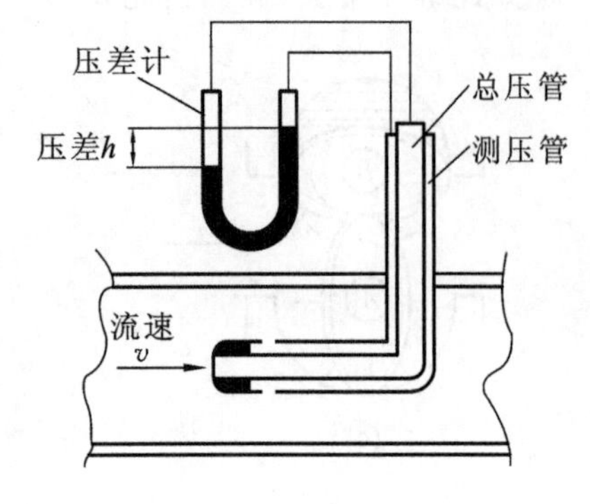

图 5.22　普朗特毕托管

毕托管的总压管孔口正对液流方向，经 90°转弯后液流的动能转化为势能，液体在管内上升的高度是该处的总水头，即 $Z+P/\rho g+v^2/(2g)$（其中，Z 为位置势能；$P/\rho g$ 为比压能）；而测压管开口方向与液流方向垂直，只能感应

到液体的压力，液体在管内上升的高度是该处的测压管水头（就是对应于势能的那部分水头），即 $Z+P/\rho g$，两管液面的高差就是该处的流速水头，即 $v^2/(2g)$，量出两管液面的高差 H，则 $v^2/(2g)=H$，即 $v=\sqrt{2gH}$，从而间接地测出该处的流速 v。通过流速就可推算出流量。

4. 应用举例

由于通风机内气体流动的复杂性，目前还很难用单纯的理论计算方法十分精确地求得通风机通流部分的各种损失的数据。所以尚不能以理论计算方法获得（或绘制）其全部特性曲线。因此，用试验的方法对通风机进行研究或对已有产品求得其真实性能就显得尤其重要。下面以风管式试验装置为例进行说明。

通风机进气试验装置如图 5.23 所示。在通风机进气口端连接测试风管，出气端开向大气。节流器是节制流体流动而产生压降的设备，以保证在流体管道上出口压力恒定，所以节流器又称定压器。整流栅是平衡气流的设备，平衡气流以减轻风机振动和确保风机的送风压力。毕托管测出差压，由 $v=\sqrt{2gH}$ 就可确定流场中该处的流速，由流速与面积之积计算出流量。

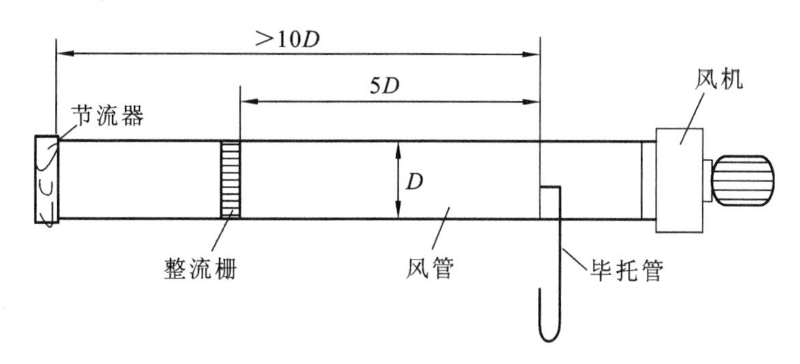

图 5.23 通风机进气试验装置

与之类似地，通风机出气实验装置如图 5.24 所示，这里不作赘述。

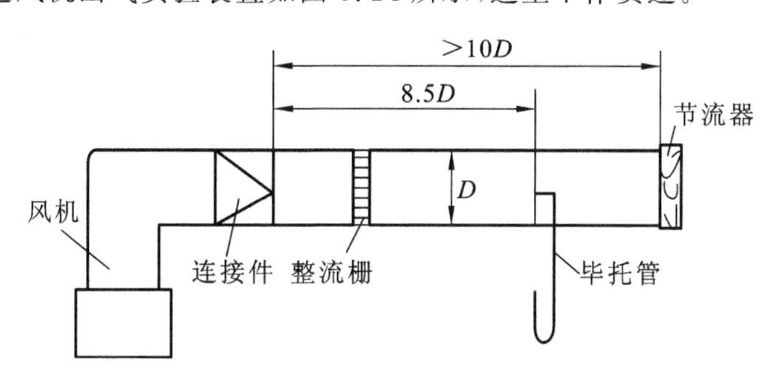

图 5.24 通风机出气试验装置

5.2 机械振动测试及应用

机械在某些条件和因素作用下会以其平衡位置（或平均位置）为中心进行微小的往复运动，

这种每隔一定时间的往复运动称为机械振动。一方面，机械振动在大多数情况下会影响机器的正常工作，降低机器的性能，缩短机器的使用寿命，甚至导致机毁人亡的事故；另一方面，也可以利用机械振动来制作一些有益的仪器，如钟表、振动搅拌器、振动矿槽、振动夯实机、超声波清洗设备等。

机械振动测试的目的是通过分析找到振动源或振动传递途径，以尽量降低或消除振动对机械设备的功能和性能的影响。机械振动测试包括运动参数的测量和动态特性试验两个方面。运动参数的测量是指对振动的幅值、速度和加速度等运动量的测量，动态特性试验是指对反映机械（或结构）的动态特性的一些特性参数的测试和识别，如固有频率、固有振动类型、阻尼及动刚度等特性参数。

5.2.1　机械振动的类型及表征参数

机械振动是指机械设备在运动状态下，机械设备或结构上某观测点的位移量围绕其均值或相对基准随时间不断变化的过程。与信号的分类类似，机械振动根据其振动规律可以分成确定性振动和随机振动两大类，较详细的分类如图 5.25 所示。

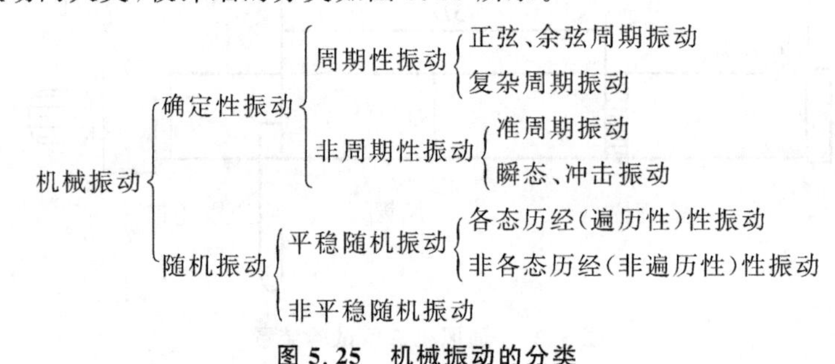

图 5.25　机械振动的分类

振动的三个基本参数是幅值、频率和相位，又称为振动三要素，只要测定出这三个参数就可确定整个振动运动。

① 幅值。幅值是振动强度大小的标志，它可以用不同的方法表示，如峰值、有效值、平均值等。

② 频率。频率为周期的倒数，通过频谱分析可以确定主要频率成分及其幅值大小，从而可以找到振源，采取措施。

③ 相位。振动信号的相位信息十分重要，如利用相位关系确定共振点，进行振型测量、旋转件动平衡、有源振动控制、降噪等。

简谐振动是最基本的周期运动，各种不同的周期运动都可以用无穷多个不同频率的简谐振动的组合来表示。简谐振动的运动规律可用简谐函数表示，即

$$y=A\sin(\omega t+\theta)=A\sin\left(\frac{2\pi}{T}t+\theta\right)=A\sin(2\pi ft+\theta) \tag{5-17}$$

式中，y 为振动位移；A 为振幅，即位移的最大值；ω 为振动角频率；t 为时间；θ 为初始相位角；T 为振动周期；f 为振动频率，即振动周期 T 的倒数。

该简谐振动的速度 v 和加速度 a 分别为

$$v=\frac{\mathrm{d}y}{\mathrm{d}t}=\omega A\cos(\omega t+\theta) \tag{5-18}$$

$$a=\frac{\mathrm{d}v}{\mathrm{d}t}=-\omega^2 A\sin(\omega t+\theta)=-\omega^2 y \tag{5-19}$$

比较式(5-17)～式(5-19)可见，速度的最大值比位移的最大值超前90°，加速度的最大值比位移的最大值超前180°。

在进行振动测量时，可以测量的参数是位移、速度或加速度。如果测得其中一个参数、可通过微积分关系实现参数之间的相互转换。其中，振动位移是研究强度、变形、机械加工精度的重要依据；振动速度决定了噪声的高低，人对机械振动的敏感程度在很大频率范围内是由振动速度决定的，而振动速度又与能量和功率有关，并决定了力的动量；振动加速度与作用力或荷载成正比，是研究机械损伤和疲劳的重要依据。

5.2.2 振动测试系统

机械振动测试系统通常由激振系统、测量系统和分析系统三部分组成，如图 5.26 所示。激振系统是用来激发被测机械结构产生振动的功能部件，激振系统中所用的设备称为激振设备，主要设备是激振器。测量系统用于将测量结果加以转换、放大、显示或记录，它包括传感器和信号调理器。分析系统用于将测量结果加以处理，根据研究目的求得各种参数或图表。常用的工程振动测试系统可分为压电式振动测试系统、压变式振动测试系统、压阻式振动测试系统、伺服式振动测试系统、光电式振动测试系统和电涡流式振动测试系统。本节介绍最常用的几种振动测试系统。

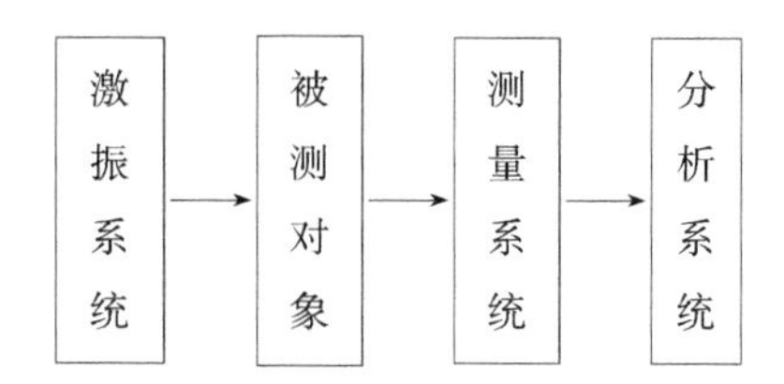

图 5.26 机械振动测试系统组成示意图

1. 压电式振动测试系统

压电式振动测试系统多数是用来测试振动冲击加速度或激励力的，在特定条件下，有时也可以通过积分网络在一定范围内获得振动速度和位移。压电式振动测试系统的组成如图 5.27 所示。

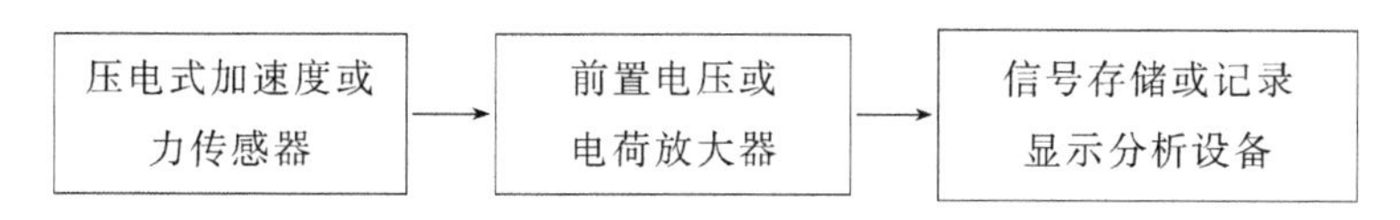

图 5.27 压电式振动测试系统组成框图

压电式传感器的输出阻抗很高，因此要求电压放大器和电荷放大器的输入阻抗要很高。连接导线或插接件对阻抗的影响较大，因此要求其绝缘电阻要很高。压电式振动测试系统使用频带宽，输出灵敏度高，传感器的无阻尼性能指标可做的很高，可做成标准型加速度传感器。

压电式振动测试系统的低频响应不好、系统的抗干扰能力较差，易受电磁场的干扰。压电式振动测试系统常配备有滤波网络，可根据测试信号的频带特性及测试要求进行选择。

2. 应变式及压阻式振动测试系统

应变式振动测试系统的传感器有应变式加速度传感器、位移传感器和力传感器，配套使用的放大器一般用电阻应变仪。记录仪器可用各类记录设备，如数字式瞬态波形存储器等。应变式振动测试系统的组成如图5.28所示。

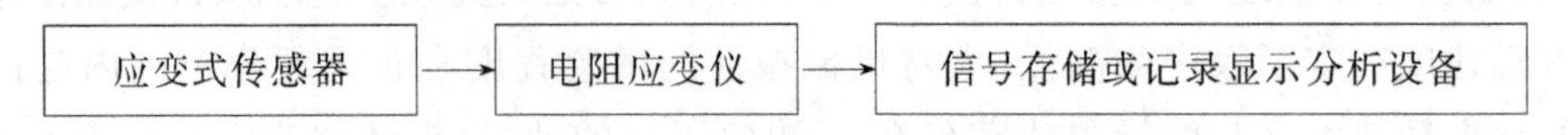

图5.28　应变式振动测试系统组成框图

应变式振动测试系统具有良好的低频特性，测试频率可从0 Hz开始。传感器的输出阻抗较低，整套测试系统的使用较为方便。加速度传感器一般配有合适的阻尼，可有效地抑制高频和共振频率干扰。但该测试系统的频率上限受到限制，因此也容易受到外界的干扰。

压阻式振动测试系统在工程使用中有两种形式：一种是压阻式传感器配接信号调理器，即应变放大器，对信号进行放大后再进行记录；另一种是压阻式传感器自成电桥，加上直流桥压电源就可输出具有足够灵敏度的加速度信号供记录用，这种测试系统，一般要求传感器桥臂阻值大，输出灵敏度高，被测量的机械系统具有高加速度响应。

压阻式振动测试系统兼有应变式和压电式振动测试系统的优点，即低频响应好，测量信号可从0 Hz开始；而高频振动信号也可以用适当结构形式的传感器进行测试。压阻式传感器可做成有阻尼的或无阻尼的，可小型化、集成化，可制作成高性能指标的标准传感器。

工程振动测量中经常还使用滑线电阻位移传感器，这种传感器有桥式和分压式两种。桥式传感器配接电阻应变仪，将信号放大后传给记录仪；分压式传感器直接加直流桥压电源，传感器输出信号不需放大就可直接进行记录。

3. 伺服式振动测试系统

伺服式振动测试系统具有测量精度高、稳定性好、分辨力高、传感器滞后小、重复性能好、漂移小和热稳定性高等优点。伺服式加速度传感器是测量超低频、微加速度的良好装置，它广泛应用于石油开发、地质钻探、地震预报、大地测量、深井测量、高层建筑晃动和微小位移测量中。伺服放大器有时也内装在传感器中，称为内装式伺服加速度传感器。伺服式振动测试系统的组成如图5.29所示。

图5.29　伺服式振动测试系统组成框图

根据传感器的制作原理不同，可配套组成不同的测振系统。电感式、电容式和电涡流式传感器一般配用调频式放大器，再输出给记录仪器；光电式位移传感器经光电转换和电压放大器后再输出给记录仪器。有些振动现场，需要对振幅和频率进行实时监测，常配用数显振动测试系统。

5.3 位置、位移的测量

在机械行业中，位置测量具有非常重要的作用。在位置测量系统中，位置传感器是其重要的组成部分。能够感知物体的空间位置及其变化的传感器称为位置传感器。位置传感器主要应用在主运动控制，连续产品生产，批量过程生产，机器人设备，工具定位、包装、材料处理，非连续产品生产，化学处理过程，塑料产品生产和夹板装载等领域中。

位置传感器按其用途可分为两大类，一类是检测物体具体到达位置的开关型、限位型位置传感器，包括限位开关、接近开关、物位传感器等；另一类是能测量物体位置连续变化量的位移传感器，包括直线位移传感器和角位移传感器等。

5.3.1 常用的位置测量传感器

1. 限位开关

限位开关是一种通过其感应部件与物体的机械接触来获得物体的机械位置并将位置信息转换为开关型电信号的位置传感器，它可以由驱动杆获得物体的位置信息从而驱动电子开关的通断，也可以由天线与物体的接触来获得物体的位置信息从而驱动电子开关的通断。

限位开关大致可分为通用直立型限位开关、通用横卧型限位开关、复合型限位开关、高精度型限位开关、机械触觉开关等。通用直立型限位开关头部的驱动杆根据其感知物体位置的动作方式可分为滚珠摆杆型、可调式滚珠摆杆型、可调式摆杆型、密封柱塞型、密封滚珠柱塞型、盘簧型等各种类型和样式。通用横卧型限位开关是一种小型高精度限位开关，常用在安装空间小、定位精度要求高的场合。

机械触觉开关可从多方向检测物体的位置，并且可直接与微处理器连接，有小型的 M5、M8、M10 三种，采用面板安装方式，安装简单。某些高精度型限位开关的检测精度可达到微米级，可用于进行钻头、切削刀等的刀尖磨损程度检测，工件的原点检测，同轴度检查，旋转头分割位置确认等。

2. 接近开关

接近开关是以无接触的方式检测物体的接近程度和被检测对象有无的传感器的总称。接近开关按工作原理可分为电感式接近开关、电容式接近开关、霍尔式接近开关、光电式接近开关、超声波式接近开关、热释电式接近开关等，常见接近开关的特点及应用如表 5.4 所示。

表 5.4 常见接近开关的特点及应用

接近开关类型	特　点	应　用
电感式	价格便宜，用户可根据实际的应用情况选择相应的形状	能检测可导电的各类金属材料

续表

接近开关类型	特　　点	应　　用
电容式	非接触测量，易受环境影响。检测非金属物体时，检测距离决定于材料的介电常数	能检测金属、非金属材料，可检测液体或粉状物体
霍尔式	能安装在金属构件中，可透过金属进行检测。检测距离受磁场强度及检测体接近方向的影响	适用于气缸和活塞泵等的位置测定，检测对象必须是磁性物体
光电式	检测距离长，响应快，分辨力高，可进行非接触检测、颜色判别，调整方便	在机械行业中得到了广泛的应用
超声波式	不受检测物体的颜色、透明度、材质的影响	可检测各种类型和形状的物体，如矿石、煤炭、塑料等

接近开关按检测对象可分为通用型（主要检测黑色金属，如铁等）、金属型（在相同的检测距离内检测任何金属）、有色金属型（主要检测有色金属，如铝等）。

接近开关根据输出配线方式有两线和三线之分；根据输出驱动电源的类型可分为交流开关型、直流开关型、交直流两用型；根据输出驱动方式可分为 PNP 输出型、NPN 输出型、继电器输出型；根据输出开关方式可分为常开输出型、常闭输出型、常开常闭输出型。

3. 物位传感器

物位传感器是指对封闭式或敞开容器中物料（固体或液位）的高度进行检测的传感器。其中测量块状、颗粒状和粉料等固体物料堆积高度或表面位置的传感器称为料位传感器，测量罐、塔和槽等容器内液体高度或液面位置的传感器称为液位传感器，测量容器中两种互不溶解的液体或固体与液体间界面位置的传感器称为相界面传感器。物位传感器在冶金、石油、化工、轻工、煤炭、水泥等行业中应用广泛。

物位传感器可分两类：一类是连续测量物位变化的连续式物位传感器，另一类是对物料高度是否达到某一位置进行检测的开关式物位传感器（物位开关）。目前，开关式物位传感器比连续式物位传感器应用更广，它主要用于过程自动控制中的门限、溢流和防止空转等。连续式物位传感器主要用于连续控制和仓库管理等方面，也可用于多点报警系统中。

物位传感器的种类很多，常用的有直读式液位计、压差式物位传感器、浮力式液位计、电容式物位传感器、声波式物位传感器和核辐射物位传感器等，常见物位传感器的特点及应用如表5.5所示。

表5.5　常见物位传感器的特点及应用

物位传感器类型	特点及应用
直读式液位计	结构简单、直观，但只能就地读数，不能远传
浮力式液位计	靠液体浮力工作
音叉式物位开关	无活动部件，无须维护和调整。由于结构、湍流、搅动、气泡、振动等方面的原因导致浮力式液位计不能使用的场合均可使用

续表

物位传感器类型	特点及应用
静压式液位传感器	利用一定密度的液体的压强和液位的深度成正比的原理来进行测量，即通过检测压力来测量液体的液位
电容式物位传感器	结构简单，操作方便，可测量各种液体或固体物料的液位、料位或相界面位置，可供连续测量和定点监控之用；适用于高温、高压、强腐蚀、多粉尘、多超细颗粒的恶劣环境中
超声波式物位传感器	能准确地区别信号和噪声，可以在搅拌器工作的情况下测量物位。适用于液体、固体、粉尘等的物位测量，特别适用于高黏度液体或粉状体的物位检测
射频导纳物位计	分辨力、准确性和可靠性高，测量参量多样，常用于极端恶劣条件下的物位控制及报警

5.3.2 常用的位移测量传感器

在工程技术领域里经常需要对机械位移进行测试。机械位移包括线位移和角位移。位移是向量，表示物体上某一点在一定方向上的位置变动。表 5.6 中列出了常用位移传感器及其主要性能。电容式位移传感器、差动电感式位移传感器和电阻应变片式位移传感器一般用于小位移的测量（几微米至几毫米）。差动变压器式传感器用于中等位移的测量（几毫米至一百毫米左右），这种传感器在工业测量中应用得最多。电位器式传感器适用于较大范围位移的测量，但其精度不高。光栅、磁栅、感应同步器和激光位移传感器用于位移的精密测量，测量精度高（可达 ±1 μm），量程也可大到几米。

表 5.6 常用位移传感器及其主要性能

类　型	测量范围		精确度	性能特点
滑线电阻式	线位移	1～300 mm	±0.1%	结构简单，使用方便，输出大，性能稳定
	角位移	0°～360°		分辨力低，输出信号噪声大，不宜用于频率较高的动态测量
电阻应变片式	直线式	−250～250 μm	±2%	结构牢固，性能稳定，动态特性好
	摆角式	−12°～12°		
电感式	变气隙型	−0.2～0.2 mm	±1%	结构简单，可靠性好，仅用于小位移测量场合
	差动变压器型	0.08～100 mm	±3%	分辨力好，输出大，但动态特性不是很好
	电涡流型	0～5 000 μm	±3%	非接触式，使用简单、灵敏度高、动态特性好

续表

类型	测量范围		精确度	性能特点
电容式	变面积型	10^{-3}～10^{3} mm	±0.005%	结构非常简单，动态特性好，但易受温度、湿度等因素的影响
	变间隙型	10^{-3}～10 mm	±0.1%	分辨力好，但线性范围小，其他特点同变面积型
霍尔元件	−1.5～1.5 mm		±0.5%	结构简单，动态特性好，温度稳定性较差
感应同步器	10^{-3}～10^{4} mm		2.5 μm～250 mm	数字式，结构简单，适用于大位移动、静态测量，可用于自动检测和数控机床中
计量光栅	长光栅	10^{-3}～10^{3} mm	3 μm～1 m	数字式，测量精度高，适用于大位移动、静态测量，可用于自动检测和数控机床中
	圆光栅	0°～360°	±0.5″	
角度编码器	接触式	0°～360°	10^{-6} rad	分辨力好，可靠性高
	光电式	0°～360°	10^{-6} rad	

1. 电位计式位移传感器

电位计是带有直线或旋转滑动触头的电阻型器件，其作用是把线位移或角位移转换为与其成一定函数关系的电阻或电压，主要用于线位移和角位移的测量。电位计种类很多，按输入、输出特性，可分为线性电位计和非线性电位计；按结构形式可分为绕线式电位计、薄膜式电位计、光电式电位计等。

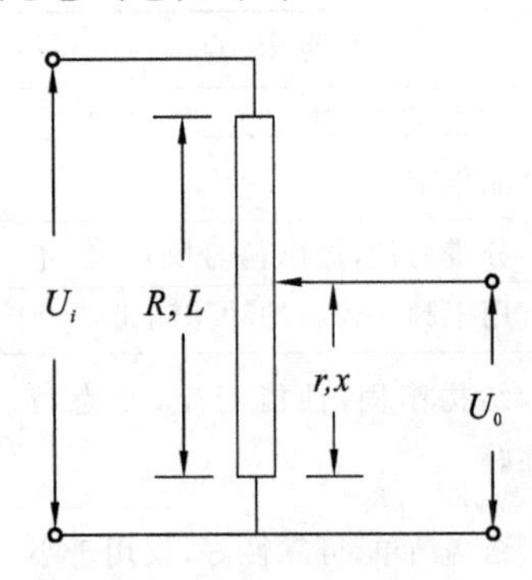

图 5.30　线性绕线式电位计

图 5.30 所示为线性绕线式电位计。当电位计空载运行时，如果电位计长度为 L，电刷行程为 x，总电阻为 R，端点到电刷之间的电阻为 r，则对应的电阻变化为

$$r=R\frac{x}{L}=S_R x \tag{5-20}$$

如果输入电压为 U_i，对应的输出电压为

$$U_0=U_i\frac{r}{R}=U_i\frac{x}{L}=S_U x \tag{5-21}$$

式(5-20)和式(5-21)是电位计输出的理想表达式。显然，空载时电位计输出电阻和输出电压均与电刷行程 x 成正比，其中 S_R 和 S_U 分别为线性电位计的电阻灵敏度和电压灵敏度，都是常数，与电位计的结构参数和材料有关。电位计常用于测量几毫米到几十米的位移和 360°以内的角度。

图 5.31 所示为推杆式位移传感器，它可测量 5～200 mm 的位移，可在温度为±50 ℃，相对湿度为 98%（T=20 ℃时），频率为 300 Hz 以内及加速度为 300 m/s^2 的振动条件下工作，精度为 2%，传感器的总电阻为 1 500 Ω。传感器中，由三个齿轮组成的齿轮系统将被测位移转换成

旋转运动,旋转运动通过爪牙离合器传送到电位器轴上,电位器轴上装有电刷,电刷因推杆位移而沿电位器绕组滑动,通过轴套、焊在轴套上的螺旋弹簧及电刷来输出电信号,弹簧还可保证传感器的所有活动系统复位。

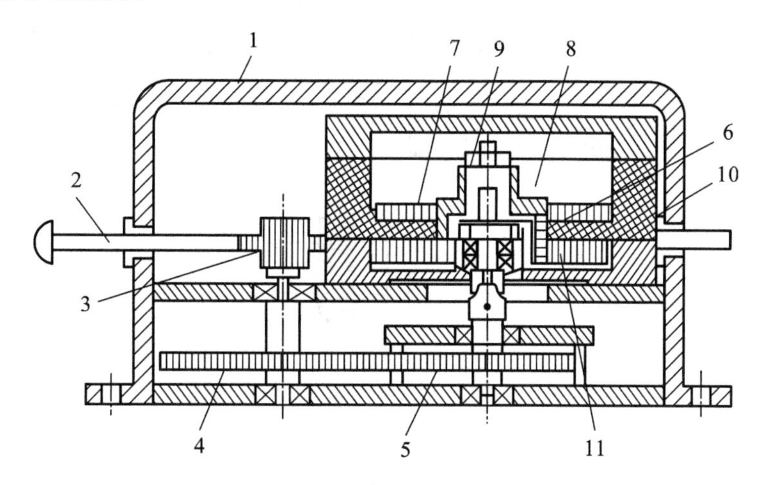

图 5.31　推杆式位移传感器

1—外壳;2—带齿条的推杆;3、4、5—齿轮;6—爪牙离合器;7—螺旋弹簧;8—电位器轴;9—电刷;10—轴套;11—电位器绕组

图 5.32 所示为替换杆式位移传感器,量程为 10～320 mm,其巧妙之处在于采用替换杆(每种量程有一种杆)。替换杆的工作段上开有螺旋槽,当位移超过测量范围时,替换杆可很容易地与传感器脱开。当需要测大位移时可再换上其他杆。电位器和以一定螺距开螺旋槽的多种长度的替换杆是传感器的主要元件,滑动件上装有销子,用以将位移转换成滑动件的旋转。替换杆在外壳的轴承中自由运动,并通过其本身的螺旋槽作用于销子上,使滑动件上的电刷沿电位器绕组滑动,此时电位器的输出电阻与杆的位移成比例。

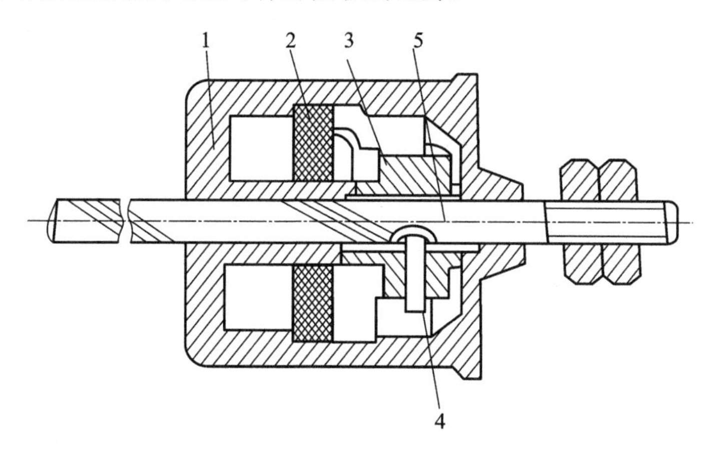

图 5.32　替换杆式位移传感器

1—外壳;2—电位器;3—滑动件;4—销子;5—替换杆

2. 电涡流位移传感器

电涡流传感器由于可以实现非接触测量,主要用于位移、振动、转速、距离、厚度等参数的测量,图 5.33 所示为电涡流位移传感器的结构示意图。电涡流传感器测量位移的范围为 0～5 mm,分辨

力可达到测量范围的 0.1%。

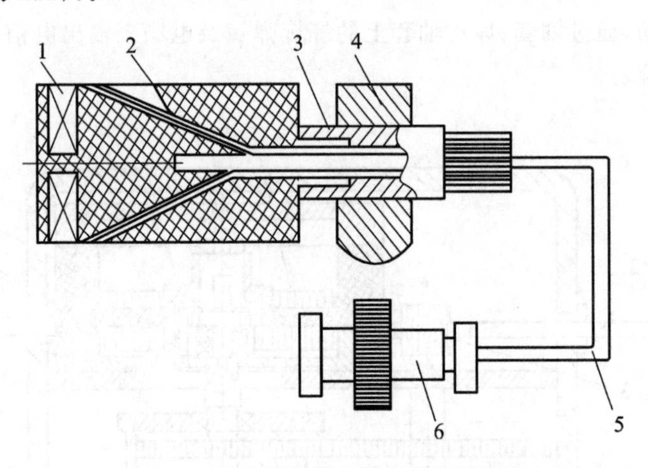

图 5.33　电涡流位移传感器结构示意图

1—线圈;2—框架;3—框架衬套;4—支架;5—电缆;6—插头

图 5.34 所示为电涡流传感器用于位移测量的示意图,图 5.34(a)所示为汽轮机主轴的轴向位移测量,图 5.34(b)所示为磨床换向阀、先导阀的位移测量,图 5.34(c)所示为金属试件的热膨胀系数测量。

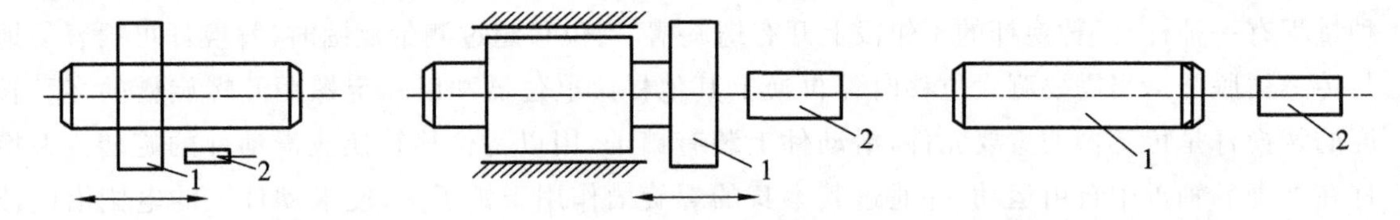

(a) 汽轮机主轴的轴向位移测量　(b) 磨床换向阀、先导阀的位移测量　(c) 金属试件的热膨胀系数测量

图 5.34　电涡流传感器用于位移测量的示意图

1—被测试件;2—电涡流传感器

图 5.35 所示为电涡流传感器用于振动测量的示意图,测量范围可从几十微米到几毫米。

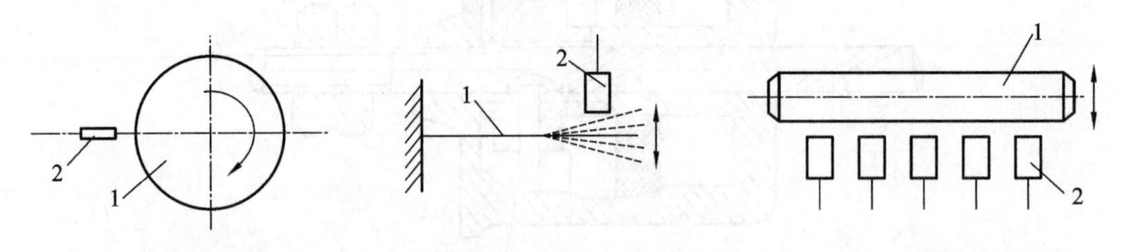

(a) 主轴径向振动测量　(b) 发动机涡轮叶片横向振动测量　(c) 轴向振动多点测量

图 5.35　电涡流传感器用于振动的测量示意图

1—被测试件;2—电涡流传感器

3. 容栅式位移传感器

容栅式传感器是在变面积型电容传感器的基础上发展起来的一种新型传感器,如图 5.36 所示,差动式梳齿形的容栅极板(栅尺)上有多个栅状电极,动栅尺和定栅尺以一定的间隙配置

成差动结构,容栅式传感器实质上是多个差动式变面积电容传感器的并联。如果在动栅尺发射极上加上激励电压,当其沿定长方向移动时,通过电容耦合,在反射电极上将得到与被测位移成比例的调幅或调相信号,通过信号处理电路,即可得到待测位移的大小。

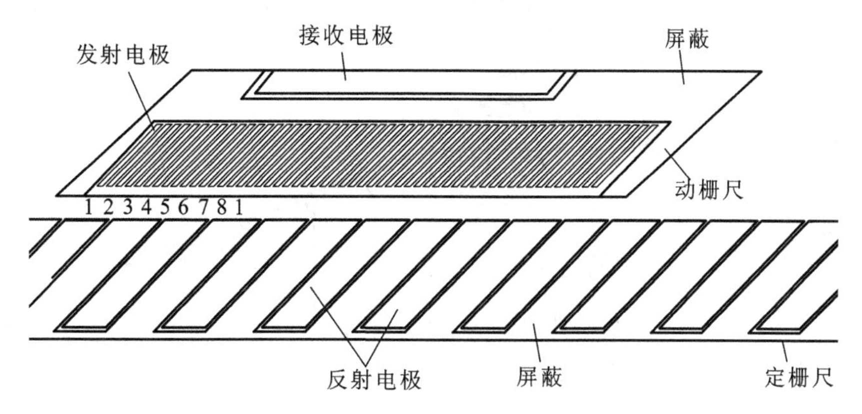

图 5.36　容栅式传感器的结构示意图

容栅式传感器在具有电容式传感器优点的同时,又具有多极电容带来的平均效应,而且采用闭环反馈式等测量电路减小了寄生电容的影响,增强了传感器的抗干扰能力,提高了测量精度(可达 5 μm),极大地扩展了量程(可达 1 m),是一种很有发展前景的传感器。特定的栅状电容极板和独特的测量电路使其超越了传统的电容传感器,适宜进行大位移测量,现已应用于数显卡尺、测长机等数显量具中。

4. 互感式位移传感器

轴向电感测微计是一种常用的接触式互感位移传感器,其核心是一个螺线管式差动变压器,常用于测量工件的外形尺寸和轮廓形状,图 5.37 给出了轴向电感测微计的结构示意图,其中测端 10 将被测试件 11 的形状变化通过测杆 8 转换为衔铁 3 的位移,线圈 4 接收该信号获得相关信息。

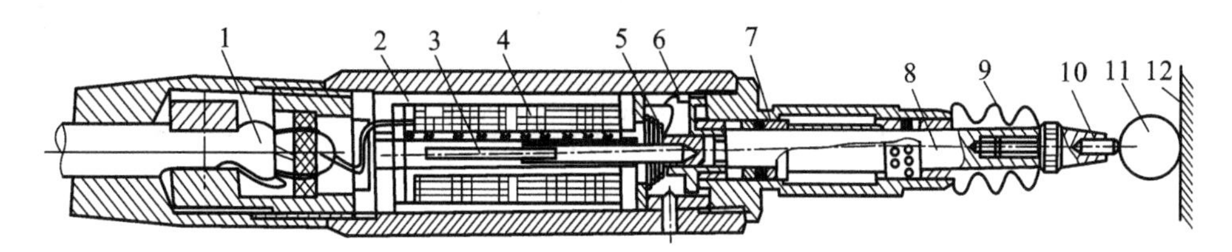

图 5.37　轴向电感测微计

1—引线电缆;2—固定磁筒;3—衔铁;4—线圈;5—测力弹簧;6—防转销;7—钢球导轨(直线轴承);8—测杆;9—密封套;10—测端;11—被测试件;12—基准面

图 5.38 所示为滚柱直径分选装置,由振动料斗出来的滚柱首先由限位挡板挡住,经由测量头测量直径后将测量结果送入计算机;同时限位挡板升起,计算机根据工艺要求驱动电磁阀将滚柱推送入不同的分选仓。

5. 光电式位移传感器

1) 光电转换原理

光电式位移传感器的光电转换系统由光源、聚光镜、光栅主尺、指示光栅和光敏元件组成,

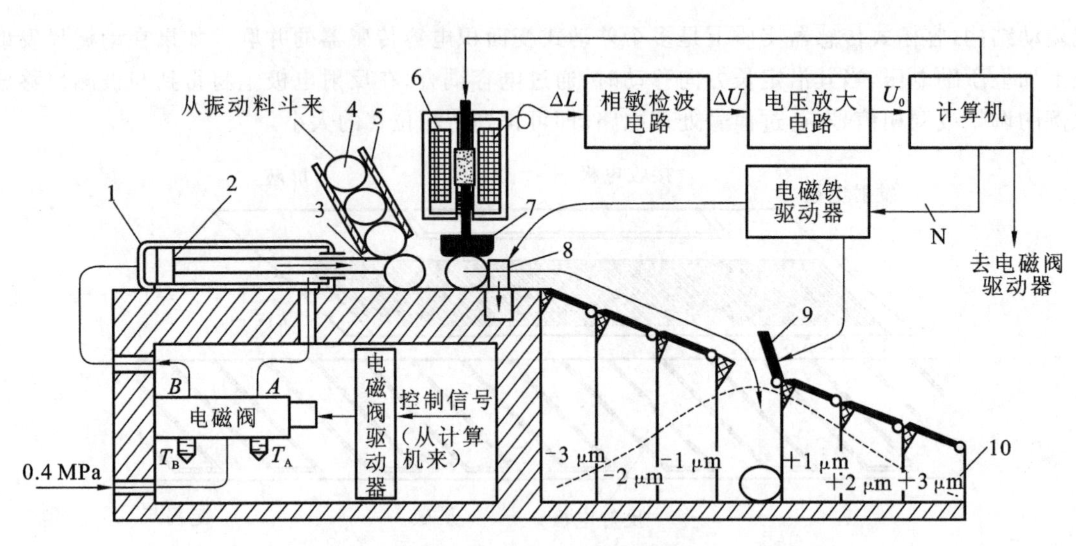

图 5.38　滚柱直径分选装置

1—气缸；2—活塞；3—推杆；4—被测滚柱；5—落料管；6—电感测微计；7—钨钢测头；8—限位挡板；9—电磁翻板；10—容器(料斗)

如图 5.39(a)所示。当两块光栅进行相对移动时，光敏元件上的光强随莫尔条纹的移动而变化，如图 5.39(b)所示。在 a 处，两条光栅刻线不重叠，透过的光强最大，光电元件输出的电信号也最大；在 c 处由于光被遮去一半，光强减小；在 b 处，光全被遮去而成全黑，光强为零。若光栅继续移动，透射到光敏元件上的光强又逐渐增大，因而形成图 5.39(b)所示的输出波形。在理想情况下，当 $a=b=w$(w 为栅距)时，光强亮度变化曲线呈三角形分布，如图 5.39(c) 中虚线所示，但实际上因为刻画误差的存在造成亮度不均，使三角波形呈近似正弦波曲线。

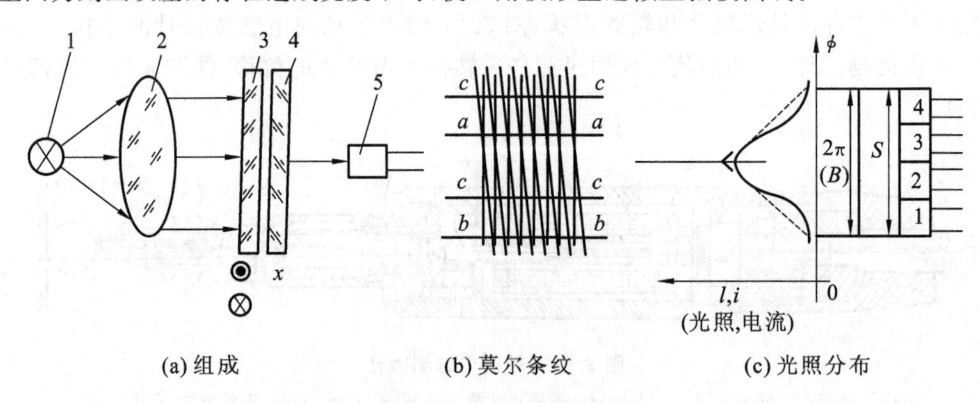

图 5.39　光电转换系统

1—光源；2—聚光镜；3—光栅主尺；4—指示光栅；5—光敏元件

2）用莫尔条纹测量位移的原理

当光电元件接收到明暗相间的正弦信号时，根据光电转换原理将光信号转换为电信号。当主光栅移动一个栅距 w 时，电信号变化了一个周期。这样，光电信号的输出电压 U 可以用光栅位移 x 的正弦函数来表示。光敏元件输出的波形为：

$$U=U_0+U_m\sin\frac{2\pi x}{w} \tag{5-22}$$

式中，U_0 为输出信号的直流分量；U_m 为交流信号的幅值；x 为光栅的相对位移量。由式(5-22)可知，利用光栅可以测量位移量 x 的值。

当波形重复到原来的相位和幅值时，相当于光栅移动了一个栅距 w。如果光栅相对位移了 N 个栅距，则此时位移 $x=Nw$。因此，只要能记录移动过的莫尔条纹数 N，就可以知道光栅的位移量。这就是利用光栅莫尔条纹测量位移的原理。

3）辨向原理

如果位移测量传感器不能辨向，则只能作为增量式传感器使用。为了辨别主光栅的移动方向，需要有两个具有相位差的莫尔条纹信号同时输入，且两个莫尔条纹信号的相位差应为90°。实现的方法是在相隔 $B/4$ 条纹间隔的位置上安装两个光敏元件，当莫尔条纹移动时两个狭缝的亮度变化规律完全一样，但相位相差 $\pi/2$。滞后还是超前，完全取决于光栅的运动方向。这种区别运动方向的方法称为位置细分辨向原理，如图5.40所示。AB 与 CD 两个狭缝在结构上相差 $\pi/2$，所以它们在光电元件上取得的信号必是相差 $\pi/2$。AB 为主信号，CD 为门控信号。当主光栅进行正向运动时，CD 产生的正值信号只允许 AB 产生的正脉冲信号通过，门电路在可逆计数器中进行加法运算；当主光栅进行反方向移动时，则 CD 产生的负值信号只允许 AB 产生的负脉冲信号通过，门电路在可逆计数器中进行减法运算，这样就完成了辨向过程。图5.41所示为辨向电路框图。

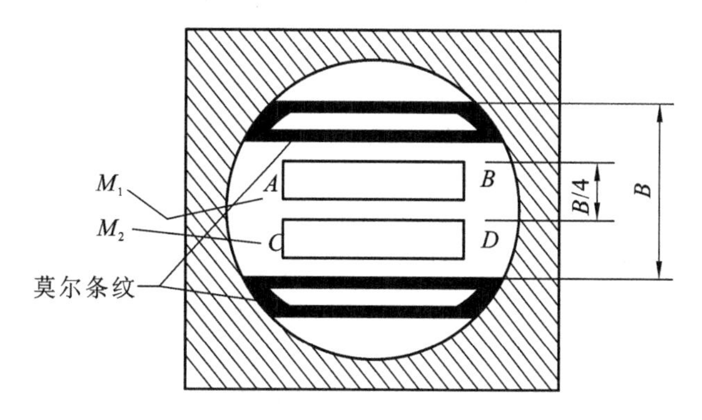

图5.40　辨向原理示意图

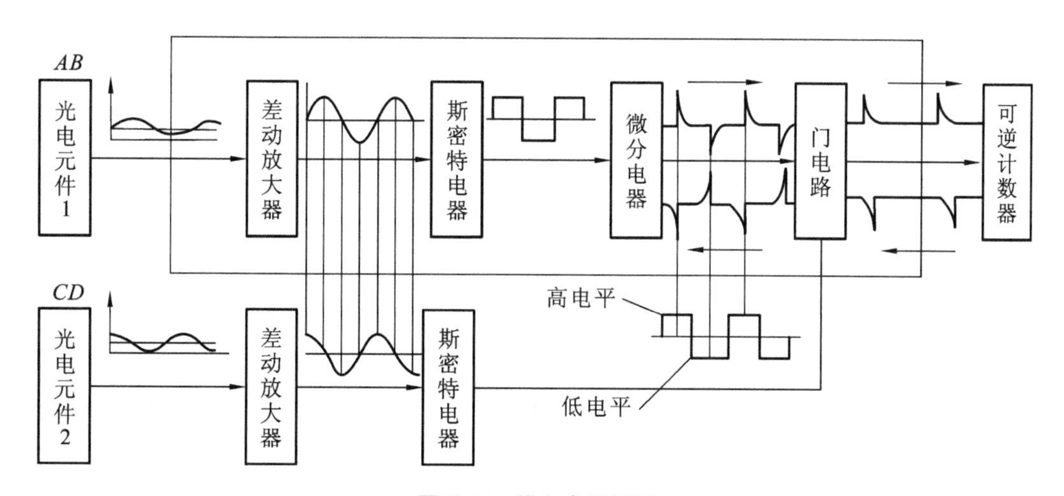

图5.41　辨向电路框图

6. 光纤位移传感器

光纤位移传感器由于具有信息传输量大、抗干扰性强、灵敏度高、耐高压、耐腐蚀、能进行非接触测量等一系列优点，因此广泛地应用于位移、温度、压力、速度、加速度、液面、流量等机械参数的测量问题中。

图 5.42 所示为一种传光型光纤位移传感器。当来自光源的光束，经过光纤 1 传输，射到被测物体上时，由于入射光的散射作用将随 x 的大小而发生变化，因此进入接收光纤 2 的光强也随之发生变化，使得由光电管转换为电压的信号也发生变化。在一定范围内，其输出电压 U 与位移 x 呈线性关系。这种传感器已被用于非接触式微小位移测量或表面粗糙度的测量中。

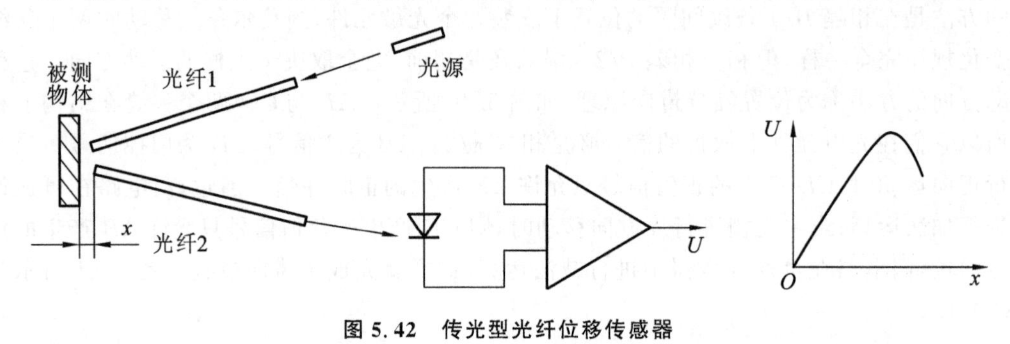

图 5.42　传光型光纤位移传感器

7. 超声波测距原理

超声波测距的工作原理是：向空气中发射超声波，超声波遇到被测物体反射回来，则可通过接收器获得距离的相关信息。超声波的发射、反射和接收如图 5.43 所示。理论上讲，任何物体都能反射、吸收、折射一部分通过它的超声波，物体表面尺寸、形状、方位是影响反射波强度的主要因素。此外，物体的组成成分也是一个因素，一部分超声波发射到物体表面后被反射，一部分超声波则进入物体，在物体中传输，最终被遇到的物体界面反射，因此接收器也可以接收到来自物体内部的信号，不过这种信号很微弱。

根据超声波传播理论，当障碍物的尺寸小于超声波波长的 1/2 时，超声波将发生绕射，只有障碍物尺寸大于波长的 1/2 时，超声波才发生反射。

超声测距最常用的方法是回声探测法，其原理就是当声速确定后，测得超声波往返的时间，即可求得距离，如图 5.44 所示。已知声速为 v，若能测出第一个回波到达的时间与发射脉冲时的时间差 t，利用 $s=vt/2$ 可通过下式算得传感器与被测物之间的距离 s。

$$d=\sqrt{s^2-\left(\frac{h}{2}\right)^2} \tag{5-23}$$

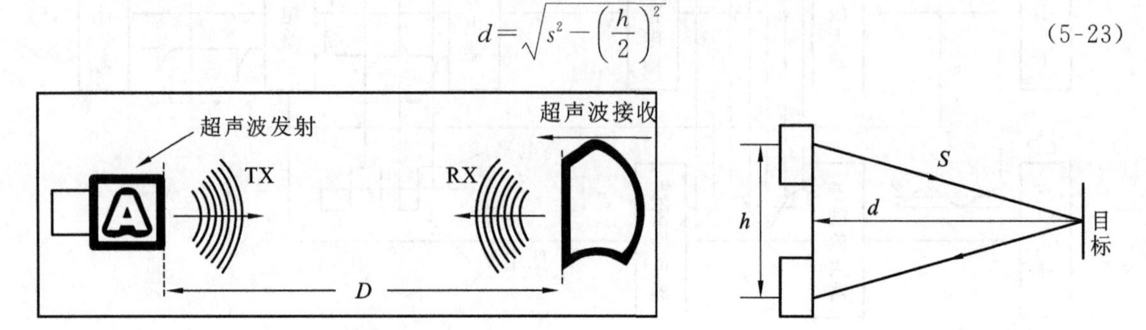

图 5.43　超声波的发射、反射和接收

图 5.44　超声波测距原理图

当 $s \gg h$ 时，$d \approx s$。一般来说，测距仪器采用收发同体传感器，故 $h=0$，则 $d \approx s = vt/2$。当然，要测量预期的距离，发射的超声波必须要有一定的功率和合理的频率才能达到预定的传播距离，这是得到足够的回波功率的必要条件，只有得到足够的回波功率，接收电路才能检测到回波信号和防止外界干扰信号的干扰。经分析和大量实验表明，频率为 40 kHz 左右的超声波在空气中传播的效率最佳，因此，常用的超声波是频率为 40 kHz 左右、具有一定间隔的调制脉冲波信号。

5.4 项目设计实例

测量一个工件的外圆尺寸和形状，一般会考虑采取如图 5.45 所示的直接测量外圆外径的方法实现。具体为对棱圆进行角度等分，再测量出相应的直径数值，经数据处理可获得圆的棱数和棱圆度。但从无心磨加工的特点可知，棱圆的各个方向的直径在加工过程中是被保证的，因而仅对直径进行测量是无法反映棱圆形状的。

为了准确地测量棱圆的参数，就必须从棱圆的特性来分析。棱圆的外径虽然相同，但它仍然不是一个圆，这是因为在加工中工件的回转中心发生变动而形成的，虽然加工中保证了直径的精度，但工件的圆度不能保证，要测量出棱圆的参数，就需要工件绕一个圆心旋转，如图 5.46 所示，由于各个方向上的外圆表面到圆心的距离是不同的，因此可通过一个位移测量传感器来获取相关数据，再经后续信号处理来获得棱圆的参数。

图 5.45 直接测量棱圆外径

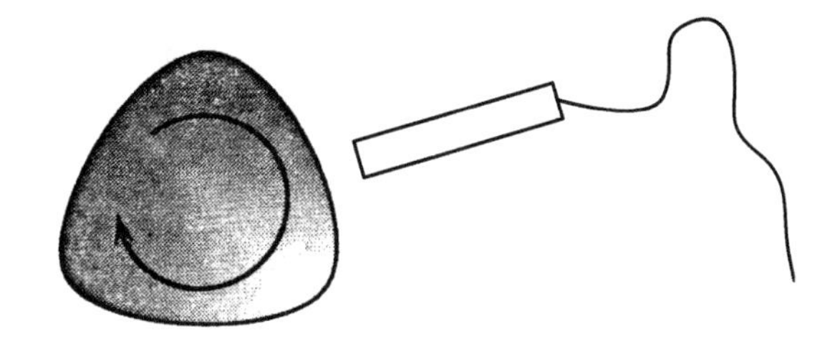

图 5.46 棱圆回转位移测量

为了实现以上的测量，测量系统需要包含四个部分。首先，需要一个回转工作台，以实现工件的回转；其次，需要一个位移测量传感器来测量外圆位移的动态数值；第三，提供位移传感器的调理装置；第四，要提供信号处理和显示装置。根据以上分析所设计的一个测量系统框架如图 5.47 所示。

为了满足棱圆的位移测量，保证测量精度为微米级，就必须选用高精度的位移传感器。由于是磨削加工，外圆形状误差不会很大，因此选择小量程仪器即可满足测量要求。另外，因为本测量系统是作为研究而构建的，所以对工件的棱圆度测量确定为非在线方式、低速回转下测量，传感器的频响特性不需要很高，测量方式可选用接触式或非接触式，但要考虑传感器的成本。基于以上考虑，可选用的传感器有：

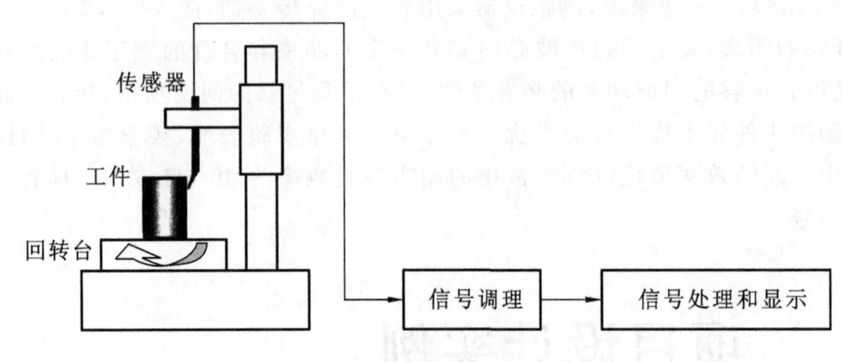

图 5.47　棱圆参数测量系统的结构示意图

① 变面积型电容传感器；

② 电涡流传感器；

③ 差动变压器式位移传感器。

变面积型电容传感器具有精度高，灵敏度高，响应速度快，能抵抗高温、振动和潮湿环境的特点，特别适用于在恶劣环境中进行非接触测量，适应于测小量程位移，因而可以满足本例的要求。但由于电容式传感器的位移测量电路较复杂，一般采用调幅电路或调频电路，后续调理相对复杂，增加了系统的复杂性，所以本例不予考虑。

电涡流传感器同样具有灵敏度高、响应速度快、可进行非接触测量的特点，常规型电涡流传感器的量程为 1～2 mm，但从实际应用上讲，其精度不足。例如，选用高精度型，其量程为 250 μm，分辨力为 0.01 μm，但这种类型成本较高，而且易受工件残余磁场的干扰，因此，本例也不予考虑。

差动变压器式位移传感器能提供所需的准确度、精度和可靠性，尽管为接触式测量，但考虑到本例是作为研究使用，棱圆测量的工作量不大，而且该测量传感器已成功应用于圆度仪中，因此考虑选用。为此，本例适用的位移检测方法是使用差动变压器式位移传感器，把它直接安装在回转台旁来测量棱圆的外圆回转位移。

(1) 举例说明应力、应变测试的具体应用。

(2) 如何采取措施解决应变片的防潮与温度补偿问题？

(3) 常见的位移传感器有哪些种类？简述各自的工作原理与应用范围。

(4) 若要测量机床主轴的回转精度，请选用合适的传感器及测试仪器，并画出测试系统框图。

现代集成测试系统及虚拟仪器

测试是测量和试验的综合，需要多种学科知识的综合运用。随着计算机技术、大规模集成电路技术和通信技术的迅速发展，传感器技术、通信技术和计算机技术这三大技术的集合，使测试技术领域发生了巨大的变化。

人们习惯把自动化、智能化、可编程化的测试系统称为现代测试系统。现代集成测试系统主要有智能仪器、自动测试系统和虚拟仪器三大类。智能仪器和自动测试系统的区别在于它们所用的计算机是否与仪器测量部分融合在一起，即是采用专门设计的微处理器、存储器、接口芯片组成的系统（智能仪器），还是用现成的个人计算机配以一定的硬件及仪器测量部分组合而成的系统（自动测试系统）。而虚拟仪器与前两者的最大区别在于它将测试仪器软件化成模块，这些模块具有仪器的功能（如滤波器、频谱仪）。

6.1 现代集成测试系统的组成

现代集成测试系统的基本结构从硬件平台结构来看可以分为以下两种基本类型。

① 以单片机（或专用芯片）为核心组成的单机系统，其特点是易做成便携式，其结构框图如图6.1所示。

图6.1中输入电路中待测的电量、非电量信号经过传感器及调理电路，输入到A/D转换器，由A/D转换器将其转换为数字信号，再送入CPU系统进行分析处理。此外输入电路中通常还会包含电平信号和开关量，它们经相应的接口电路（通常包括电平转换、隔离等功能单元）送入CPU系统。

输出通道包括如IEEE 488，RS 232等通信接口，以及D/A转换器等。其中D/A转换器将CPU系统发出的数字信号转换为模拟信号，用于外部设备的控制。

CPU系统包含输入键盘和输出显示窗、打印机接口等，一般复杂的系统还需要程序存储器和数据存储器。当系统较小时，最好选用带有程序、数据存储器的CPU系统，甚至带有A/D转换器和D/A转换器的芯片以便简化硬件系统。

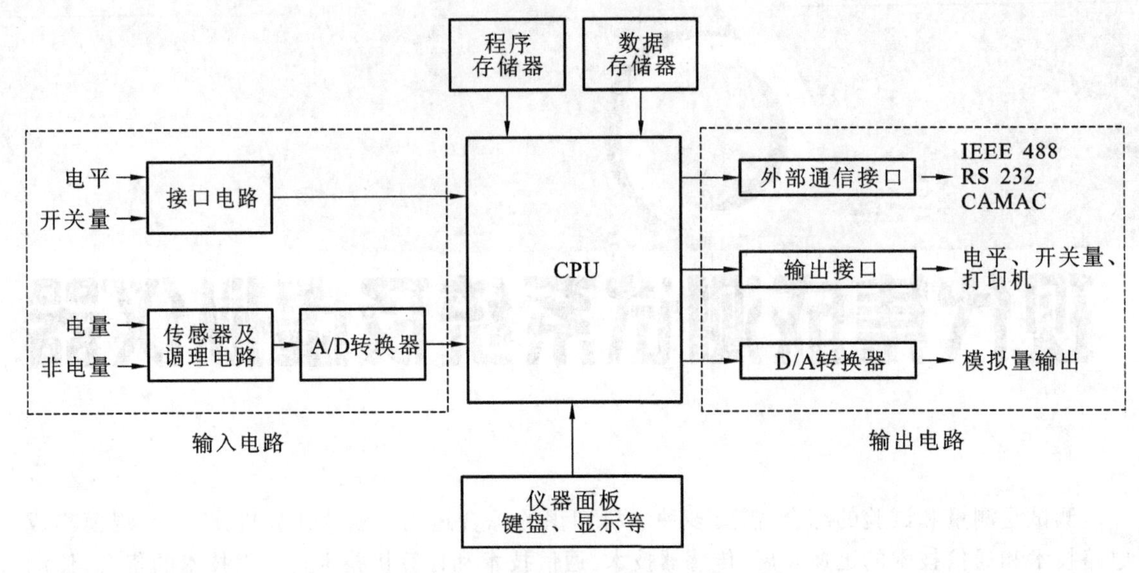

图 6.1　单机系统的结构框图

② 以个人计算机为核心的应用扩展测量仪器构建的测试系统，其结构框图如图 6.2 所示。

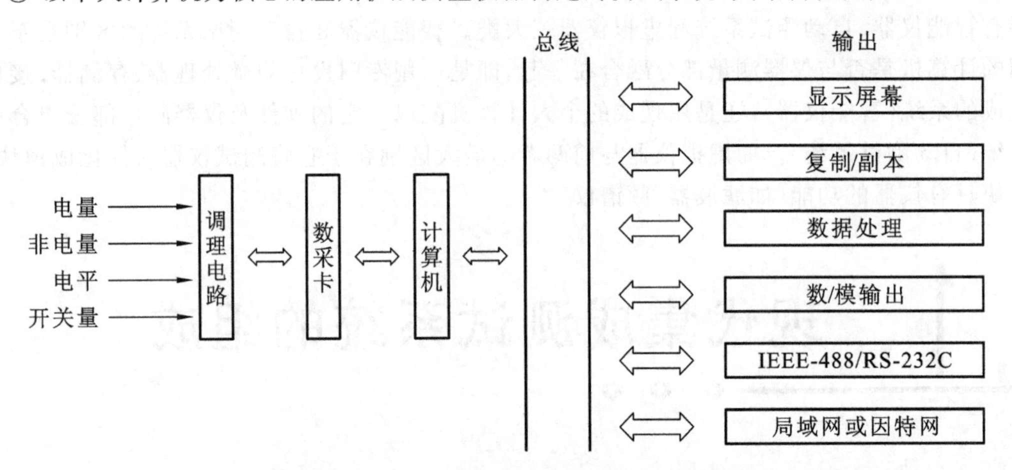

图 6.2　应用扩展型测试系统的结构框图

这种测试系统属于虚拟仪器的结构形式，它充分利用了计算机的软、硬件技术，用不同的测量仪器和不同的应用软件就可以实现不同的测量功能。

6.2 现代集成测试系统的特点

现代集成测试系统与传统测试系统相比，具有以下特点。

① 经济性。网络中的虚拟设备具有无磨损、无破坏，可反复使用的特点，尤其是对一些价格

昂贵、耗损大的仪器设备,更重要的是还可以利用 Internet 实现远程虚拟测控,为那些没有相应试验条件的场所进行开放式的远程专业试验创造了条件,实现有限资源的无限应用。

② 网络化。网上试验具有全新的试验模式,试验者不受时间、空间上的制约,可随时随地进入虚拟实验室网站,选择相应的试验,进行虚拟试验操作。

③ 针对性。在网上试验,可以将试验对象、试验结果重点突出。利用计算机的模拟功能、动画效果能够实现缓慢过程的快速化或快速过程的缓慢化。

④ 智能化。微电子技术、计算机技术和传感器技术的飞速发展,给自动检测技术的发展提供了十分有利的条件,应运而生的自动检测设备也广泛地应用于武器装备系统的研制、生产、储供和维修的各环节之中。自动检测设备是由多种测试仪器、设备或系统综合而成的有机整体,并能够在最小限度地依赖于操作人员的情况下,通过计算机的控制自动完成对被测对象的功能行为或特征参数的分析并评估其性能状况,并对引起其工作异常的故障进行综合性的诊断测试。自动检测设备在技术上不断发展,目前正在向模块化、系列化、通用化、自动化和智能化、标准化的方向发展。

6.3 虚拟测试技术

6.3.1 虚拟仪器的含义及其特点

虚拟仪器利用加在计算机上的一组软件与仪器模块相连接,它以计算机为核心,充分利用计算机强大的图形和数据处理能力对测量数据进行分析和显示,它实际上是一种基于计算机的自动化测试仪器系统,是现代计算机技术和仪器技术完美结合的产物,是当今计算机辅助测试(CAT)领域的一项重要技术。虚拟仪器在计算机的显示屏上虚拟出传统仪器面板,并尽可能多地将原来由硬件电路完成的信号调理和信号处理功能用计算机程序来完成。操作人员在计算机显示屏上用鼠标和键盘控制虚拟仪器程序的运行,就像操作真实的仪器一样,从而完成测量和分析任务。

虚拟仪器是 20 世纪 90 年代出现的一种新型仪器,其开发和应用的活跃源于 1986 年美国 NI 公司设计的 LabVIEW 程序开发环境,LabVIEW 是一种基于图形的开发、调试和程序运行的集成化环境,实现了虚拟仪器的概念,硬件功能的软件化,是虚拟仪器的一大特征。NI 公司提出的“软件即硬件(The software is the instrument)”的口号,彻底打破了传统仪器只能由生产厂家定义,用户无法改变的模式。利用虚拟仪器,用户可以很方便地组建自己的自动化测试系统。传统仪器与虚拟仪器的关系如图 6.3 所示。

虚拟仪器是计算机化仪器,由计算机、信号测量硬件模块和应用软件三大部分组成。NI 公司推出的计算机虚拟仪器如图 6.4 所示。

虚拟仪器可分为下面几种测试系统的形式。

① PC-DAQ 测试系统。以数据采集卡(DAQ 卡)、计算机和虚拟仪器软件构成的测试系统。

② GPIB 系统。以 GPIB 标准总线仪器、计算机和虚拟仪器软件构成的测试系统。

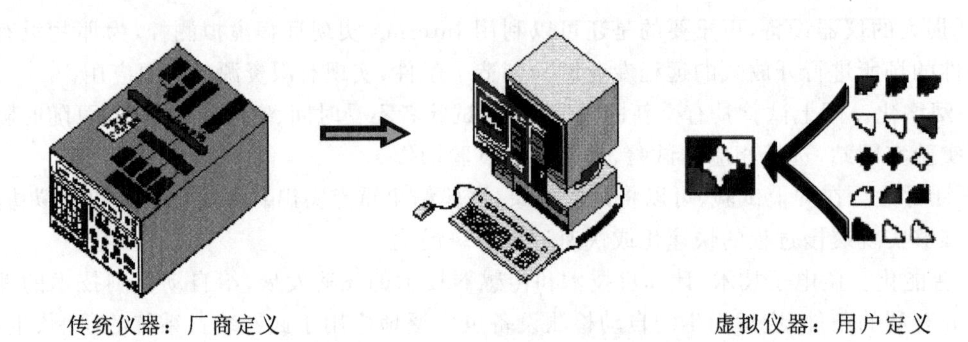

图 6.3 传统仪器与虚拟仪器的关系

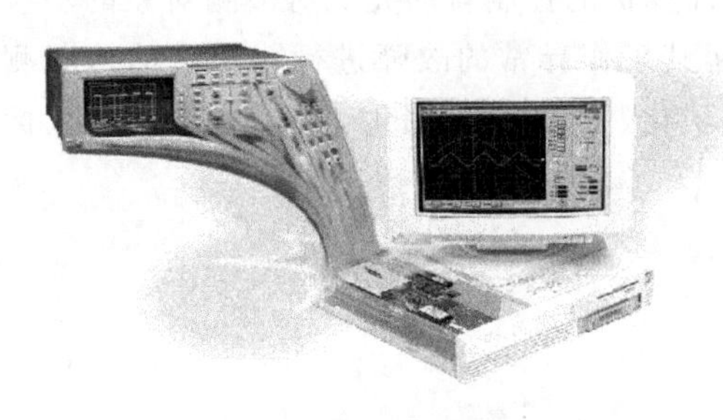

图 6.4 NI 公司推出的计算机虚拟仪器

③ VXI 系统。以 VXI 标准总线仪器、计算机和虚拟仪器软件构成的测试系统。

④ 串口系统。以 RS 232 标准串行总线仪器、计算机和虚拟仪器软件构成测试系统。

⑤ 现场总线系统。以现场总线仪器、计算机和虚拟仪器软件构成的测试系统。

其中 PC-DAQ 测试系统是最常用的构成计算机虚拟仪器的系统形式。

虚拟仪器的特点主要表现为硬件接口标准化、硬件软件化、软件模块化、模块控件化、系统集成化、程序设计图像化、计算机可视化、硬件接口软件驱动化。

虚拟仪器主要由传感器、信号采集与控制板卡、信息分析软件和显示软件几部分组成，其测试环节如图 6.5 所示。

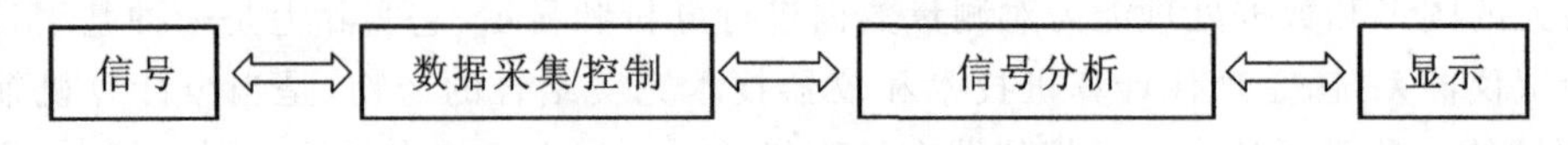

图 6.5 虚拟仪器的测试环节

1) 硬件功能模块

① PC-DAQ 数据采集卡，这是目前应用得最为广泛的一种计算机虚拟仪器的组成形式，通常利用计算机扩展槽和外部接口，将信号测量硬件设计为计算机插卡或外部设备，直接插接在计算机上，再配上相应的应用软件，组成计算机虚拟仪器测试系统。

② GPIB 总线仪器卡。GPIB 是测量仪器与计算机通信的一个标准。通过 GPIB 电缆，可以把具备 GPIB 总线接口的测量仪器与计算机连接起来，组成计算机虚拟仪器测试系统。GPIB 总线接口有 24 线(IEEE 488 标准)和 25 线(IEC 625 标准)两种形式，其中以 IEEE 488 的 24 线 GPIB 总线接口应用最多。我国的国家标准中规定采用 24 线的总线电缆接口及相应的插头和插座，接口的定义和机电特性如图 6.6 所示。

GPIB 总线测试仪器通过 GPIB 接口和 GPIB 电缆与计算机相连，形成计算机测试仪器(见图 6.7)。与 PC-DAQ 卡不同，GPIB 设备是独立的设备，能单独使用。GPIB 设备也可以串接在一起使用，但系统中 GPIB 电缆的总长度不应超过 20 m，过长的传输距离会使信噪比下降，对数

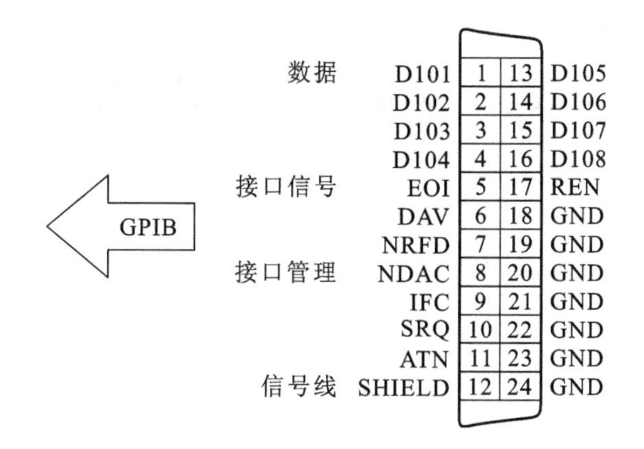

图 6.6 我国总线电缆接口的定义和机电特性

据的传输质量有影响。

③ VXI 总线模块。VXI 总线模块(见图 6.8)是另一种新型的基于板卡式的相对独立的模块化仪器。从其物理结构看,一个 VXI 总线系统由一个能为嵌入模块提供安装环境与背板连接的主机箱和插接的 VXI 板卡组成。与 GPIB 仪器一样,VXI 总线模块需要通过 VXI 总线的硬件接口才能与计算机相连。

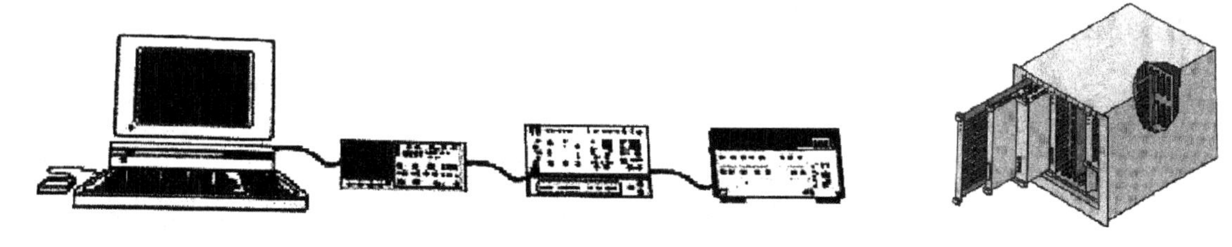

图 6.7 GPIB 总线测试仪器

图 6.8 VXI 总线模块外观图

④ RS 232 串行接口仪器卡。很多仪器带有 RS-232 串行接口,通过连接电缆将仪器与计算机相连就可以构成计算机虚拟仪器测试系统,实现用计算机对仪器进行控制。

⑤ 现场总线模块。现场总线模块是一种用于恶劣环境条件下的、抗干扰能力很强的总线仪器模块。与上述的其他硬件功能模块类似,在计算机中安装了现场总线接口后,通过现场总线专用连接电缆与计算机连接构成计算机虚拟仪器测试系统,实现用计算机对现场总线仪器进行控制。

2) 驱动程序

任何一种硬件功能模块,要与计算机进行通信,都需要在计算机中安装该硬件功能模块的驱动程序,就如同在计算机中安装声卡、显卡和网卡一样,仪器硬件驱动程序的使用者不必了解详细的硬件控制原理和各种通信协议就可以实现对特定仪器硬件的使用、控制与通信。驱动程序通常由硬件功能模块的生产商随硬件功能模块一起提供。

3) 应用软件

应用软件是虚拟仪器的核心,一般虚拟仪器硬件功能模块生产商会提供虚拟示波器(见图 6.9)、数字万用表、逻辑分析仪等常用虚拟仪器应用程序;而用户的特殊应用需求,可以利用

LabVIEW、Agilent VEE 等虚拟仪器开发软件平台来开发。

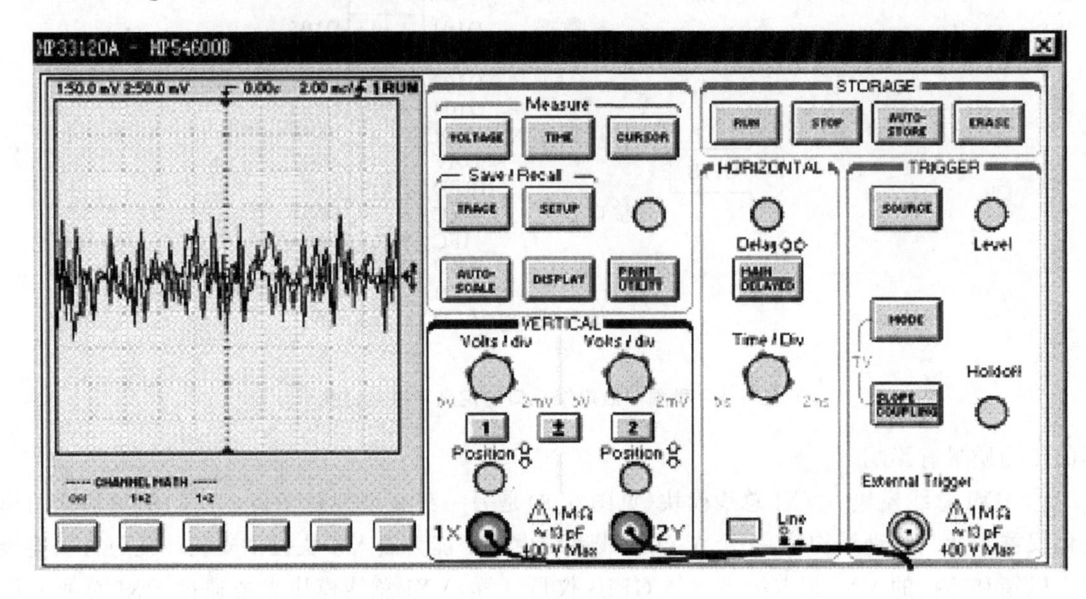

图 6.9 虚拟示波器

6.3.2 虚拟仪器典型单元模块

虚拟仪器的核心是软件,其软件模块主要由硬件板卡驱动、信号分析、仪器表头显示三类软件模块组成。

硬件板卡驱动模块通常由硬件板卡制造商提供,直接在其提供的 DLL 或 ActiveX 平台的基础上开发就可以了。目前 PC-DAQ 数据采集卡、GPIB 总线仪器卡、RS 232 串行接口仪器卡、现场总线模板卡等许多仪器板卡的驱动程序接口都已标准化,为减少因硬件设备驱动程序不兼容而带来的问题,国际上成立了可互换虚拟仪器驱动程序设计协会,并制订了相应的软件接口标准。

信号分析模块的功能主要是完成各种数学运算,在工程测试中常用的信号分析内容包括:信号的时域波形分析和参数计算;信号的相关分析;信号的概率密度分析;信号的频谱分析;传递函数分析;信号滤波分析等。

6.3.3 虚拟仪器开发系统

目前,市面上常用的虚拟仪器的应用软件开发平台有很多种,但常用的是 LabVIEW、LabWindows/CVI、Agilent VEE 等,本节将对应用最多的 LabVIEW 进行简单的介绍。

LabVIEW 是为那些对诸如 C 语言、C++、Visual Basic 等编程语言不熟悉的测试领域的工作者开发的,它采用可视化的编程方式,设计者只需将虚拟仪器所需的显示窗口、按钮、数学运算方法等控件从 LabVIEW 工具箱内用鼠标拖到面板上,布置好布局,然后在 Diagram 窗口将虚拟仪器所需要的逻辑关系用连线工具连接起来即可。如图 6.10 所示是用 LabVIEW 开发的温度测量仪的前面板图。

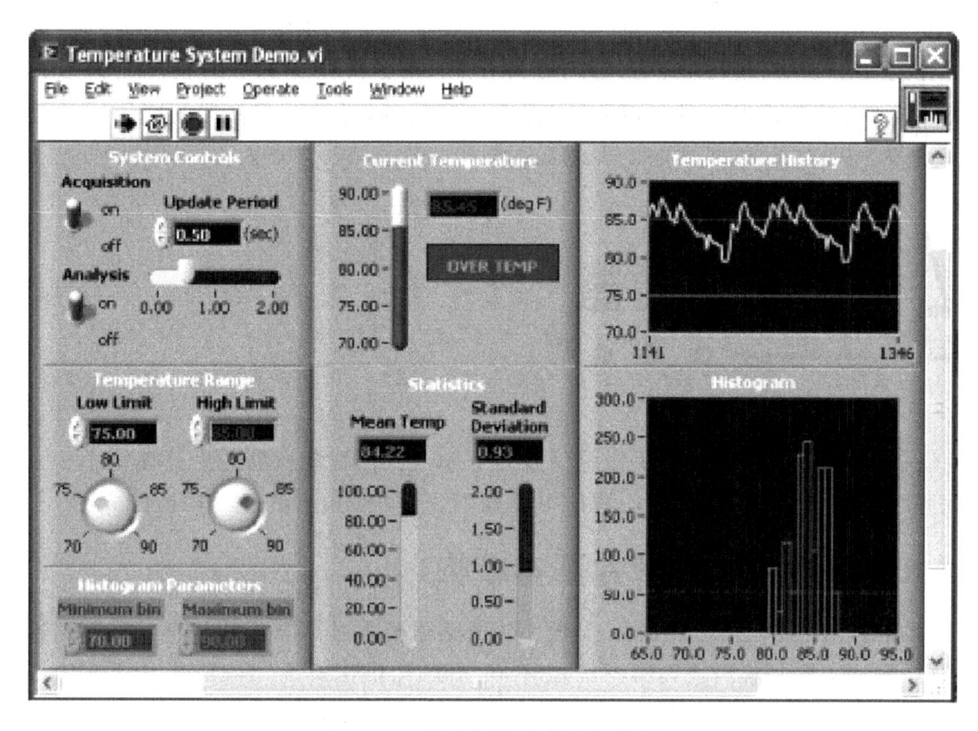

图 6.10　温度测量仪的前面板图

6.3.4　虚拟仪器的发展趋势

虚拟仪器走的是一条标准化、开放性、多厂商的技术路线，经过许多年的发展，虚拟仪器正沿着编程平台的图形化、软/硬件的模块化、总线与驱动程序的标准化、硬件模块的即插即用化等方向发展。虚拟仪器可以由用户定义自己的专用仪器系统，其功能灵活、容易构建，应用极为广泛，尤其在科研、开发、测量、检测、计量、测控等领域更是不可多得的好工具。随着计算机网络技术、多媒体技术、分布式技术等技术的飞速发展，虚拟仪器融合了计算机技术中的 VI 技术，其内容会更加丰富。可互换虚拟仪器(简称 IVI)是 VI 领域另一个很重要的发展方向。目前，IVI 基于 VXI 即插即用规范的测试/测量仪器驱动程序建议标准，它允许用户无须更改软件即可互换测试系统中的多种仪器，这一针对测试系统开发者的 IVI，通过提供标准的通用仪器类软件接口可以节省大量的工程开发时间。

在测量仪器设备方面，示波器、频谱仪、信号发生器、逻辑分析仪、电压/电流表是科研机关、企业研发实验室的必备测量设备，但随着计算机技术在测试系统中的广泛应用，这种传统的测量仪器设备由于缺乏相应的计算机接口，已无法配合数据采集及数据处理工作，而且，传统仪器体积相对庞大，进行多种数据测量时很不方便。而集成的虚拟测量系统不但可将测量人员从繁杂的仪器堆中解放出来，而且还可以实现自动测量、自动记录、自动数据处理，使用方便，设备成本大幅降低，在测量仪器设备中具有强大的生命力和十分广阔的前景。

在专业测量系统方面，虚拟仪器的发展空间更为广阔。当今社会，信息技术迅猛发展，各行各业所需的技术无不转向智能化、自动化、集成化。无所不在的计算机应用为虚拟仪器的推广打下了良好的基础。虚拟仪器的概念就是用专用的软/硬件配合计算机实现专有设备的功能，并使其自动化、智能化。因此，虚拟仪器适用于一切需要计算机辅助进行数据存储、数据处理及数据传输的测量场合，使得以往测量与处理，结果与分析相互脱节的状况大为改观。目前常见的测试系统，只要技术上可行，都可用虚拟仪器代替，可见虚拟仪器的应用空间是十分宽广的。

6.4 智能仪器

智能仪器的出现，极大地扩充了传统仪器的应用范围。智能仪器凭借其体积小、功能强、功耗低等优势，迅速地在家用电器设计、科研单位和工业企业研究中得到了广泛的应用。

6.4.1 智能仪器的硬件基本结构

智能仪器的硬件基本结构如图6.11所示。传感器拾取被测参量的信息并将其转换成电信号，电信号经滤波去除干扰后送入多路模拟开关；由单片机逐路选用模拟开关将各输入通道的信号逐一送入程控增益放大器，放大后的信号经模/数转换器转换成相应的脉冲信号后送入单片机；单片机根据仪器所设定的初值进行相应的数据运算和处理（如非线性校正等）；运算的结果被转换成相应的数据进行显示和打印；同时单片机把运算结果与存储于Flash Memory（闪速存储器）或EEPROM（电可擦除只读存储器）内的设定参数进行运算比较后，根据运算结果和控制要求，输出相应的控制信号（如报警装置触发、继电器触点等）。此外，智能仪器还可以与个人计算机组成分布式测控系统，由单片机作为下位机采集各种测量信号与数据，通过串行通信将信息传输给上位机——个人计算机，由个人计算机进行全局管理。

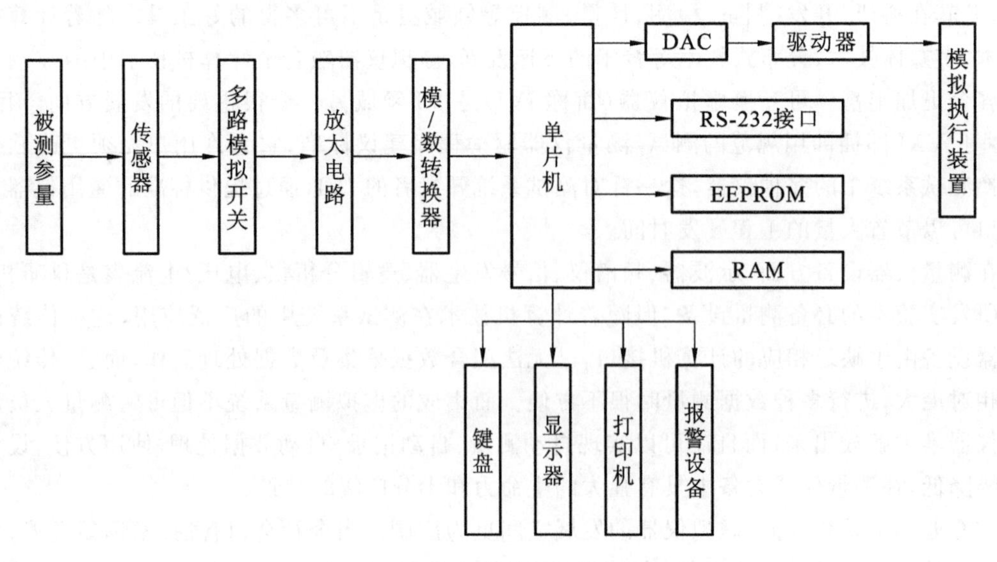

图6.11 智能仪器的硬件基本结构图

6.4.2 智能仪器的功能特点

随着微电子技术的不断发展，集成了 CPU、存储器、定时器/计数器、并行和串行接口、看门狗定时器、前置放大器甚至 A/D、D/A 转换器等电路在一块芯片上的超大规模集成电路芯片(简称单片机)出现了。以单片机为主体，将计算机技术与测量控制技术结合在一起，又组成了“智能化测量控制系统”，也就是智能仪器。与传统仪器相比，智能仪器具有以下功能特点。

① 操作自动化。仪器的整个测量过程，如键盘扫描，量程选择，开关启动、闭合，数据的采集、传输与处理以及显示打印等，都用单片机或微控制器来控制，实现测量过程的全自动化。

② 具有自测功能，包括自动调零、自动故障与状态检验、自动校准、自诊断及量程自动转换等。智能仪表能自动检验出故障的位置甚至是故障的原因。这种自测功能可以在仪器启动时运行，也可以在仪器工作时运行，极大地方便了仪器的维护工作。

③ 具有数据处理功能。这是智能仪器的主要优点之一。智能仪器由于采用了单片机或微控制器，使得许多原来用硬件逻辑难以解决或根本无法解决的问题，现在可以用软件十分灵活地加以解决。例如，传统的数字万用表只能测量电阻、交直流电压、电流等，而智能型的数字万用表不仅能进行上述测量，而且还能对测量结果进行诸如零点平移、取平均值、求极值、统计分析等复杂的数据处理，不仅将用户从繁重的数据处理中解放出来，还有效地提高了仪器的测量精度。

④ 具有良好的人机对话能力。智能仪器使用键盘代替传统仪器中的切换开关，操作人员只需通过键盘输入命令，就能实现某种测量功能。与此同时，智能仪器还通过显示屏将仪器的运行情况、工作状态以及对测量数据的处理结果及时地反馈给操作人员，使仪器的操作更加方便、直观。

⑤ 具有可程控操作能力。一般智能仪器都配有 GPIB、RS 232、RS 485 等标准的通信接口，可以很方便地与计算机和其他仪器一起组成用户所需要的多种功能的自动测量系统，用以完成更复杂的测试任务。

6.4.3 智能仪器的发展概况

20 世纪 80 年代，微处理器被应用到仪器中，仪器前面板开始朝着键盘优化方向发展，测量系统常通过 IEEE 488 总线连接。不同于传统独立仪器模式的个人仪器得到了发展。

20 世纪 90 年代，仪器仪表的智能化突出表现在以下几个方面：微电子技术的进步更深刻地影响了仪器仪表的设计；DSP 芯片的问世，使仪器仪表的数字信号处理功能大大加强；微型机的发展，使仪器仪表具有更强的数据处理能力；图像处理功能的应用十分普遍；VXI 总线得到了广泛应用。

近年来，智能化测量控制仪器的发展尤为迅速。国内市场上已经出现了多种多样的智能化测量控制仪器，例如，能够自动进行差压补偿的智能节流式流量计，能够进行程序控温的智能多段温度控制仪，以及能够对各种谱图进行分析和数据处理的智能色谱仪等。

目前，国际上的智能测量仪器品种繁多，例如，美国霍尼韦尔公司生产的 DSTJ-3000 系列智能变送器，能进行差压值状态的复合测量，可对变送器本体的温度、静压等实现自动补偿，其精度可达到±0.1%FS(满量程)；美国 RACA-DANA 公司的 9303 型超高电平表，利用微处理器消除电流流经电阻所产生的热噪声，测量电平可低达−77 dB；美国福禄克公司生产的超级多功能校准器5520A，其内部采用了三个微处理器，短期稳定性达到1×10^{-6}，线性度可达到0.5×10^{-6}；美国福克斯公司生产的数字化自整定调节器，采用了专家系统技术，能够像有经验的控制工程师那样，根据现场参数迅速地整定调节器，这种调节器特别适用于被测对象变化频繁或非线性的控制系统中，由于这种调节器能够自动整定调节参数，可使整个系统在生产过程中始终保持最佳品质。

6.5 网络化测试仪器

6.5.1 网络化测试仪器的优点

在网络化测试仪器的环境条件下，操作人员可通过测试现场的普通仪器设备，将测得的数据(信息)通过网络传输给异地的精密测量设备或高档次的微机化仪器去分析、处理；能实现测量信息的共享；可掌握网络节点处信息的实时变化趋势；此外，也可通过具有网络传输功能的仪器将处理后的数据传至原端即现场。采用网络测量技术，使用网络化测试仪器，无疑能显著提高测量效率，有效降低监测、测控工作的人力和财力投入，缩短完成一些计量测试工作的周期，并可增强客户的满意程度。

6.5.2 网络化测试仪器的特点与发展

20世纪80年代，GPIB总线技术的问世，实现了多台仪器的连接，这可以说是网络化测试系统的雏形，之后又相继出现了VXI总线、现场总线等技术可将更多的仪器连成一个测试系统，但是这些都还不是现代意义上的网络化测试系统。以Internet为代表的网络技术的出现以及它与其他高新科技的相互结合，不仅开始将智能互联网产品带入现代生活，而且也为测控技术和仪器仪表技术带来了前所未有的发展空间和机遇，网络化测试技术与具备网络功能的新型仪器可以将仪器、外围设备、测试对象以及数据库等资源纳入网络，共同完成复杂艰巨的测量控制任务。

网络化测试仪器的最大特点就是可以实现资源共享，使一台仪器为更多的用户所使用，降低了测试系统的成本。对于有危险性的、环境恶劣条件下的被测对象可实行远程数据采集，将测得的数据或信息通过网络传输给异地的微机化仪器去分析处理，并将处理结果再传至现场，实现远程测试与诊断。

基于Internet的测试系统能够实现传统仪器仪表的基本功能，同时又具备传统仪器仪表所没有的一些新的特点。网络化测试仪器的概念是对传统测量仪器概念的突破，是虚拟仪器与网络技术相结合的产物。基于Internet的测试系统利用嵌入式系统作为现场平台，实现对需测数据的采集、传输和控制，并以Internet作为数据信息的传输载体，在远程计算机上观测、分析和存储测控数据与信息。可以看出，这种服务于随时随地获取测量信息的智能化、网络化、具有开放性和交互性的网络化测试系统，正在成为新一代网络化仪器及其系统的发展趋势。

6.5.3 网络化测试系统的结构与实现

网络化测试仪器是电工电子、计算机软硬件以及网络、通信等多方面技术的有机结合体，以智能化、网络化、交互性为特征。为了满足网络化测试的需要，一个功能齐全的网络化测试系统的基本框图如图6.12所示。

在组成上，网络化测试系统包括基本网络系统的硬件、应用软件和各种协议。在功能上，网络化测试系统包括测试部分和数据处理部分。测试部分主要完成现场设备的必要信息的检测，将被测系统的非电量信息转换成所需的电量信息，然后通过网络送入数据处理中心，对信号进行分析处理。对于整个测试系统，其基本的功能单元必须智能化，带有本地微处理器和存储器，并且具有网络化接口。

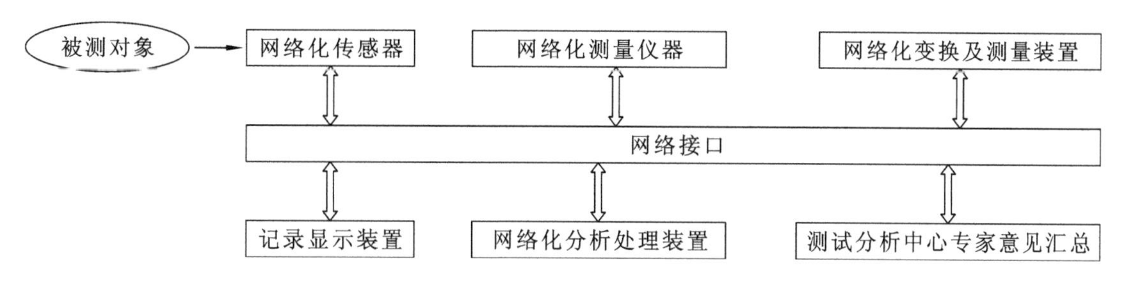

图6.12 网络化测试系统的基本框图

在网络选择上，由于网络自身具有很大的灵活性，因此在实际工作中，可以根据不同的需要组建网络化测试系统，包括现场总线、Ethernet、Intranet等系统类型。现场总线系统是主要用于过程自动化和制造自动化的现场设备或仪表互连的现场数字通信网络系统，它嵌入在各种仪表和设备中，可靠性高、稳定性好、抗干扰能力强、通信速率快、造价低廉、维护成本低。

基于Web的信息网络Intranet，是目前企业内部信息网的主流，应用Internet技术的具有开放性的互连通信标准，使Intranet成为基于TCP/IP协议的开放系统，能方便地与外界连接，Intranet能给企业的经营和管理带来极大便利，已被广泛应用于各个行业。

6.5.4 网络化传感器及其功能

计算机技术和网络技术的结合，使得传感器从传统的现场模拟信号通信方式转换为现场全数字通信方式成为现实，即产生了传感器现场级的网络化传感器。网络化传感器是在智能传感器的基础上，把网络协议作为一种嵌入式应用，嵌入现场智能传感器的内存中，使其具有网络接口的能力。因此，网络化传感器像计算机一样成为测控网络上的节点，并具有网络节点的组态性和互操作性。利用现场总线网络、局域网和广域网，处在测控点的网络传感器将测控参数信息加以必要的处理后登临网络，联网的其他设备便可获取这些参数，进而再进行相应的分析和处理。目前，电气和电子工程师协会(IEEE)已经制定了兼容各种现场总线标准的智能网络化传感器接口标准，即IEEE 1451标准。

网络化传感器应用范围广，比如在水文监测中，对江河从源头到入海口，在关键测控点用传感器对水位乃至流量、雨量进行实时在线监测，网络化传感器就近登临网络，组成分布式流域水文监控系统，可对全流域及其动向进行在线监测。在对全国耕地进行的质量监测中，网络化传感器也必将得到广泛的应用。

(1) 简要说明现代集成测试系统的基本组成。

(2) 何谓虚拟仪器？相比于传统测试仪器，虚拟仪器有哪些优点？

(3) 简述虚拟仪器与网络化测试仪器的相同点。

(4) 简述智能仪器的功能特点。

参 考 文 献

[1] 李成华，栗震霄，赵朝会. 现代测试技术[M]. 2版. 北京：中国农业大学出版社，2012.
[2] 郑建明，班华. 工程测试技术及其应用[M]. 北京：电子工业出版社，2012.
[3] 潘宏侠，黄晋英. 机械工程测试技术[M]. 北京：国防工业出版社，2009.
[4] 韩建海，马伟. 机械工程测试技术[M]. 北京：清华大学出版社，2010.
[5] 封士彩. 测试技术学习指导及习题详解[M]. 北京：北京大学出版社，2010.
[6] 杨晓东，施闻明. 现代测试技术与应用[M]. 北京：国防工业大学出版社，2013.
[7] 李力. 机械测试技术及其应用[M]. 武汉：华中科技大学出版社，2011.
[8] 赵燕. 工程测试技术[M]. 北京：北京理工大学出版社，2010.

参考文献

[1] [illegible]

[2] [illegible]

[3] [illegible]

[4] [illegible]

[5] [illegible]

[6] [illegible]

[7] [illegible]

[8] [illegible]